高等工科院校"十二五"规划教材

液压与气压传动技术

李博洋　陈爱玲　主编

张晓荣　副主编

YEYA YU QIYA
CHUANDONG
JISHU

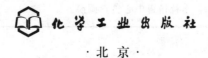

化学工业出版社

·北京·

《液压与气压传动技术》根据教育部最新的专业与课程改革要求，按照"少而精、理论联系实际、学以致用"的原则，在传统教学基础上，进行课程改革和内容优化编写而成。全书共两大部分：液压传动和气压传动。内容包括液压与气压传动元件的结构、工作原理及应用，液压与气压传动基本回路和典型系统的组成与分析，液压与气压传动设备的使用和维护、常见故障及消除方法等。每一章后有适量的思考练习题，以便于巩固和强化所学知识。

本书配有免费的电子教学课件、练习题参考答案（或提示）。

《液压与气压传动技术》可作为高等院校机械类、机电类及近机械类等众多专业的教材，也可作为职业院校、成人教育、自学考试及培训班的教材，还可作为机电行业工程技术人员的参考书。

图书在版编目（CIP）数据

液压与气压传动技术 / 李博洋，陈爱玲主编. —北京：化学工业出版社，2016.4
高等工科院校"十二五"规划教材
ISBN 978-7-122-26373-5

Ⅰ.①液… Ⅱ.①李… ②陈… Ⅲ.①液压传动-高等学校-教材 ②气压传动-高等学校-教材 Ⅳ.①TH137 ②TH138

中国版本图书馆 CIP 数据核字（2016）第 036882 号

责任编辑：刘俊之　王清灏　　　　　　　文字编辑：吴开亮
责任校对：宋　玮　　　　　　　　　　　装帧设计：韩　飞

出版发行：化学工业出版社（北京市东城区青年湖南街 13 号　邮政编码 100011）
印　　装：三河市延风印装有限公司
787mm×1092mm　1/16　印张 15½　字数 400 千字　2016 年 5 月北京第 1 版第 1 次印刷

购书咨询：010-64518888（传真：010-64519686）　售后服务：010-64518899
网　　址：http://www.cip.com.cn
凡购买本书，如有缺损质量问题，本社销售中心负责调换。

定　　价：32.80 元

前　言

　　课程建设和教学改革是全国高等院校应用型人才培养、提高教学质量的核心内容。为了更好地贯彻执行教育部关于教学改革的精神，切实深化高校教材建设工作，根据教育部制定的教学基本要求和标准，我们结合自身的学科优势，突出实用性，以培养应用型人才为教学目的编写了《液压与气压传动技术》。

　　本书共有14章，主要内容包括液压和气压传动的基础知识和基础理论，液压和气压元件的工作原理、结构、特点和选用，液压和气压基本回路，液压系统的分析、设计计算及液压伺服系统介绍等。每章后均附有思考与练习题，便于学生巩固提高。

　　本书在编写过程中，本着"理实一体、工学结合"的方针，以液压为主线，力求理论联系实际，注重基本概念和原理的阐述，突出了理论知识的应用，加强了针对性和实用性；在较全面阐述液压传动与气压传动基本内容的基础上，着重分析了各类元件的工作原理、结构和选用原则，同时有针对性地对典型液压设备的工作原理进行了详细的阐述；在加强理论学习的基础上，通过具体系统的分析教学来提高读者对液压系统的分析与设计能力；重点介绍了基本原理在现代工业技术上的应用，以及典型的液压和气压系统的诸多实例；力求反映我国液压与气动行业的最新情况，还介绍了许多新型阀的相关知识。为了便于读者加深理解和巩固所学的内容，各章节后都附有知识拓展、应用例题和自我测评。

　　本书采用国际单位制，专业名词术语和图形符号均符合我国制定的相应标准。

　　本书在内容及其编排上还具有如下特点：

　　(1) 全书在概念、定义的介绍上力求做到准确、简明扼要、清楚明了，并在后续的示例分析中加以体现。

　　(2) 由于不同的层次（如本科、专科、高职等）、不同专业（如机械类、近机械类等）对本课程的内容深浅及学时要求不同（如40～60学时不等），为了便于教与学，将教材分为必修和选修内容（如注*的内容）。

　　(3) 为配合本书的使用，笔者还同时制作了电子课件。电子课件不但是对教材内容的高度概括，而且是对教材内容的拓展和延伸，汇集了丰富的图、声、视频等内容。电子教材中的动画过程循序渐进，将理论问题形象化，能够帮助学生加深理解，同时，也给教师教学带来了极大的便利。广大读者可在化学工业出版社教育服务网站（www.cipedu.com.cn）下载使用。

　　(4) 为了方便教与学，还编写了与本书内容相配套且同步出版的《液压和气压传动技术学习指导》作为本书的辅导书，内容包含各章的学习要求、重点和难点内容剖析，考点与典型实例分析，以及各章的思考题与习题解答等内容。

本书可供高等学校机械类、近机械类、机电类本、专科以及高职高专各相关专业作为"液压和气压传动技术"的教材；也可作为上述同类专业的职工大学、业余大学、函授大学、远程教育等院校的教材；亦可供其他有关专业的师生和工程技术人员参考。

编写人员分工如下：李博洋（编写第3章～第9章）和陈爱玲（编写第1章、第2章）任主编；张晓荣（编写第10章～第14章）任副主编；另外，高晓芳为本书进行了电子课件的配套设计制作，马迎亚、王沙沙、戚丽丽、高晓芳和徐永涛等人进行了文稿校对、整理工作及部分图、表的描制工作。全书由李博洋统稿。

本书承蒙青岛大学石素梅教授精心审阅，并提出了许多宝贵意见。

在编写出版过程中得到了化学工业出版社及各参编者所在学校的大力支持与协助，编写时借鉴、引用了许多同类教材及教学辅导教材、题解等有关教学参考书。在此一并对上述单位和个人表示衷心感谢！

限于编者的水平，肯定还存在不少疏漏和不妥之处，希望使用本书的广大教师和读者提出批评和指正，以利于教材质量的进一步提高。

编者

2016 年 1 月

目 录

上篇　液压传动

第7章　液压辅助元件（装置）　104

第8章　液压基本回路　117

第9章 典型液压系统 —————————————————— 148

上篇

液压传动

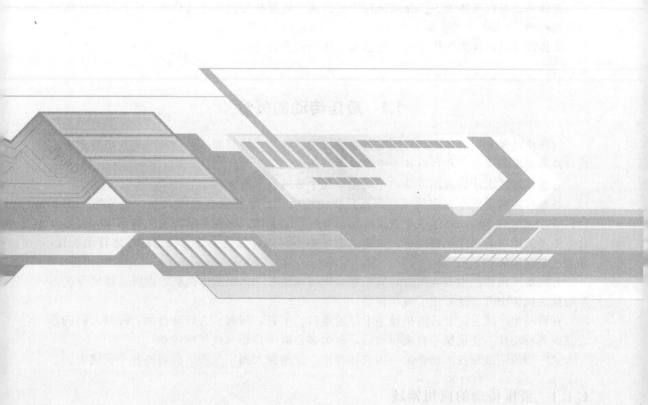

第 1 章

液压传动概述

一部完整的机器通常是由原动机、传动机构和工作机三部分组成。传动机构是在原动机和工作机间起传递动力作用的中间环节，它包括机械传动、电气传动、流体传动及其组合——复合传动等类型。

流体传动是以流体为工作介质进行能量传递、转换和控制的传动形式，它包括液体传动和气压传动。

液体传动以液体为工作介质，包括液压传动和液力传动。

1.1 液压传动的概念

液压传动是利用液体的压力能进行能量传递、转换和控制的一种传动形式。该传动形式具有许多突出的优点，在各行各业中得到了广泛的应用。

为了从感性上认识液压传动，不妨先举几个常见的工程实例。

各种自卸载重汽车在卸货时，司机只要一按电钮，车厢就会慢慢升起，将货物一倒而空。举起沉重的车厢，靠的就是液压传动。万吨轮船上的方向舵是掌握航向的部件，需要几百千牛米的操纵力矩才能转动它，依靠人力是办不到的，但舵手却能轻而易举地转动舵轮，靠的也是液压传动。

万吨水压机要产生万吨压力，只能靠液压传动装置。飞机的方向舵、副翼、襟翼及起落架的操纵机构中都广泛采用了液压传动。

在自动生产线上，灵活的机械手不停地给料、下料，四面八方转动自如，按照人们的意志完成各种动作。使机械手自由行动的，也大多是液压传动（或气压传动）。

这一切说明液压技术已作为一项成熟技术广泛地深入到了生产、科研的各个领域中。

1.1.1 液压传动的应用领域

液压传动技术广泛地应用于工业领域的各个方面。首先是在各类机械产品中得到广泛应用，目的在于增强产品的自动化程度、可靠性、动力性能，使操作灵活、方便、省力，可实现多维度、大幅度的运动；其次是在各类企业生产设备中的应用，提高生产设备的效率与自动化水平，提高重复精度与生产质量。其具体应用如金属切削机床，单机液压自动化设备，各类自动、半自动生产线，以及焊接、装配、数控设备等。

表 1-1 列举了液压传动在各行各业中的应用领域。

表 1-1 液压传动在各行各业中的应用

行业名称	应用领域
工程机械	液压挖掘机、液压装载机、推土机、全液压振动压路机、液压铲运机等
起重运输机械	轮胎吊、岸边（或堆场）集装箱起重机、叉车（或集装箱叉车）、集装箱正面吊运机、皮带运输机等
矿山机械	凿岩机、全断面液压掘进机、开采机、破碎机、提升机、液压支架等
建筑机械	打桩机、液压千斤顶、平地机、混凝土泵车、回转窑液压系统等
农业机械	联合收割机、拖拉机、农机悬挂系统等
冶金机械	电炉炉顶及电机升降机、轧钢机、压力机等
轻工机械	打包机、注塑机、矫直机、橡胶硫化机、造纸机、整经机及浆纱机液压系统等
汽车机械	自卸式汽车、平板车、高空作业车、汽车中的转向器、减振器等
智能机械	折臂式小汽车装卸器、数字式体育锻炼机、模拟驾驶舱、机器人（机械手）等
机床工业	磨床、车床、龙门刨床、牛头刨床及铣床等
军事工业	火炮瞄准系统、坦克火炮控制系统、战略飞行器液压系统等
船舶及海洋工程	舰船舵机液压系统、工程船舶（如挖泥船、打桩船）、舱盖启闭液压系统、海洋石油钻探平台等

今后我们会越来越多地看到，在工农业生产与生活的各个领域中都广泛应用着液压装置。它们是用压力油作为传递能量的载体来实现传动与控制的，而实现传动与控制必须要由各类泵、阀、缸及管道等元件组成一个完整的系统。

1.1.2 液压传动的研究内容

本书上篇的任务是研究组成系统的各类液压元件的结构、工作原理、应用方法，以及由这些元件组成的各种控制回路的作用和特点。在熟悉具体设备结构并进行实践的基础上，读者结合所学原理就能掌握液压传动设备的安装、调试和维修的技能，并熟练地操纵设备。

1.1.3 液压传动技术的发展简况

自 18 世纪末英国制成世界上第一台水压机算起，液压技术已有一百年的历史了，但其真正的发展时间是第二次世界大战后的 70 余年。战后液压技术迅速转向民用工业，在机床、工程机械、农业机械、汽车等行业中得以逐步推广。20 世纪 60 年代以来，随着原子能、空间技术、计算机技术的发展，液压技术得到了很大的发展，并渗透到了各个工业领域中。当前液压技术正向高压、高速、大功率、高效、低噪声、经久耐用、高度集成化的方向发展。同时，新型液压元件和液压系统的计算机辅助设计（CAD）、计算机辅助测试（CAT）、计算机直接控制（CDC）、机电一体化技术、计算机仿真和优化设计技术、可靠性技术，以及污染控制技术等也是当前液压传动及控制技术发展和研究的方向。

总之，液压传动经过 70 余年的发展，技术已日臻完善，成为了一门独立的系统科学，并有液压专业技术人员从事这项工作。

1.2 液压传动的工作原理与系统组成

1.2.1 液压传动的工作原理

为了形成一个初步概念，先来看如图 1-1 所示的液压千斤顶的工作情况。该装置的大活塞 4 和小活塞 7 分别可以在大缸体 3 和小缸体 8 内上下移动。因活塞与缸体内壁间有良好的

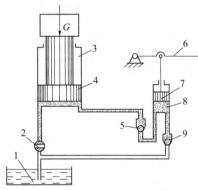

图 1-1 液压千斤顶的工作原理
1—油箱；2—放油阀；3—大缸体；
4—大活塞；5—单向阀；6—杠杆手柄；
7—小活塞；8—小缸体；9—单向阀

密封，所以形成容积可变的密封空间。两缸体由装有单向阀 5 的管道互连，并与油箱 1 相连。当人们要举升重物 G 时，先向上提起手柄 6，使手柄带动小活塞 7 向上移动，这时小活塞下部缸体内的空间增大。由于密封作用，外界空气不能补充进来，造成密封容积内压力低于大气压。同时，在单向阀 5 的作用下，大缸内的油液不能进入小缸。这时油箱内的油液就在大气压的作用下，经管道和单向阀 9 进入小缸体 8 内。当压下手柄 6 时，小活塞下移，密封容积减小，压力升高，油液不能通过单向阀 9 流回油箱，只能通过单向阀 5 流入大缸内，推动大活塞将重物升高一定距离。重复以上过程，重物就不断被举升。将放油阀 2 转动 90°，可使大缸内油液流向油箱，实现大活塞下移。

1.2.2 液压系统的主要组成

（1）往复运动液压传动系统

液压传动系统的基本组成可以用如图 1-2 所示磨床工作台的往复运动简化液压系统结构原理图加以说明。图中，液压泵 3 由电动机驱动旋转，经过滤器从油箱 1 吸油，向系统提供具有一定流量和压力的液压油。液压缸 7 是一对圆柱配合副，它带动工作台 8 做往复运动。当液压缸左腔进液压油时（此时，液压缸右腔与油箱相通），活塞带动工作台向右运动；反之，活塞带动工作台向左运动。换向阀 5 控制液压泵供给的液压油是进入液压缸的左腔还是右腔，从而控制液压缸的运动方向。改变流量控制阀 4 的开口大小可以改变进入液压缸的流量，从而调节工作台的运动速度。液压泵输出多余的液压油经溢流阀 11、泄油管 12 返回油箱。

在液压系统中，液压泵的工作压力取决于外负载以及油液流经阀与管道的压力损失之和，液压泵的最大工作压力不会超过溢流阀 11 的调定值。溢流阀 11 对系统起溢流定压或过载保护的作用。

此外，系统还包括存储液压油的油箱 1，连接各组件的管道、管接头，防止杂物进入泵和液压系统的过滤器 2 及蓄能器、检测仪表等辅助组件。

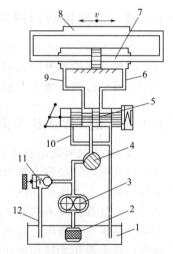

图 1-2 磨床工作台往复运动
简化液压系统结构原理图
1—油箱；2—过滤器；3—液压泵；
4—流量控制阀；5—换向阀；
6、9、10、12—油管；7—液压缸；
8—工作台；11—溢流阀

（2）液压传动系统的主要组成

由上述可知，液压传动系统是由若干具有特定功能的液压元件（部件）组成并完成某种具体任务的一个整体。通常一个完整的液压系统由以下五个部分组成。

① 液压动力元件　如液压泵等，将原动机的机械能（F_u 或 T）转换成液压能（pq）。

② 液压执行元件　如液压缸、液压马达等，将液压能转换成机械能。

③ 液压控制元件　如各种控制阀，利用这些元件对系统中的液体压力、流量及方向进行控制或调节，以满足工作装置对传动的要求。

④ 液压辅助元件　起辅助作用，如油箱、滤油器、管路、管接头及各种控制、检测仪表等。其作用是储存、输送、净化工作液及监控系统等。在有些系统中，为了进一步改善系统性能，还采用了蓄能器、加热器及散热器等辅助元件。

⑤ 工作介质　液压液是动力传递的载体。

1.2.3 液压传动系统的图示方法

液压传动系统的图示方法有两种：一种是半结构式原理图，另一种是职能符号式原理图。如图 1-2 所示，液压传动系统图中各元件的图形基本上表示了它的结构原理，故称结构原理图。这种原理图直观性强，容易理解，但图形比较复杂，特别是当系统中元件较多时，绘制很不方便。为了简化原理图的绘制，液压系统图中各元件可采用图形符号来表示。一般液压系统图应按照国标所规定的液压图形符号来绘制（国家现行标准为 GB/T 786.1—2009《流体传动系统及元件图形符号和回路图》）。如图 1-2 所示的液压系统，若用图形符号绘制时，其系统职能符号图如图 1-3 所示。利用图形符号绘制结构原理图可以使液压系统简单明了，便于绘制。

液压系统图中的图形符号只表示各元件的连接关系，而不表示系统管道布置的具体位置或元件在机器中的实际安装位置。液压系统图各元件的符号通常以元件的静止位置或零位置来表示。当无法用图形符号表示或者有必要特别说明系统中某一重要元件的结构及动作原理时，也允许局部采用结构原理图表示。关于各种元件的图形符号将在以后讲述元件时具体介绍。

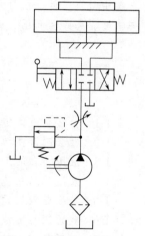

图 1-3　磨床工作台液压系统原理图示方法

1.3　液压传动的特点

与机械传动、电气传动相比，液压传动的特点如下。

1.3.1　优点

① 从结构上看　与机械传动相比，传递同样载荷时，液压传动装置体积小、重量轻、结构简单且安装方便，便于和其他传动方式联用，易于实现较远距离操纵和自动控制。

② 从工作性能上看　速度、转矩、功率均可做无级调节，能迅速换向和变速，调速范围宽，动作快速性好。

③ 从维护使用上看　元件的自润滑性好，能实现系统的过载保护，使用寿命长；元件易实现系统化、标准化、通用化，便于设计、制造、维修和推广使用。

1.3.2　缺点

① 由于存在油液的漏损和阻力损失，因此系统的效率较低。

② 液压元件的加工精度和装配精度要求较高，成本较高。

③ 系统受温度的影响较大。故液压传动不宜在高温和低温的场合使用。

④ 系统的故障原因有时不易查明。

总之，液压传动的优点是比较突出的，而随着科学技术的提高，其缺点会得到不同程度的克服，因此液压传动在现代化生产中有广阔的发展前途。

本章小结

本章介绍了液压传动的基本概念、工作原理、系统组成，液压传动的国内外发展状况、水平和发展趋势，以及液压传动的特点及其应用。

液压传动是利用液体作为工作介质，并利用液体压力来传递动力的传动形式。液压传动系统由动力元件、执行元件、控制元件、辅助元件和工作介质五部分组成。液压传动技术正向快速、高效、高压、大功率、低噪声、经久耐用、高度集成化等方向发展。

思考与练习题

1-1　什么是液体传动、液力传动与液压技术？

1-2　什么叫流体动力传动与控制技术？

1-3　液压传动的工作原理如何？有哪些工作特征？

1-4　液压传动系统主要由哪些部分组成，其功用如何？

1-5　什么是液压元件、回路和系统？

1-6　我国现行的液压传动图形符号执行哪个标准？

1-7　液压技术的特点如何？

1-8　液压传动技术的应用状况怎样？

1-9　液压技术的发展概况和趋势如何？

1-10　我国液压传动工业目前的状况和水平怎样？

第 2 章

液压流体力学基础

液压传动是以油液作为工作介质的,为此必须了解油液的物理性质,研究油液的运动规律。本章将主要介绍这两方面的内容,并着重介绍液压流体力学的一些基础知识。

2.1　液压油的物理性质

下面要介绍的液压油的物理性质(密度、可压缩性、黏性等)都是与液体的力学特性关系很密切的性质。

2.1.1　液体的密度

单位体积液体内所含有的质量称为密度,用符号 ρ 表示,单位为 kg/m³。设有一均质液体的体积为 V,单位为 m³,所含的质量为 m,单位为 kg,则其密度为

$$\rho = \frac{m}{V} \tag{2-1}$$

液体的密度随压力的升高而增大,随温度的升高而减小。但是由于压力和温度对密度变化的影响都极小,一般情况下可视液体的密度为一常数。矿物油的密度 $\rho = 850 \sim 960(\mathrm{kg/m^3})$。

2.1.2　液体的可压缩性

液体受压力作用时其体积会减小的性质被称为压缩性,液体压缩性的大小用体积压缩系数 k,即单位压力变化时液体体积的相对变化量来表示,单位为 m²/N。一定体积 V 的液体,当压力增大 $\mathrm{d}p$ 时,体积减小了 $\mathrm{d}V$,则体积压缩系数 k 为

$$k = -\frac{\mathrm{d}V}{V}\frac{1}{\mathrm{d}p} \tag{2-2}$$

式中,负号表示 $\mathrm{d}V$ 与 $\mathrm{d}p$ 的变化相反,即压力增加时体积是减小的。

体积压缩系数的倒数称为体积弹性模量 K,即 $K = 1/k$,单位为 Pa。液体的体积压缩系数和体积弹性模量都与温度和压力有关,但它们的变化很小,一般可忽略不计。

在常温下,纯石油型液压油的体积弹性模量为 $K = (1.4 \sim 2.0) \times 10^3 \mathrm{MPa}$,是钢的 $100 \sim 150$ 倍。在一般液压系统中,压力不高,压力变化不大,可认为液压油是不可压缩的。但是,如果油液中混有非溶解性气体时,体积弹性模量会大幅度降低。油液混有 1% 的气体时,其体积弹性模量只是纯油的 30%;如果混入 4% 的气体时,其体积弹性模量仅为纯油的

10%。由于油液中难免混入空气，因此工程上常将油液的体积弹性模量取为（700～1000）MPa。

2.1.3 液体的黏性

（1）黏性的物理意义

液体在外力作用下流动（或有流动趋势）时，分子间的内聚力要阻止分子相而产生一种

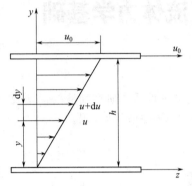

图 2-1 液体黏性示意图

内摩擦力。这种阻碍液体分子之间相对运动的性质叫作液体的黏性。黏性使流动液体内部各处的速度不相等，以图 2-1 为例，若两平行平板间充满液体，下平板不动，而上平板以速度 u_0 向右平动。由于液体的黏性，紧靠下平板和上平板的液体层速度分别为零和 u_0，而中间各液层的速度则从下到上逐渐递增。

当两平行板之间的距离较小时，各液层间的速度呈线性规律变化。

实验测定表明，液体流动时相邻液层间的内摩擦力 F_f 与液层接触面积 A、液层间的相对速度 du 成正比，与液层间的距离 dy 成反比，即

$$F_f = \mu A \frac{du}{dy}\left(=\mu A \frac{u_0}{h}\right) \tag{2-3}$$

式中　μ——比例常数，称为黏性系数；

　　　du——速度梯度。

若以 τ 表示切应力，即单位面积上的内摩擦力，则得到牛顿液体内摩擦定律

$$\tau = \mu \frac{du}{dy} \tag{2-4}$$

在静止液体中，由于速度梯度 $du/dy=0$，内摩擦力为零。因此液体只有在流动（或有流动趋势）时才会呈现出黏性，静止液体是不呈现黏性的。

（2）黏性的表示方法

① 动力黏度　液体黏性的大小用黏度来衡量。由式（2-4）可知，液体的黏度 μ 是指它在单位速度梯度下流动时单位面积上产生的内摩擦力。由于 μ 与力有关，所以 μ 又称动力黏度，或绝对黏度。它的法定计量单位为 Pa·s 或（N·s/m²），以前沿用的单位为 P（泊，dyne·s/cm²），1Pa·s= 10P= 10^3 cP（厘泊）。

② 运动黏度　动力黏度与液体密度的比值，称为液体的运动黏度，以 ν 表示，即

$$\nu = \frac{\mu}{\rho} \tag{2-5}$$

运动黏度没有明确的物理意义，只是在分析和计算中经常用到 μ 与 ρ 的比值，才引入这个物理量，又由于它的量刚只与长度和时间有关，所以称之为运动黏度。运动黏度的法定计量单位为 m²/s，以前沿用的单位为 St（斯［托克斯］）和 cSt（厘斯［托克斯］），1m²/s=10^4 St=10^6 cSt。

③ 相对黏度　相对黏度又称条件黏度，它是按一定的测量条件制定的，然后再根据关系式换算出动力黏度或运动黏度。各国采用的测量条件是不同的，如中国、德国等采用恩氏黏度（E）、美国用赛氏黏度（SSU），英国用雷氏黏度（R）等。

恩氏黏度用恩氏黏度计测定：将 200mL 温度为 t℃ 的被测液体装入底部有 Φ 孔（ϕ= 2.8mm）的容器内，测出液体在自重作用下流尽所需的时间 t_1（s）；再测出 200mL 温度为

20℃的蒸馏水在同一小孔中流尽所需的时间 $t_2(\mathrm{s})$。这两个时间的比值即为被测液体在 t ℃下的恩氏黏度。

$$°E_t = \frac{t_1}{t_2} \qquad (2\text{-}6)$$

一般以 20℃、50℃ 及 100℃ 作为测定液体黏度的标准温度，由此而得来的恩氏黏度分别用 $E20$、$E50$、$E100$ 表示。

恩氏黏度与运动黏度间的换算关系式为

$$\nu = \left(7.31°E - \frac{6.31}{°E}\right) \times 10^{-6} \qquad (2\text{-}7)$$

（3）温度和压力对黏性的影响

液体的黏度随液体的压力和温度而变。对液压油液来说，压力增大时，黏度增大。

但在一般液压系统使用的压力范围内，黏度变化的数值很小，可以忽略不计。液压油黏度对温度的变化十分敏感，温度升高，黏度快速下降，如图 2-2 所示。这个变化率的大小直接影响液压油黏度的使用。

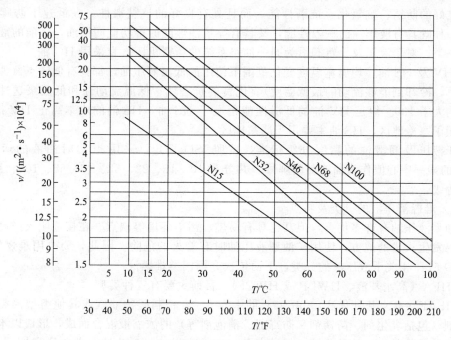

图 2-2　几种国产液压油的黏度-温度关系

2.1.4　液压油的品种和选用

合理地选择液压用油，对提高液压传动性能、延长液压元件和液压油的使用寿命都有重要的意义。

（1）矿油型液压油的分类及特点

矿油型液压油是以石油的精炼物为基础，加入各种添加剂调制而成的。在 ISO 6743-4（GB/T 7631.2—2013）分类中的 HH、HL、HM、HR、HV、HG 型液压油均属矿油型液压油，这类油的品种多，成本较低，需要量大，使用范围广，目前约占液压介质总量的85% 左右。以下介绍它们的特性及使用范围。

① HH 液压油　是一种不含任何添加剂的精制矿物油。这种油虽列入分类之中，但因

其稳定性差、易起泡且使用周期短，故在液压系统中不宜使用。

② HL 液压油　是由精制深度较高的中性基础油，加入抗氧化、防锈添加剂调制而成的，属防锈抗氧型。该油在抗氧化、防锈、消泡和抗乳化等性能方面均优于 HH 油，具有减少磨损、降低温升、防止锈蚀的作用，且其使用寿命较 HH 长一倍以上，可用于低压液压系统和机床主轴箱、齿轮箱或类似机械设备中。HL 油在我国已被定为机械油的升级换代产品。

③ HM 液压油　是从 HL 防锈、抗氧化油的基础上发展而来的。随着液压系统向高压、高速方向发展，HL 油难以满足油泵对工作介质抗磨性能的要求，所以发展了 HM 型抗磨液压油。HM 油的配制比较复杂，除添加防锈、抗氧剂以外，还要加油性和极压抗磨剂、金属钝化剂、破乳化剂和消泡剂等。国际上抗磨液压油已广泛应用在各类低、中、高压液压系统及中等负荷机械的润滑部位。

④ HR 液压油　是在 HL 油基础上添加黏度指数添加剂而成的，使油黏度随温度的变化减小。适用于环境温度变化较大的低压液压系统及轻负荷机械的润滑部位。

⑤ HG 液压油　是在 HM 油基础上添加抗粘滑剂（油性剂或减摩剂）而成的。该油不仅具有良好的防锈、抗氧化、抗磨性能，而且具有良好的抗粘滑性，在低速下防爬行效果好，是一种既具有液压油的一般性能，又具有导轨油性能的多功能润滑油，目前的液压导轨油属这一类。对于液压及导轨润滑为同一油路系统的精密机床，宜采用 HG 油。

⑥ HV 及 HS 油　均属宽温度变化范围下使用的低温液压油，都具有低倾点（油液在试验条件下，冷却到能够流动的最低温度）、优良的抗磨性、低温流动性和低温泵送性，且黏度指数均大于 130。但是 HV 油的低温性能稍逊于 HS 油，HS 油的成本高于 HV 油。HV 油主要用于寒冷地区，HS 油主要用于严寒地区。

关于液压及润滑油的黏度分级标准，按照 ISO 规定，采用 40℃ 时油液的运动黏度（m^2/S）的某一中心值作为油液黏度牌号，共分为 10、15、22、32、46、68、100、150 等 8 个黏度等级。

*（2）难燃液压液的分类及特点

矿油型液压油有许多优点，但其也具有易燃、污染环境等缺点。在接近明火或高温热源或其他易发生火灾的地方，使用矿油型液压油时有着火的危险。因此，要改用难燃液压液。根据 ISO 6743-4 关于液压液的分类，下面依次介绍四类难燃液。

① HFA（高水基液、HWBF 或 HWCF）　目前主要有三种类型。

a. HFAE（高水基乳化液）　由 95% 的水与 5% 含精制矿物油（或其他类型油类）及多种添加剂（包括乳化剂、防锈剂、防霉剂、消泡剂等）的浓缩液混合而成，形成以水为连续相、油为分散相的水包油乳化液，呈乳白色。它的润滑性、过滤性、乳化稳定性等均较差，不宜用作液压系统工作介质，在国内煤矿液压支架中被广泛使用。

b. HFAS（高水基合成液）　不含油，由 95% 的水和 5% 含有多种水溶性添加剂（包括抗磨、防锈、防霉、防氧化、气相防蚀剂等）的浓缩液混合而成。透明，过滤性好，抗磨性优于 HFAE，适用于低压液压系统。

c. HFAM（高水基微乳化液）　由 95% 的水和 5% 含有高级润滑油与多种添加剂（含油性和极压添加剂）的浓缩液混合而成。它与 HFAE 的主要区别是其中油以非常微小的粒子（2tim 以下）的形式分散在水中。半透明，兼有 HFAE 和 HFAS 的优点，其抗磨性、过滤性、稳定性均较好。适用于中、低压液压系统。

② HFB（油包水乳化液）　由 40% 的水和 60% 的精制矿物油，再加入乳化剂、防锈剂、抗磨剂、抗氧剂、防霉剂等调制而成的，以油为连续相、水为分散相的油包水乳化液，呈乳白色。由于 HFB 中体积 60% 的矿物油是连续相，所以它具有矿物油的一些基本

优点：其润滑性、防锈蚀性等均较好（优于 HFA 和 HFC），与矿物油相容的金属材料（镁、铅除外）、橡胶密封材料（聚氨酯除外）也能与 HFB 相容，且有较好的抗燃性，价格较低，无毒无味等。它在冶金、轧钢、煤矿的中低压液压系统中的应用较多。HFB 的缺点是乳化稳定性差（油水易分离）、过滤性差、为非牛顿液体、剪切稳定性差，其黏度随含水量增加而增大。

③ HFC（zk.乙二醇） 含有 35%～55% 的水，其余为能溶于水的乙二醇、丙二醇或其聚合物，以及水溶性的增黏、抗磨、防锈、消泡等添加剂。HFC 为透明溶液，具有良好的抗燃性、低温流动性（凝点低，可在 -20～50℃ 的温度范围内使用）以及黏温特性（黏度指数 140～170），稳定性好，使用寿命较长。所以它的应用较多，在有些国家已成为难燃液压液中的主流。HFC 的主要缺点是：抗磨性能差；与锌、锡、镁、镉、铝、聚氨酯胶及普通耐油涂料等均不相容；汽化压力高，易产生气蚀；与矿油型液压油混合后易生油泥；黏度随含水量减少而显著增加；废液不易处理。

④ HFD（无水合成液） 是一种以化学合成液体为基础的无水液压液。HFDR 系磷酸酯，HFDS 系氯化烃，HFDT 系前两者的混合物，HFDU 系指其他成分的无水合成液。其中，应用较多的是磷酸酯。

磷酸酯液压液是在磷酸酯中加入抗氧剂、抗腐蚀剂、酸性吸收剂、消泡剂等调制而成的，有的还混合有氯化烃或合成烃，但它不能与一般矿物油互溶。它的优点是具有良好的润滑性、抗燃性（自燃温度可高达近 600℃）及抗氧化性，挥发性低，对大多数金属不腐蚀，使用温度范围较广（-6～65℃），适用于需要防燃的高温高压系统。磷酸酯的缺点是：价格贵（为液压油的 5～8 倍）；不能用一般的耐油橡胶和耐油涂料，需用氟橡胶（最佳）、丁基胶、乙丙胶、聚四氟乙烯、环氧树脂漆等；混入水分时会发生水解，生成磷酸使金属腐蚀；对环境污染严重；有刺激性气味和轻度毒性。

由于难燃液在润滑性，防锈蚀性，稳定性，产生气穴、气蚀，黏度等方面都存在不同程度的问题，原有的适用于矿物油的液压元件和系统并不能完全适用于难燃液，所以必须采取改进措施：①将原有元件和系统从材料到结构进行适当改进，使其与所选用的难燃液相容，然后降低参数（包括压力、转速、泵入口真空度等）使用；②研制适用于各类难燃液的专用液压元件。

（3）液压油的选用

一般根据液压系统对工作介质性能的变化要求和工作环境条件选用合适的液压油品种。当品种确定后，主要考虑液压油的黏度。根据液压油的黏度等级，再选择油液的牌号。在确定油液黏度时，应考虑下列因素：

① 工作压力 液压系统压力较高时泄漏问题较为突出，此时应选择黏度较大的油液。反之，则应选择黏度较小的油液。

② 工作速度 液压系统中工作部件运动速度较高时，油液的流速也高，压力损失较大。此时应选择黏度较小的油液。反之，则选择黏度大的油液。

③ 环境温度 矿物油的黏度由于温度的影响变化很大：当温度高时，宜采用黏度较高的油液；周围环境温度较低时，采用黏度较低的油液。

④ 综合经济分析 选择工作介质还要通盘考虑价格和使用寿命等成本问题。

正确而合理地选用液压油，是保证液压系统正常和高效率工作的条件。

在液压系统所有元件中，以液压泵的转速最高，承受的压力最大，且温升高，工作时间最长。因此，常根据液压泵的类型及要求来选择液压油的黏度。各种液压泵合适的工作介质黏度范围及推荐用油见表 2-1。

表 2-1　各种液压泵工作介质的黏度范围及推荐用油

名　称	运动黏度/$(10^{-6}m^2 \cdot s^{-1})$		工作压力/MPa	工作温度/℃	推荐用油
	允许	最佳			
叶片泵 (1200r/min) 叶片泵 (1800r/min)	16～220 20～220	26～54 25～54	7	5～40	L—HH32，L—HH46
				40～80	L—HH46，L—HH68
			14 以上	5～40	L—HL32，L—HL46
				40～80	L—HL46，L—HL68
齿轮泵	4～220	25～54	12.5 以下	5～40	L—HL32，L—HL46
				40～80	L—HL46，L—HL68
			10～20	5～40	L—HL46，L—HL68
				40～80	L—HM46，L—HM68
			16～32	5～40	L—HM32，L—HM68
				40～80	L—HM46，L—HM68
径向柱塞泵 轴向柱塞泵	10～65 4～76	16～48 16～47	14～35	5～40	L—HM32，L—HM46
				40～80	L—HM46，L—HM68
			35 以上	5～40	L—HM32，L—HM68
				40～80	L—HM68，L—HM100
螺杆泵	19～49		10.5 以上	5～40	L—HL32，L—HL46
				40～80	L—HL46，L—HL68

*（4）使用液压油的注意事项及识别油品品种的简易方法

① 使用液压油时的注意事项

a. 应保持液压油的清洁，防止金属屑和纤维等杂物进入油中。换油时要彻底清洗油箱，注入新油时必须过滤。

b. 油箱内壁一般不要涂刷油漆，以免油中产生沉淀物质。在液压系统合适部位设置合适的过滤器，并定期检查、清洗或更换。

c. 为防止空气进入系统，回油管口应在油箱液面以下，并将管口切成斜面；液压泵和吸油管路应严格密封；液压泵和油管安装高度应尽量小些，以减少液压泵吸油阻力；必要时在系统的最高处设置放气阀。

d. 定期检查油液质量和油面高度。

e. 应保证油箱的温升不超过液压油允许的范围，通常不超过 70℃，否则应进行冷却调节。

② 识别油品品种的简易方法　在化验条件不具备的情况下，生产现场常常采用"看（色）、嗅（酸、香、酒精等）、摇（黏度）、摸（精制程度）"的简易鉴别法，见表 2-2。识别工作介质的品种，可以有效地防止油品的错收、错发、错用、混装等事故发生。

表 2-2　常用的液压油的"看、嗅、摇、摸"的简易鉴别法

油品	鉴别方法			
	看	嗅	摇	摸
N32～N68 号机械油	黄褐到棕黄，有不明显的蓝荧光		泡沫多而消失慢，挂瓶呈黄色	
普通液压油	浅到深黄，发蓝光	酸味	气泡消失快，稍挂瓶	
汽轮机油	浅到深黄		气泡多、大，消失快，无色	沾水捻不乳化
抗磨液压油	橙红透明		气泡多、消失较快，稍挂瓶	
低凝液压油	深红			
水乙二醇液压油	浅黄	无味		光滑，觉热
磷酸酯液压油	浅黄			
油包水型乳化液	乳白		浓稠	
水包油型乳化液		无味	清淡	
蓖麻油制动液	淡黄透明	强烈酒精味		光滑、觉凉
矿物油型制动液	淡红			
合成制动液	苹果绿	醚味		

a. 看　由于不同种类的油品具有不同的颜色，有经验的管理人员用肉眼即可鉴别出品种。通常，浅色的是蒸馏出的油及精制程度深的油；深色的是残渣油及精制程度浅的油。

b. 嗅　工作介质的气味一般分为酸味、香味、醚味及酒精味等。一般来说，普通液压油有酸味，合成磷酯有醚味，蓖麻油型制动液有酒精味。

c. 摇　摇动装有油液的无色玻璃瓶，视油膜挂瓶状况及气泡的状态，可判定油液黏度。油膜挂瓶薄、气泡多、气泡直径小、上升快及消失快，这些特征都表明油品黏度小。

d. 摸　通过摸的感觉可以区别矿物油型油品的精制程度。通常，精制程度高的油液，其光滑感强。

2.1.5　液压油的污染及控制

液压油受到污染，常常是系统发生故障的直接原因。因此，控制液压油的污染非常重要。

（1）液压油污染的危害

一般来讲，液压系统中的污染物主要有固体颗粒、水、空气、化学物质、微生物等杂物。其中，固体颗粒性污垢是引起污染危害的主要原因。

① 固体颗粒会使泵的滑动部分（如叶片泵中的叶片和叶片槽、转子端面和配油盘）磨损加剧，缩短泵的使用寿命；对于阀类元件，污垢颗粒会加速阀芯和阀体的磨损，使阀芯卡紧，把节流孔和阻尼孔堵塞，从而使阀的性能下降、变坏甚至动作失灵；对于液压缸，污垢颗粒会加速密封件的磨损，使泄漏增大；当油液中的污垢堵塞过滤器的滤孔时，会使泵吸油

困难、回油不畅，产生气蚀、振动和噪声。也就是说，固体颗粒污垢对液压系统危害极大。

② 水的侵入会加速油液的氧化，并和添加剂起作用，产生黏性胶质，使滤芯堵塞。

③ 空气的混入能降低油液的体积模量，引起气蚀，降低其润滑性能。

④ 微生物的生成使油液变质，降低润滑性能，加速元件腐蚀。

此外，不正当的热能、静电能、磁场能及放射能也常被认为会对油液产生污染，有的会使油温超过规定限度，导致油液变质，有的则导致火灾。

由于液压油污染带来的危害是多方面的，并且有些专家认为，液压系统中的故障有70%是由于液压油受污染而引起的，所以目前世界各国对液压油的正确选用和防止污染问题都很重视。

（2）液压油污染的控制

控制液压油质量的变化，可采用下列措施。

① 降低温度，减小温差，延缓氧化速度，减少蒸发及氧化损失。

② 对于盛装容器，除根据气温变化留出必要的膨胀空间外，尽量装满，达到安全容量，以减少油液蒸发及降低油液氧化速度。盛装同品种油液的两个或多个容器未装满时，要及时合并。零星发放使用时，待一个容器的油液发完后，再动用另一个容器。

③ 容器孔口应严加密封，防止油液蒸发和污染。

④ 注意容器清洗，尽可能做到容器专用。

⑤ 加强质量监督，不合格油品不出库。做到"存新发旧、优质后用"，易变质和变质快的油品先出库。

⑥ 液压油使用到一定时期后，因老化变质使其性能下降，为保证液压系统能正常工作，应更换新油。目前，我国更换液压油普遍采用的方法有三种。

a. 固定周期换油法　根据不同的设备、不同的工况、不同的油品，规定其使用时间，到期后即更换新油。

b. 现场鉴定换油法　用试管装入新油和旧油，然后进行外观对比检查，通过感官来判断其污染程度。例如，若发现旧油色暗恶臭时，说明油已变质，需要更换；又如，若油的色相虽属正常，但已呈现浑浊，表明已含有水分，需要排除水分，并应掺入新油，以调整其黏度；再如，取一滴油落于250℃的钢板上，若出现"泼泼"的溅出声时，证明油中含有水分，若没有溅出声，只出现燃烧状，则表明不含水分。在现场也可用pH试纸进行硝酸浸蚀试验，即把一滴油滴在滤纸上，放置30～60min，观察油液的浸润情况，以此确定液压油的污染程度，如在油浸润的中心部分，出现透明的浓圆点即灰尘的磨耗粉末，表明油已变质。

c. 综合分析换油法　即定期取样化验，测定必要的物理化学性能，以便连续监视液压油劣化变质情况，再根据实际情况决定是否更换油液。这种方法需要一定的设备和化验仪器，操作方法也比较复杂，但有科学依据，较为准确、可靠。

*2.1.6　液压油液的换油周期及几种常用换油方法

（1）换油周期

液压油液使用中，当其性能劣化到一定程度时就必须换油。液压油液的使用寿命即为换油周期。换油周期因油液品种、工作环境和系统运行工况不同而有较大差别。若油液选择合理、油液品质优良，并且维护管理良好，则换油周期可大大延长。

（2）常用换油方法

① 定期换油法　根据主机工况条件、环境条件及液压系统所用油品，规定换油周期：按工作情况半年、一年或运转若干小时（如1000h）后换油一次。此种换油法不够科学，例

如，油品可能已经变质或污染严重，但因换油期未到而继续使用；也可能油品尚未变质，但换油期已到而换油造成浪费。

② 目测检验换油法　定期从运行的液压系统中抽取油样，经与新油对比或滤纸分析，检测其状态变化（如油液变黑、发臭、变成乳白色等）或感觉油已很脏，决定换油。此法因个人经验和感觉不同而有不同判断结果，故使用中有很大局限性。

③ 定期取样化验换油法　定期测定一些项目（称为换油指标，如黏度、酸值、水分及污染度、腐蚀性），与规定的油液劣化指标进行比对，一旦一项或几项超过换油指标，就必须换油。

④ 换油指标因主机类型、工作条件及油品不同而异，但定期检测的项目大同小异。对于一般运行条件下的液压装置，可在运转 6 个月后检验；苛刻运转条件下的液压装置，应在运转 1~3 个月后进行检验。此法科学性好，可减少由于油液原因导致的系统故障，又能充分合理利用油液，减少浪费。在具备化验条件下，应尽量采用此法。

2.2　流体静力学基础

流体静力学是研究液体处于静止状态下的力学规律以及这些规律的应用的一门科学。这里所说的静止，是指液体内部质点之间没有相对运动，至于液体整体则完全可以像刚体一样做各种运动。

2.2.1　液体静压力及特征

作用在液体上的力有两类，即质量力和表面力。

质量力是作用在液体质点上的力，其大小与质量成正比，如重力、惯性力等。

表面力是作用在液体表面上的力，表面力可以是其他物体（如活塞重力、大气压力）作用在液体上的力，这是外力；也可以是一部分液体作用在另一部分液体上的力，这是内力。

作用在液体表面上的力可以分为切向力和法向力。当液体静止时，由于液体质点之间没有相对运动，不存在切向摩擦力，所以作用在静止液体表面上的力只有法向力。

静止液体在单位面积上所承受的法向力称为静压力，如果在液体内部某点处微小面积 ΔA 上作用法向力 ΔF，则当 ΔA 趋于零时 $\Delta F/\Delta A$ 的值即为该点的静压力，用 P 表示。即

$$P = \lim \frac{\Delta F}{\Delta A} \tag{2-8}$$

若在液体的面积 A 上，所受的力为均匀分布的作用力 F，则静压力可表示为

$$P = \frac{F}{A} \tag{2-9}$$

由于液体质点间的内聚力很小，不能受拉，因此液体的静压力总是沿着液体表面的内法线方向。液体的静压力在物理学上称为压强，但在液压传动中习惯称为压力。液体的静压力有如下特性：

① 液体的静压力沿着内法线方向作用于承压面。

② 静止液体内，任意一点所受到的各个方向的静压力都相等。

2.2.2　静力学基本方程

在重力作用下，密度为 ρ 的液体在容器中处于静止状态，其外加压力为风，它的受力情

况如图2-3(a)所示，除了液体重力、液体表面上的外加压力之外，还有容器壁面作用在液体上的压力。如要计算离液面深度为 h 处某一点的压力时，可以取出底面包含该点的一个微小垂直液柱来研究，如图2-3(b)所示。

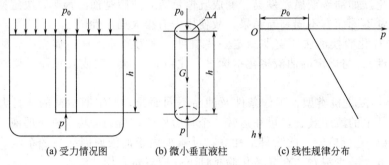

(a) 受力情况图　　(b) 微小垂直液柱　　(c) 线性规律分布

图 2-3　静止液体内的压力分布规律

液柱顶面受外加压力 p_0 作用，底面上所受的压力为 p，微小液柱的端面积为 ΔA，高为 h，其体积为 $h\Delta A$，则液柱的重力为 $\rho g h \Delta A$，并作用于液柱的质心上。作用于液柱侧面上的力，因为对称分布而相互抵消。由于液体处于平衡状态，在垂直方向上的力存在如下关系：

$$p \Delta A = p_0 \Delta A + \rho g h \Delta A \tag{2-10}$$

上式两边除以 ΔA，则得

$$p = p_0 + \rho g h \tag{2-11}$$

式（2-11）即为液体静压力基本方程，该式表明：

① 静止液体内任一点处的压力由两部分组成：一部分是液面上的压力 p_0，另一部分是该点以上液体的自重所产生的压力 $\rho g h$。当液面上只受大气压力 p_a 时，式（2-11）可改写为

$$p = p_a + \rho g h \tag{2-12}$$

② 静止液体内的压力沿液体深度呈线性规律分布，如图 2-3(c) 所示。

③ 离液面深度相同处各点的压力相等。压力相等的所有点组成的面称为等压面。在重力作用下静止液体中的等压面是一个水平面。

在液压传动中，与外力作用产生的压力相比，液体自重所产生的压力很小，在液压传动系统中可以忽略不计，因此可以近似认为在整个液体内部的压力是相等的。以后在分析液压传动系统压力时，一般都采用此结论。

根据度量基准的不同，液体压力分为绝对压力和相对压力两种。绝对压力是以绝对真空作为基准来进行度量的，相对压力则是以当地大气压力为基准来进行度量的。显然，绝对压力＝大气压力＋相对压力。由于物体受大气压的作用是自相平衡的，所以大多数压力表测得的压力值是相对压力（又称表压力）。在液压技术中所提到的压力，如不特别指明均为相对压力。当绝对压力低于大气压力时，比大气压力小的那部分压力值称为真空度。真空度就是大气压力与绝对压力之差，即真空度＝大气压力－绝对压力。相对压力和真空度的关系如图 2-4 所示。

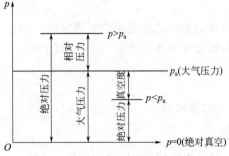

图 2-4　绝对压力、相对压力及真空度

压力的单位为帕斯卡（Pa），简称帕，1Pa＝

$1N/m^2$，由于 Pa 的单位量值太小，在工程上常采用兆帕（MPa）表示。它们之间的换算关系为

$$1MPa = 10^6 Pa$$

压力的单位还有标准大气压（atm）以及以前沿用的单位巴（bar）、工程大气压（at，即 kgf/cm^2）、水柱高或汞柱高等，各压力单位的换算关系为

$1atm = 0.101325 \times 10^6 Pa$

$1bar = 10^5 Pa$

$1at (1kgf/cm^2) = 0.981 \times 10^5 Pa$

$1mH_2O = 9.8 \times 10^3 Pa$

$1mmHg（毫米汞柱）= 1.33 \times 10^2 Pa$

2.2.3 帕斯卡原理

由静力学基本方程可知，静止液体中任意一点的压力都包含了液面上的压力 p_0。这说明在密闭的容器中，由外力作用所产生的压力可以等值地传递到液体内部的所有点，这就是帕斯卡原理。

如图 2-5 所示为两个面积分别为 A_1、A_2 的液压缸，缸内充满液体并用连通管使两缸相通。作用在大活塞上的负载为 F_1，缸内液体压力为 p_1，$p_1 = F_1/A_1$；小活塞上作用一个推力 F_2，缸内的压力为 p_2，$p_2 = F_2/A_2$。

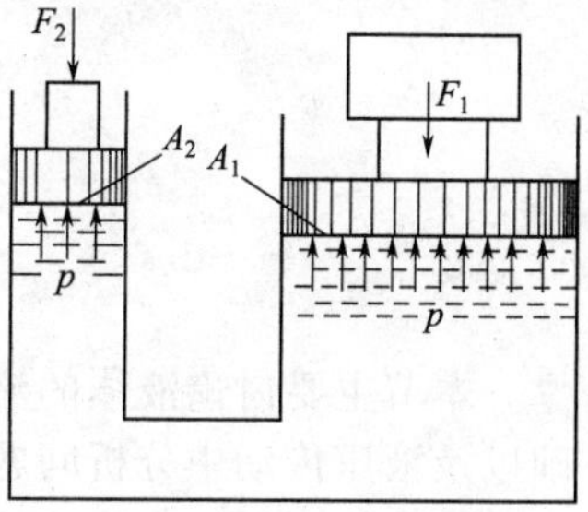

根据帕斯卡原理 $p_1 = p_2 = p$，则

$$\frac{F_1}{A_1} = \frac{F_2}{A_2} = p$$

即

图 2-5 液压起重原理

$$F_1 = F_2 \frac{A_1}{A_2} \tag{2-13}$$

由式（2-13）可知，由于 $(A_1/A_2) > 1$，因此用一个很小的推力 F_2 就可以推动一个比较大的负载 F_1，液压千斤顶就是根据此原理制成的。

由式（2-13）还可以看出，若负载 E 增大，系统压力 p 也增大；反之，系统压力 p 减小；若负载 $F_1 = 0$，当忽略活塞重力及其他阻力时，不论怎样推动小液压缸活塞，也不能在液体中形成压力。这说明压力 p 是液体在外力作用下受到挤压而形成和传递的。由此，可得出一个很重要的概念：液压系统中，液体的压力是由外负载决定的。

2.2.4 液体作用于固体表面上的力

在液压系统中，质量力可以忽略不计。液体和固体表面相接触时，固体表面将受到液体静压力的作用。由于静压力近似处处相等，因此可认为作用于固体表面上的压力是均匀分布的，且垂直于承受压力的表面。固体表面上各点在某一方向上所受静压力的总和，就是液体在该方向上作用于固体表面的力。

当固体表面为一平面时，作用在该表面上静压力的方向是相互平行的，且与该平面垂直。作用力 F 等于液体的压力 p 与该平面面积的乘积。即

$$F = pA \tag{2-14}$$

当固体表面为一曲面时，曲面上各点的静压力是不平行的。但作用在曲面上各点静压力的方向均垂直于曲面，并且大小相等。在工程上通常只需计算作用于曲面上某一指定方向上

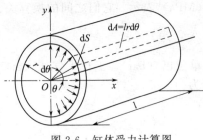

图 2-6　缸体受力计算图

的分力。如图 2-6 所示为液压缸缸体受力计算图，其半径为 r，长度为 l。

如需要求出液压油对缸体右半壁内表面在水平方向上的作用力 E 时，可在缸体上取一微小窄条，宽为 dS，其面积为

$$dA = l\,dS = lr\,d\theta$$

则液压油作用于这块面积上的力 dF 的水平分量 dF_x 为

$$dF_x = dF\cos\theta = p\,dA\cos\theta = plr\cos\theta\,d\theta$$

对上式进行积分，得缸体右侧内壁面上所受的 x 方向的作用力为

$$F_x = \int_{-\pi/2}^{\pi/2} dF_x = \int_{-\pi/2}^{\pi/2} plr\cos\theta\,d\theta = 2lrp = A_x p \tag{2-15}$$

式中　　A_x——缸筒在垂直于作用力方向 x 上的投影面积。

由此可得出：液压力在曲面某方向上的分力只等于压力 p 与曲面在该方向上投影面积 A_x 的乘积。即

$$F_x = pA_x \tag{2-16}$$

2.3　流体动力学基础

本节主要讨论液体的流动状态、运动规律及能量转换等问题，这些都是流体动力学的基础以及液压传动中分析问题和设计计算的理论依据。

液体静止时，由于液体质点之间没有相对运动，因而液体的黏性不起作用。液体流动时，其黏性将起着重要作用。液体流动时，由于重力、惯性力、黏性摩擦力等因素影响，其内部质点的运动状态各不相同。这些质点在不同时间、不同空间处的运动变化对液体的能量损耗有影响。此外，流动液体的运动状态还与液体的温度、黏度等参数有关。但对液压技术来说，研究的只是整个液体在空间某特定点处或特定区域内的平均运动情况。为了简化条件，便于分析，一般都假定在等温条件下来讨论液体的流动情况。

流动液体的连续性方程、伯努利方程和动量方程是描述流动液体力学规律的三个基本方程。前两个方程用来解决压力、流速两者之间的关系问题，动量方程用来解决流动液体与固体壁面作用力的问题。

2.3.1　流动液体的基本概念

（1）理想液体和恒定流动

由于液体具有黏性，因此在研究流动液体时必须考虑黏性的影响。但液体中的黏性问题非常复杂，为了便于分析和计算，开始分析时可先假设液体没有黏性，然后再考虑黏性的影响，并通过实验验证等办法对分析和计算结果进行补充或修正。这种方法同样可用来处理液体的可压缩性问题。一般把既无黏性也无压缩性的液体称为理想液体，把事实上既有黏性又有压缩性的液体称为实际液体。

液体流动时，若液体中任何一点的压力、流速和密度等流动参数都不随时间而变化，这种流动称为恒定流动（也称定常流动）。反之，液体流动时的压力、流速和密度等流动参数中任何一个参数随时间变化的流动称为非恒定流动（也称非定常流动）。研究液压系统静态性能时，可认为液体是恒定流动的，而研究动态性能时必须按非恒定流动考虑。

（2）通流截面、流量和平均流速

液体在管道中流动时，垂直于流动方向的截面称为通流截面。单位时间内流过通流截面的液体体积称为流量，用 q 表示，单位为 m^3/s，工程上也常用 L/min 作为单位。

设在液体中取一微小通流截面 dA，如图 2-7(a) 所示。

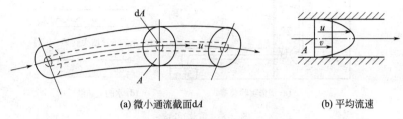

(a) 微小通流截面 dA 　　　　　　(b) 平均流速

图 2-7　流量和平均流速

液体在该截面上各点的流速可以认为是相等的，即流过该微小通流截面 dA 的流量为

$$dq = u dA \tag{2-17}$$

则流过整个通流截面的流量为

$$q = \int_A u \, dA \tag{2-18}$$

实际液体在管道中流动时，由于黏性力的作用，整个通流截面上各点的速度 u 一般是不等的。故按式（2-18）计算流量较难。为了便于解决问题，引入了平均流速的概念，如图 2-7(b) 所示。即假想流经通流截面的流速是均匀分布的，液体按平均流速流动通过通流截面的流量等于以实际流速流过的流量。即

$$q = \int_A u \, dA = vA \tag{2-19}$$

由此得出通流截面上的平均流速为

$$v = \frac{q}{A} \tag{2-20}$$

在工程实际中，只有平均流速 v 具有应用价值（有时工程中要考虑实际流场的分布情况）。液压缸工作时，活塞的运动速度就等于缸内液体的平均流速，因此可以根据式（2-20）建立起活塞运动速度 v 与液压缸有效面积 A 和流量 q 之间的关系。当液压缸有效面积一定时，活塞运动速度决定于出入液压缸的流量。

（3）层流、紊流、雷诺数

液体的流动有两种状态，即层流和紊流。这两种流动状态的物理现象可以通过雷诺实验观察出来。实验装置如图 2-8(a) 所示。

水箱 6 由进水管 2 不断充水，并由溢流管 1 保持水箱的水面为恒定，容器 3 盛有红颜色水，打开阀门 8 后，水就从管 7 中流出，这时再打开阀门 4，红色水即从容器 3 经管 5 流入管 7 中。根据红色水在管 7 中的流动状态，即可观察出管中水的流动状态。

当管中水的流速低时，红色水在管中呈明显的直线，如图 2-8(b) 所示。这时可看到红线与管轴线平行，红色线条与周围液体没有任何混杂现象，表明管中的水流是分层的，层与层之间互不干扰。液体的这种流动状态称为层流。

将阀门 8 逐渐开大，当管中水的流速逐渐增大到某一值时，可看到红线开始曲折，如图 2-8(c) 所示，表明液体质点在流动时不仅沿轴向运动，还有径向运动。若管中流速继续增大，则可看到红线成紊乱状态，完全与水混合，如图 2-8(d) 所示，这种无规律的流动状态称为紊流。如果将阀门逐渐关小，会看到相反的过程。一般在层流与紊流之间的中间过渡状态是一种不稳定的流态，通常按紊流处理。

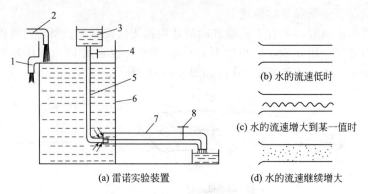

图 2-8 雷诺实验
1—溢流管；2—进水管；3—容器；4，8—阀门；5，7—水管；6—水箱

实验证明，液体在管中流动的状态是层流还是紊流，不仅与管内液体的平均流速 v 有关，还和管径 d、液体的运动黏度 ν 有关。决定液体流动状态的是这三个参数组成的一个称为雷诺数 Re 的无因次量，即

$$Re = \frac{vd}{V} \tag{2-21}$$

液体的流动状态由临界雷诺数 Re_{cr} 决定。当 $Re < Re_{cr}$ 时为层流；当 $Re > Re_{cr}$ 时为紊流。临界雷诺数一般可由实验求得，常见管道临界雷诺数见表 2-3。

表 2-3 常见管道的临界雷诺数

管道的形状	临界雷诺数 Re_{cr}	管道的形状	临界雷诺数 Re_{cr}
光滑的金属圆管	2320	带沉割槽的同心环状缝隙	700
橡胶软管	1600~2000	带沉割槽的偏心环状缝隙	400
光滑的同心环状缝隙	1100	圆柱形滑阀阀口	260
光滑的偏心环状缝隙	1000	锥阀阀口	20~100

雷诺数的物理意义是：雷诺数是液流的惯性力对黏性力的无因次比，当雷诺数大时惯性力起主导作用，这时液体流态为紊流；当雷诺数小时黏性力起主导作用，这时液体流态为层流。

对于非圆截面的管道，液流的雷诺数可按式（2-22）计算

$$Re = \frac{4vR}{V} \tag{2-22}$$

式中 R——通流截面的水力半径。

所谓水力半径 R，是指有效通流截面积 A 和其湿周长度（通流截面上与液体相接触的管壁周长）X 之比，即

$$R = \frac{A}{X} \tag{2-23}$$

水力半径的大小对管道的通流能力影响很大。水力半径大，意味着液流和管壁的接触周长短，管壁对液流的阻力小，因而通流能力大；水力半径小，则通流能力就小，管路容易堵塞。

2.3.2　流量连续性方程

液体在管道中做稳定流动时，由于假定液体是不可压缩的，即密度 ρ 是常数，而液体是连续的，其内部不可能有间隙存在，因此根据质量守恒定律，液体在管内既不能增多，也不能减少。所以单位时间内流过管子每一个截面的液体质量一定是相等的。这就是液流的连续性原理（质量守恒定律）。

如图 2-9 所示为液体在管道中做恒定流动，任意取截面 1 和 2，其通流截面分别为 A_1 和 A_2，液体流经两截面时的平均流速和液体密度分别为 v_1、ρ_1 和 v_2、ρ_2。

根据质量守恒定律，在单位时间流过两个截面的液体质量相等，即

$$\rho_1 v_1 A_1 = \rho_2 v_2 A_2 = 常数$$

当忽略液体的可压缩性时，$P_1 = P_2$，则得

$$v_1 A_1 = v_2 A_2 = 常数$$

或

$$q = v_1 A_1 = v_2 A_2 = 常数 \tag{2-24}$$

由于通流截面是任意选取的，故

$$q = vA = 常数 \tag{2-25}$$

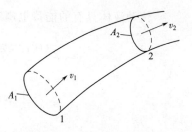

图 2-9　连续性方程示意图

这就是液体的流量连续性方程。该方程说明：在管道中做恒定流动的不可压缩液体流过各截面的流量是相等的，因而流速与通流面积成反比。

2.3.3　流动液体的能量守恒原理

能量方程又称为伯努利方程，是能量守恒定律在流体力学中的一种表达方式。由于流动液体的能量问题比较复杂，所以在讨论时先从理想液体的流动情况着手，然后再展开到实际液体的流动上去。

（1）理想液体的伯努利方程

假定理想液体在如图 2-10 所示的管道中做恒定流动。质量为 m、体积为 V 的液体流经该管道任意两个截面积分别为 A_1、A_2 的截面 1—1、2—2。设两个截面处的平均流速分别为 v_1、v_2，压力分别为 p_1、p_2，中心高度分别为 h_1、h_2，若在很短时间内，液体通过曲截面的距离分别为 Δl_1、Δl_2，则液体在截面处的能量分析如表 2-4 所示。

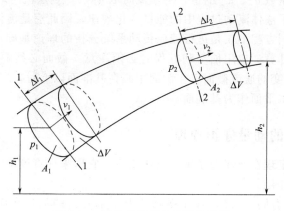

图 2-10　液体伯努利方程推导简图

表 2-4 截面能量分析

截面位置	截面 1—1	截面 2—2
动能	$\frac{1}{2}mv_1^2$	$\frac{1}{2}mv_2^2$
位能	mgh_1	mgh_2
压力能	$p_1A_1\Delta l_1 = p_1\Delta V = p_1m/\rho$	$p_2A_2\Delta l_2 = p_2\Delta V = p_2m/\rho$

流动液体具有的能量也遵守能量守恒定律，因此可写成

$$\frac{1}{2}mv_1^2 + mgh_1 + p_1m/\rho = \frac{1}{2}mv_2^2 + mgh_2 + p_2m/\rho \qquad (2\text{-}26)$$

或

$$\frac{1}{2}v_1^2 + gh_1 + p_1/\rho = \frac{1}{2}v_2^2 + gh_2 + p_2/\rho \qquad (2\text{-}26a)$$

$$\frac{1}{2}\rho v_1^2 + \rho gh_1 + p_1 = \frac{1}{2}\rho v_2^2 + \rho gh_2 + p_2 \qquad (2\text{-}26b)$$

式（2-26）称为理想液体的伯努利方程，也称为理想液体的能量方程。其物理意义是：在密闭的管道中做恒定流动的理想液体具有三种形式的能量（动能、位能、压力能），在沿管道流动的过程中，三种能量之间可以互相转化，但是在管道任一截面处三种能量的总和是一常量。两式的含义相同，只是表达方式不同。式（2-26a）是将液体所具有的能量以单位质量液体所具有的动能、位能和压力能的形式来表达的理想液体的伯努利方程，而式（2-26b）是将单位质量液体所具有的动能、位能、压力能用液体压力值的方式来表达的理想液体的伯努利方程。由于在实际应用中，液压传动系统内各处液体的压力可以用压力表很方便地测出来，所以式（2-26b）较为常用。

（2）实际液体的伯努利方程

实际液体在管道内流动时，由于液体黏性的存在会产生内摩擦力，消耗能量；同时管道的尺寸和局部形状骤然变化使液流产生扰动，也会引起能量消耗。因此，实际液体流动时存在能量损失，设单位质量液体在管道中流动时的压力损失为 ΔP_w。另外，由于实际液体在管道中流动时，管道通流截面上的流速分布是不均匀的，若用平均流速计算动能，则必然会产生误差。为了修正这个误差，需要引入动能修正系数 α。因此，实际液体的伯努利方程为

$$\frac{1}{2}\rho\alpha_1 v_1^2 + \rho gh_1 + p_1 = \frac{1}{2}\rho\alpha_2 v_2^2 + \rho gh_2 + p_2 + \Delta P_w \qquad (2\text{-}27)$$

式中，对于动能修正系数 α_1、α_2 的值，当紊流时取 $\alpha=1$，当层流时取 $\alpha=2$。

伯努利方程揭示了液体流动过程中的能量变化规律，因此它是流体力学中的一个特别重要的基本方程。伯努利方程不仅是进行液压传动系统分析的理论基础，而且还可用来对多种液压问题进行研究和计算。应用伯努利方程时必须注意：截面必须顺流向选取（否则 ΔP_w 是负值），且应选在缓变的通流截面上；截面中心在基准面以上时，h 取正值，反之取负值。通常选取特殊位置的水平面作为基准面。

*2.3.4 流动液体的动量守恒原理

动量方程是动量定理在流体力学中的具体应用。它用来计算流动的液体作用于限制其流动的固体壁面上的总作用力。

根据理论力学中的动量定理，作用在物体上全部外力的矢量和应等于物体动量的变化率，即

$$\sum F = \frac{\Delta(mv)}{\Delta t} \tag{2-28}$$

在式（2-28）中，物体的质量 m 与速度 v 的乘积 mv 称为该物体的动量。动量是一个矢量，它的方向与速度 v 的方向相同。由上可知，质点的动量对时间的改变率等于作用于该质点的力，这就是动量定理，这是牛顿第二定律的另一种陈述形式。

以下应用动量定理来推出流体力学的动量方程。如图 2-11 所示，设液体在管道中做稳定流动，在管道中取出由 a_1、a_2 及管壁所围起来的液体作为被控制体积，并假设 a_1、a_2 截面上的面积分别为 A_1 和 A_2，平均流速分别为 v_1、v_2；被控制体积经时间 dt 后，从 a_1—a_2 运动到 $a_1{}'$—$a_2{}'$，其动量变化为

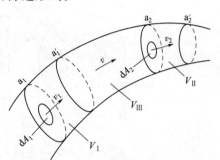

$$d(\sum I) = I_{\text{III} t+dt} - I_{\text{III} t} + I_{\text{II} t+dt} - I_{\text{I} t}$$

由于体积 V_B 无变化，再考虑到液体不可压缩，密度 ρ 不变，所以有

图 2-11　液体动量方程推导简图

$$d(\sum I) = I_{\text{II} t+dt} - I_{\text{I} t} = \rho q \, dt(v_2 - v_1)$$

将上式两边同除以 dt，得

$$\sum F = \frac{d(\sum I)}{dt} = \rho q(v_2 - v_1) \tag{2-29}$$

式（2-29）是用平均流速计算液体动量的，与用实际流速计算动量相比有一定的误差，因此引入动量修正系数 β 加以修正。经修正后，做稳定流动的液体动量方程为

$$\sum F = \rho q(\beta_2 v_2 - \beta_1 v_1) \tag{2-30}$$

式中，β_1、β_2 是动量修正系数，液体在圆管中做层流时取 $\beta = \frac{4}{3}$，做紊流时取 $\beta \approx 1$。

动量方程的物理意义是：作用于被控制液体上的合外力等于单位时间内流出与流入的动量之差。

应用动量方程计算液体作用于固体壁面上的力比较方便。但应注意，液体作用于固体壁面上的力与式（2-30）所计算结果的大小相等，而方向相反。

2.4　管路内压力损失计算

2.4.1　液体流动时的压力损失

实际液体具有黏性，流动时会有阻力产生。为了克服阻力，流动的液体需要损耗掉一部分能量，这种能量损失可归纳为伯努力方程中的 Δp_w 项。力具有压力的量纲，通常称为压力损失。在液压传动系统中，压力损失使液压能转变为热能，它将导致系统的温度升高。因此，在设计液压系统时，要尽量减少压力损失，而这种压力损失与液体的流动状态有关。本节主要分析液体流动时所产生的能量损失，即压力损失。

压力损失可分为沿程压力损失和局部压力损失两类。

（1）沿程压力损失

液体在直径不变的直管中流动时，由于液体内摩擦力的作用而产生的能量损失，称为沿程压力损失。液体的流动状态不同，所产生的沿程压力损失也有所不同。

① 层流时的沿程压力损失　液压传动中，液体的流动状态多数是层流。当液流为层流

时，液体流经直管中的压力损失可以通过理论计算求得。

如图 2-12(a) 所示，假定液体在内径为 $d(d=2R)$ 的管道中流动，流动状态为层流，圆管水平放置。在管内取一段与管轴线重合的微圆柱体，其半径为 r、长度为 l，作用在微圆柱体左端的液压力为 p_1、右端的液压力为 p_2、圆柱面上的摩擦力为 F_f。

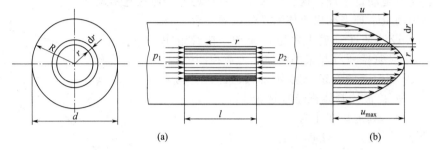

图 2-12　直管中的压力损失计算图

② 通流截面上流速的分布规律　由图 2-12 可知，微小液柱的力平衡方程为

$$(p_1 - p_2)\pi r^2 = F_f \tag{2-31}$$

根据牛顿内摩擦定律可知

$$F_f = \tau A = -2\pi r l \mu \frac{\mathrm{d}u}{\mathrm{d}r} \tag{2-32}$$

式中，负号"－"表示流速增量 $\mathrm{d}u$ 与半径增量 $\mathrm{d}r$ 符号相反，如图 2-12(b) 所示。

若令 $\Delta p = p_1 - p_2$，将 F_f 代入上式整理可得

$$\mathrm{d}u = -\frac{\Delta p}{2\mu l} r \mathrm{d}r \tag{2-33}$$

对式 (2-33) 积分，并应用边界条件，当 $r=R$ 时，$u=0$，得

$$u = \frac{\Delta p}{4\mu l}(R^2 - r^2) \tag{2-34}$$

式 (2-34) 表明，液体在直管中做层流运动时，速度对称于圆管中心线并按抛物线规律分布。最大流速在轴线上，即当 $r=0$ 时流速为最大，其值为

$$u_{\max} = \frac{\Delta p R^2}{4\mu l} = \frac{\Delta p d^2}{16\mu l} \tag{2-35}$$

③ 流量　如图 2-13(b) 所示抛物体的体积就是液体单位时间内流经过通流截面的体积流量。在半径为 r 处取一层厚度为 $\mathrm{d}r$ 的微圆环面积，通过此环形面积的流量为

$$\mathrm{d}q = u 2\pi r \mathrm{d}r \tag{2-36}$$

对上式积分，得

$$q = \int_0^R u 2\pi r \mathrm{d}r = \int_0^R \frac{\Delta p}{4\mu l}(R^2 - r^2) 2\pi r \mathrm{d}r = \frac{\pi d^4}{128\mu l}\Delta p \tag{2-37}$$

④ 平均流速　设管道内的平均流速为 v，根据平均流速的定义，可得

$$v = \frac{q}{A} = \frac{q}{\frac{\pi}{4}d^2} = \frac{\pi d^4}{128\mu l}\Delta p \, \frac{4}{\pi d^2} = \frac{d^2}{32\mu l}\Delta p \tag{2-38}$$

将上式与 $u_{\max}$ 值比较，得出平均流速 v 与最大流速 $u_{\max}$ 的关系为

$$v = \frac{1}{2} u_{\max} \tag{2-39}$$

用平均流速计算层流状态的动能和势能时，修正系数 α 和 β 的值为

$$\alpha = \frac{\int_A u^3 \mathrm{d}A}{v^3 A} = \frac{\int_0^R \left[\frac{\Delta p}{4\mu l}(R^2 - r^2)\right]^3 2\pi r \,\mathrm{d}r}{\left[\frac{\Delta p R^2}{8\mu l}\right]^3 \pi R^2} = 2 \qquad (2\text{-}40)$$

$$\beta = \frac{\int_A u^2 \mathrm{d}A}{v^2 A} = \frac{\int_0^R \left[\frac{\Delta p}{4\mu l}(R^2 - r^2)\right]^2 2\pi r \,\mathrm{d}r}{\left[\frac{\Delta p R^2}{8\mu l}\right]^2 \pi R^2} \approx 1.33 \qquad (2\text{-}41)$$

⑤ 沿程压力损失　层流状态时，液体流经直管的压力损失为

$$\Delta p_\lambda = \frac{8\mu l v}{R^2} = \frac{32\mu l v}{d^2} \qquad (2\text{-}42)$$

式中　Δp_λ——沿程压力损失。

从式（2-42）可看出，当直管中的液流为层流时，其压力损失与管长、流速和液体黏度成正比，而与管径的平方成反比。计算压力损失时，为简化，可将式（2-42）进行适当变换，沿程压力损失公式可改写成如下形式

$$\Delta p_\lambda = \frac{64}{2}\left(\frac{v d \rho}{Re\mu}\right)\frac{\mu l}{d^2} v = \frac{64}{Re}\gamma \frac{l}{d}\frac{v^2}{2g} = \lambda\gamma\frac{l}{d}\frac{v^2}{2g} \qquad (2\text{-}43)$$

式中　λ——沿程阻力系数；层流时，它的理论值 $\lambda = \frac{64}{Re}$；实际应用时，对光滑金属管取

$\lambda = \frac{75}{Re}$，对橡胶管取 $\lambda = \frac{80}{Re}$。

式（2-43）是在管道水平放置的条件下推导出来的。由于液体的自重和位置变化所引起的压力变化很小，可以忽略，因此式（2-43）也同样适用于管道非水平管放置的情况。

⑥ 紊流时的沿程压力损失　紊流的特性之一是液体各质点不再是规则的轴向运动，液体质点在运动过程中互相碰撞、掺混与脉动，并形成漩涡。紊流的能量损失比层流大得多。紊流时计算沿程压力损失的公式在形式上与层流相同，即

$$\Delta p_\lambda = \lambda\gamma\frac{l}{d}\frac{v^2}{2g} \qquad (2\text{-}44)$$

式（2-44）中的阻力系数 γ 除与雷诺数 Re 有关外，还与管壁的相对粗糙度有关，即

$$\lambda = f\left(Re, \frac{\Delta}{d}\right) \qquad (2\text{-}45)$$

式中　Δ——管壁的绝对粗糙度，它与管径的比值 Δ/d 称为相对粗糙度。

对于光滑管，λ 值可用下式计算

$$\lambda = \frac{0.3164}{Re^{0.25}} \qquad (2\text{-}46)$$

对于各种粗糙管，λ 的值可以根据不同的 Re 和 A/d 从有关手册上查出。

（2）局部压力损失

流动液体除通过直管产生沿程压力损失外，通过阀门、弯头、接头等局部障碍时，液流方向和流速发生变化，在这些地方发生撞击、分离、漩涡等现象，也会造成能量损失，这部分能量损失称为局部压力损失。局部压力损失是由漩涡使液体质点相互撞击消耗动能而造成的，或者是由于截面流速剧烈变化产生附加摩擦消耗动能造成的。消耗的动能均由压力能变为热能。

液体在流过这些局部障碍时，液体的流动状态极为复杂，影响因素较多。局部压力损失

值除少数形式可以从理论上进行分析、计算外，一般都依靠实验方法先求得各种类型的局部阻力系数，然后再计算局部压力损失。局部压力损失的大小可按下列公式计算

$$\Delta p_\xi = \xi\gamma\frac{v^2}{2g} \tag{2-47}$$

式中　ξ——局部阻力系数（由实验求得，具体数值可查阅有关手册）。

各种局部压力损失的形式可能不同，但物理本质是相同的，故式（2-47）可以认为是局部压力损失的一般表达式。当液流通过阀口、弯头及突然变化的截面时，其局部阻力系数是不同的。各种局部损失的形式及其阻力系数可由有关手册查得。

液流通过各种阀的局部压力损失，可由阀的产品样本中查得。查得压力损失为在额定流量 q_n 下的压力损失 Δp_n，当实际通过的流量 q_v 不是额定流量时，通过该阀的局部压力损失为

$$\Delta p_\xi = \Delta p_n\left(\frac{q_v}{q_n}\right)^2 \tag{2-48}$$

式中　q_n——阀的额定流量；

　　　q_v——阀的实际流量；

　　　Δp_n——在额定流量下通过阀的压力损失。

（3）管道系统中的总压力损失

液压系统的管道常由若干段直管和一些弯头、管接头、控制阀等组成。管路系统中总的压力损失 $\sum\Delta p$ 等于所有直管的沿程压力损失 $\sum\Delta p_\lambda$ 与所有局部压力损失 $\sum\Delta p_\xi$ 之和。

$$\sum\Delta p = \sum\Delta p_\lambda + \sum\Delta p_\xi \tag{2-49}$$

$$\sum\Delta p = \sum\lambda\gamma\frac{l}{d}\frac{v^2}{2g} + \sum\xi\gamma\frac{v^2}{2g} \tag{2-50}$$

利用式（2-49）或（2-50）计算总压力损失时，两相邻局部损失之间要有足够的距离。因为当液流经过一个局部阻力处后，要在直管中流经一段距离，液流才能稳定；否则，如液流尚未稳定就又经过第二个局部阻力处，将使情况复杂化，有时阻力系数可能比正常情况下大 2~3 倍。一般希望在两个局部阻力处之间的直管长度 $z>(10\sim20)d$，d 为管道内径。

液压系统的总压力损失也可用实验测量的方法，这种方法简便、准确。

由式（2-50）可看出，流速升高会使压力损失增大。为使液压系统正常工作又不至于压力损失过大，设计液压系统时，一般推荐管路中的液流速度如下：

① 压油管路 $v=3\sim4\text{m/s}$。

② 吸油管路 $v=0.5\sim1.5\text{m/s}$。

③ 回油管路 $v\leqslant3\text{m/s}$。

压力损失消耗能量使系统发热，应力图避免；但压力损失又可理解为作用于某控制体两端的压差，而控制或造成某些阀类元件所必需的压差，在液压技术中可实现流量与压力的控制。

例 2-1　在如图 2-13 所示的液压系统中，已知泵的流量 $q=1.5\times10^{-3}\text{m}^3/\text{s}$，液压缸无杆腔的面积 $A=8\times10^{-3}\text{m}^2$，负载 $F=3000\text{N}$，回油腔压力近似为零，液压缸进油管的直径 $d=20\text{mm}$，总长即为管的垂直高度 $H=5\text{m}$，进油路总的局部阻力系数 $\xi=7.2$，液压油的密度 $\rho=900\text{kg/m}^3$，工作温度下的运动黏度 $v=46\text{mm}^2/\text{s}$。试求：

（1）进油路的压力损失。

（2）泵的供油压力。

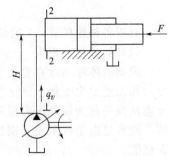

图 2-13　液压系统示意图

解：（1）求进油路的压力损失　进油管内流速

$$v_1 = \frac{q}{\frac{\pi d^2}{4}} = \frac{4 \times 1.5 \times 10^{-3}\,\mathrm{m^3/s}}{\pi \times (20 \times 10^{-3}\,\mathrm{m})^2} = 4.77\,\mathrm{m/s}$$

雷诺系数

$$Re = \frac{v_1 d}{v} = \frac{4.77\,\mathrm{m/s} \times 20 \times 10^{-3}\,\mathrm{m}}{46 \times 10^{-6}\,\mathrm{m^2/s}} = 2074 < 2320$$

因此，进油管内的油液流动为层流。

沿程阻力系数 $\lambda = 75/Re = 75/2074 = 0.036$

故进油路的压力损失为

$$\sum \Delta p = \lambda \rho \frac{l}{d} \frac{v_1^2}{2} + \xi \rho \frac{v_1^2}{2} = \left(0.036 \times \frac{5}{20 \times 10^{-3}\,\mathrm{m}} + 7.2 \right) \frac{900\,\mathrm{kg/m^3} \times 4.77^2\,\mathrm{m^2/s^2}}{2}$$
$$= 0.166 \times 10^6\,\mathrm{Pa} = 0.166\,\mathrm{MPa}$$

（2）求泵的供油压力　对泵的出口油管断面 A 和液压缸进口后的断面 2—2 之间列出伯努利方程，即

$$\frac{p_1}{\rho g} + \frac{\alpha_1 v_1^2}{2g} + h_1 = \frac{p_2}{\rho g} + \frac{\alpha_2 v_2^2}{2g} + h_2 + h_w$$

或

$$p_1 = p_2 + \frac{1}{2} \rho (\alpha_2 v_2^2 - \alpha_1 v_1^2) + \rho g (h_2 - h_1) + \rho g h_w$$

式中　p_2——液压缸的工作压力，$p_2 = F/A = \dfrac{30000}{8} \times 10^{-3}\,\mathrm{Pa} = 3.75 \times 10^6\,\mathrm{Pa} = 3.75\,\mathrm{MPa}$；

$\rho g h_w$——两截面间的压力损失，即 $\rho g h_w = \sum \Delta p = 0.166\,\mathrm{MPa}$；

v_2——液压缸的运动速度 $v_2 = \dfrac{1.5 \times 10^{-3}}{8 \times 10^{-3}}\,\mathrm{m/s} = 0.19\,\mathrm{m/s}$；

$\alpha_1 = \alpha_2 = 2$。

则

$$\frac{1}{2} \rho (\alpha_2 v_2^2 - \alpha_1 v_1^2) = \left[\frac{1}{2} \times 900 (2 \times 0.19^2 - 2 \times 4.77^2) \right]\,\mathrm{Pa}$$
$$= -0.02 \times 10^6\,\mathrm{Pa} = -0.02\,\mathrm{MPa}$$

$$\rho g (h_2 - h_1) = \rho g H = (900 \times 9.8 \times 5)\,\mathrm{Pa} = 0.044 \times 10^6\,\mathrm{Pa} = 0.044\,\mathrm{MPa}$$

故泵的供油压力为

$$p_1 = (3.75 - 0.02 + 0.044 + 0.166)\,\mathrm{Pa} \approx 4\,\mathrm{MPa}$$

由本例可看出，在液压系统中，由液体位置高度变化和流速变化引起的压力变化量相对来说是很小的，此两项可忽略不计。因此，泵的供油压力表达式可以简化为

$$p_1 = p_2 + \sum \Delta p \tag{2-51}$$

即泵的供油压力由执行元件的工作压力见和管路中的压力损失 $\sum \Delta p$ 确定。

2.4.2　液体流经小孔的流量

液体经孔口或缝隙流动的现象在液压系统中经常遇到。在液压传动中常利用液体流经阀的小孔或缝隙来控制压力和流量，以此来达到调压或调速的目的。同时，液压元件（如液压缸）的泄漏属于缝隙流动。因此，研究液体在孔口和缝隙中的流动规律，了解影响它们的因素，才能为正确地分析液压元件和系统的工作性能以及合理设计液压传动系统提供可靠的依据。

孔口根据它们的长径比可分为三种：当小孔的长度 l、直径 d 的比值 $l/d \leqslant 0.5$ 时，称薄壁小孔；当 $l/d > 4$ 时，称为细长孔；当 $0.5 < l/d \leqslant 4$ 时，称为短孔。

（1）薄壁小孔的流量

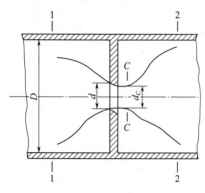

图 2-14　流经薄壁小孔的液流

如图 2-14 所示为进口边做成刃口形的典型薄壁孔口。液体流经截面 A 时流速较低，流经小孔时产生很大加速度，在惯性力作用下向中心汇集，使流束收缩，收缩至孔口下游约 $d/2$ 处为最小，$C-C$ 截面称为收缩断面，这种现象称为收缩现象。对于薄壁圆孔，当孔前通道直径 D 与小孔直径 d 之比 $D/d \geqslant 7$ 时，流束的收缩作用不受孔前通道内壁的影响，这时的收缩称为完全收缩；反之，当 $D/d < 7$ 时，孔前通道对液流进入小孔起导向作用，此时收缩称为不完全收缩。

收缩截面面积 A_c 与小孔截面面积 A_0 之比称为收缩系数 C，即

$$C_c = \frac{A_c}{A_0} \tag{2-52}$$

式中　A_c——收缩截面面积，$A_c = \frac{\pi}{4}d_c^2$；

$\quad\quad A_0$——小孔截面面积，$A_0 = \frac{\pi}{4}d^2$。

收缩系数取决于雷诺数、孔口及边缘形状、孔口离管道侧壁的距离等因素。

对通道截面 1—1 和截面 $C-C$ 用伯努利方程，求得流经薄壁小孔的流量。

列出 1—1 和 $C-C$ 的伯努利方程式，则有

$$\frac{\alpha_1 v_1^2}{2g} + \frac{p_1}{\gamma} + h_1 = \frac{\alpha_c v_c^2}{2g} + \frac{p_c}{\gamma} + h_c + h_w \tag{2-53}$$

式中　p_1、v_1——1—1 截面处的压力和速度；

$\quad\quad p_c$、v_c——$C-C$ 截面处的压力和速度；

$\quad\quad h_w$——局部能量损失。

由式可求得

$$h_w = \xi \frac{v_c^2}{2g} \tag{2-54}$$

把式（2-53）代入式（2-54）得

$$\frac{\alpha_1 v_1^2}{2g} + \frac{p_1}{\gamma} + h_1 = \frac{\alpha_c v_c^2}{2g} + \frac{p_c}{\gamma} + h_c + \xi \frac{v_c^2}{2g} \tag{2-55}$$

由于 $v_c \gg v_1$，$h_1 = h_c$，略去式（2-55）变为 $\frac{\alpha_1 v_1^2}{2g}$ 后，

$$\frac{p_1}{\gamma} = \frac{p_c}{\gamma} + (\alpha_c + \xi)\frac{v_c^2}{2g} \tag{2-56}$$

由式（2-56）可求得

$$v_c = \frac{1}{\sqrt{\xi + \alpha_c}}\sqrt{\frac{2g}{\gamma}(p_1 - p_c)} = C_v\sqrt{\frac{2g}{\gamma}\Delta p} \tag{2-57}$$

式中　Δp——小孔前后压差，$\Delta p = p_1 - p_c$；

$\quad\quad \alpha_c$——$C-C$ 截面的动能修正系数，$\alpha_c = 1$；

C_v——速度系数，$C_v = \dfrac{1}{\sqrt{\xi + \alpha_c}} = \dfrac{1}{\sqrt{1 + \xi}}$。

根据流量连续性方程，可求得通过薄壁小孔的流量为

$$q = A_c v_c = C_c A_0 v_c = C_c C_v A_0 \sqrt{\frac{2g}{\gamma} \Delta p} \tag{2-58}$$

或

$$q = A_c v_c = C_c A_0 v_c = C_q A_0 \sqrt{\frac{2\Delta p}{\rho}} = K A_0 \Delta p^{\frac{1}{2}} \tag{2-59}$$

式中　K——由小孔的形状、尺寸和液体性质决定的系数，$K = C_q \sqrt{\dfrac{2}{\rho}}$；

　　　C_q——流量系数，$C_q = C_v C_c$。

流量系数值由实验确定，当完全收缩时，$C_q = 0.61 \sim 0.62$；当不完全收缩时 $C_q = 0.7 \sim 0.8$。薄壁小孔沿程阻力损失非常小，通过小孔的流量与黏度无关，即流量对油温的变化不敏感。因此，液压系统中常采用薄壁小孔作为节流元件。

（2）短孔的流量

短孔的流量公式仍为式（2-59），但流量系数不同，一般取 $q = 0.82$。短孔易加工，故常用作固定节流器。

（3）细长孔的流量

液体流过细长孔时，一般为层流状态，流量可用前面已推导的圆管层流时的流量公式（2-36）确定，即

$$q = \frac{\pi d^4}{128 \mu l} \Delta p = \frac{d^2}{32 \mu l} A_0 \Delta p = K A_0 \Delta p \tag{2-60}$$

式中　$K = \dfrac{d^2}{32 \mu l}$。

由式（2-60）可知，液体流经细长孔的流量与小孔前后压差的一次方成正比，且受温度、孔长及孔径的影响较大，流量不稳定。因此细长孔主要用作固定节流孔和阻尼器。

（4）小孔的流量计算

根据式（2-59）和式（2-60），各小孔的流量可统一表示为

$$q = K A_0 \Delta p^m \tag{2-61}$$

式（2-61）中，对于细长孔，$K = \dfrac{d^2}{32 \mu l}$；对于薄壁孔和短孔，$K = C_q \sqrt{\dfrac{2}{\rho}}$。$m$ 是由小孔的长度与直径之比所决定的常数。对于细长孔 $m = 1$，对于薄壁孔 $m = 0.5$，对于短孔 $0.5 < m < 1$。

2.5　液压冲击和气穴现象

2.5.1　液压冲击

在液压系统中，由于某种原因引起液压油的压力在某瞬间突然急剧上升，形成一个很大的压力峰值，这种现象称为液压冲击。

（1）产生液压冲击的原因

① 当管道内的液体运动时，如某一瞬时将液流通路迅速切断（如阀门迅速关闭），则液

体的流速将突然降为零。此时，首先是与阻止液体运动的壁面直接接触的液层停止运动，它的动能转化为液体的压力能，使液体内的压力升高。随后这种液体的能量转换迅速传递到后方的各层液体，形成压力波。同时，各层的压力波又反过来传到最前面的液体层，形成压力振荡波，造成液压冲击波。只有压力波在封闭管道内往复振荡直到能量消耗后，油压才趋向稳定。

② 液压系统中的高速运动部件突然制动时，也可引起液压冲击。因运动部件换向或制动时，常用控制阀关闭回油路，使油液不能继续排出，但由于运动部件的惯性将使其继续向前运动，使封闭的油液受到挤压，其压力急剧升高而产生液压冲击。

③ 当液压系统中的某些元件反应不灵敏时，也可能造成液压冲击。如溢流阀不能在系统压力升高时及时打开，限压式变量泵不能在油压升高时自动减少输油量等，都会出现压力超调现象，因而造成液压冲击。

（2）液压冲击的危害

液压系统中产生液压冲击时，瞬时压力峰值有时比正常压力要大好几倍，这就容易引起液压设备振动，导致密封装置、管道和元件的损坏。有时还会使压力继电器、顺序阀等液压元件产生误动作，影响系统的正常工作。因此，在液压系统设计和使用中必须防止或减小液压冲击。

（3）冲击压力

假设系统正常工作的压力为 p，产生压力冲击时的最大压力为

$$p_{\max} = p + \Delta p \tag{2-62}$$

式中　Δp——冲击压力的最大升高值。

由于液压冲击是一种非定常流动，动态过程非常复杂，影响因素很多，要准确计算压力的值是很困难的。在实际应用时只能近似计算。

① 阀门关闭时的液压冲击　设管道截面积为 A，产生冲击的管长为 l，压力冲击波第一波在长度 l 内传播的时间为 t_1，液体的密度为 ρ，管中液体的流速为 v，阀门关闭后的流速为零，则由动量方程得

$$\Delta p A = \rho A l \frac{v}{t_1} \tag{2-63}$$

整理后得

$$\Delta p = \rho l \frac{v}{t_1} = \rho c v \tag{2-64}$$

式中，$c = \dfrac{l}{t_1}$，c 为压力冲击波在管中的传播速度。

应用式（2-64）时，需要先知道 c 值的大小，而 c 值不仅与液体的弹性模量有关，而且还与管道材料的弹性模量、管道的内径 d 及壁厚有关。在液压传动中，c 值一般在 $900\sim1400\text{m/s}$ 之间。

若流速 v 不是突然降为零，而是降为 v_1，则式（2-64）可写成

$$\Delta p = \rho c (v - v_1) \tag{2-65}$$

设压力冲击波在管中往复一次的时间为 t_c，其中 $t_c = \dfrac{2l}{c}$。当阀门关闭的时间 $t < t_c$ 时，称为突然关闭，此时压力峰值很大，这时的冲击称为直接冲击，其 p 值可按式（2-64）或式（2-65）计算；当 $t > t_c$ 时，阀门不是突然关闭，此时压力峰值较小，这时的冲击称为间接冲击，其 p 值可按式（2-66）计算。

$$\Delta p = \rho c (v - v_1) \frac{t_c}{t} \tag{2-66}$$

② 运动部件制动时的液压冲击　设总质量为 $\sum m$ 的运动部件在制动时的减速时间为 Δt，速度减小值为 Δv，液压缸有效面积为 A，则根据动量定理得

$$\Delta p = \frac{\sum m \Delta v}{A \Delta t} \qquad (2\text{-}67)$$

式（2-67）忽略了阻尼和泄漏等因素，计算结果偏大，但比较安全。

（4）减小液压冲击的措施

液压冲击危害极大，分析式（2-65）、式（2-66）和式（2-67）中的影响因素，可以归纳出以下几个减小液压冲击的主要措施：

① 尽可能延长阀门关闭和运动部件制动换向的时间。在液压传动系统中采用换向时间可调的换向阀就可做到这一点。

② 正确设计阀口，限制管道流速，使运动部件制动时速度变化比较均匀。

③ 在精度要求不高的工作机械上，使液压缸两腔油路在换向阀回到中位时瞬时互通。

④ 适当加大管道直径，尽量缩短管道长度。加大管道直径不仅可以降低流速，而且可以减小压力冲击波速度 c 值；缩短管道长度的目的是减小压力冲击波的传播时间 t_c；必要时，还可在冲击区附近设置卸荷阀和安装蓄能器等缓冲装置来达到此目的。

⑤ 采用软管增加系统的弹性，以减少压力冲击。

⑥ 在容易发生液压冲击的地方，设置卸荷阀或蓄能器。蓄能器不仅缩短了压力波传播的距离，减小了压力冲击波在管中往复一次的时间为 t_c，还能吸收冲击压力。

2.5.2　气穴现象

流体溶解空气的浓度受压力和温度的影响。在标准大气压下，空气在水中的溶解度为 2%（体积），在石油型液压油中的溶解度为 $6\%\sim12\%$。空气在液压油液中的溶解量和液压油液的绝对压力成正比，如图 2-15(a) 所示。

压力降低时，溶解的空气量会减少。随着压力的降低，流体介质必然分离出所溶解的空气。一定温度时，液体有一个饱和蒸汽压，即液体分子的汽化和液化过程处于平衡状态时的压力。当压力小于该液体的饱和蒸汽压时，液体就沸腾汽化，如图 2-15(b) 所示。

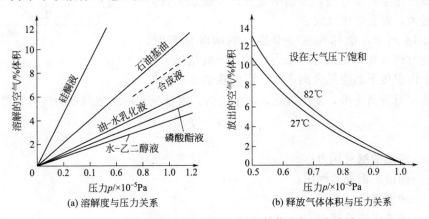

图 2-15　气体溶解度及油液中释放气体体积与压力关系

在静止状态下的溶解度与时间的关系如图 2-16 所示。这就是溶解速度。一般说来，溶解过程并不很快，因此，液压中混入的气泡要靠通过系统高压区来全部溶解是不大可能的。

在液流中，如果某一点的压力低于空气分离压时，原来溶解于油液中的空气就会游离出来，形成气泡。而当压力低于相应温度的液体饱和蒸汽压力时，液体就会汽化，形成大量蒸

汽泡。这两种气泡混杂在油液中而产生了气穴，使原来充满管道或元件中的油液成为不连续状态，这种现象一般称为气穴现象。

其中，饱和蒸汽压和温度的关系，如图 2-17 所示。

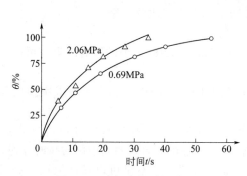

图 2-16　溶解度与时间关系

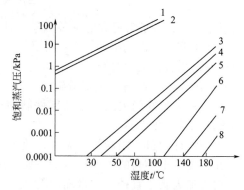

图 2-17　饱和蒸汽压和温度的关系
1—油-水乳化液；2—水-乙二醇液；3—氯化烃液；4—合成液；
5—石油基；6—硅酸脂液；7—磷酸酯液；8—硅酮粕

当液压系统中出现气穴现象时，大量的气泡破坏了液流的连续性，造成流量和压力脉动，气泡随液流进入高压区时又急剧破灭，引起局部液压冲击和高温，产生振动和噪声。例如，当泵的输出压力分别为 6.8、13.6、20.4MPa 时，气泡崩溃处的局部温度可达 766℃、993℃、1149℃，局部压力可达到几百兆帕。当附在金属表面上的气泡破灭时，局部产生的高温和高压会使金属剥蚀，这种由气穴造成的腐蚀作用称为气蚀。气蚀会缩短元件的使用寿命，严重时会造成故障。

气穴多发生在阀口和液压泵的进口处。由于阀口的通道狭窄，液流的速度增大，压力大幅度下降，以致产生气穴现象。当泵的安装高度过大，吸油管直径太小，吸油阻力太大，或液压泵转速过高，吸油不充分，造成泵入口处的真空度过大，亦会产生气穴。

如图 2-18 所示，液体在流经节流口的咽喉位置时，根据伯努利方程可知，在该处的压力最低。当最低压力低于油液在工作温度下的空气分离压时，溶解在油液中的空气会迅速地大量分离出来，变成气泡，产生气穴。表征气穴的相似判据为气穴系数，即

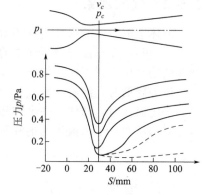

图 2-18　节流口的气穴现象

$$C = \frac{2(p - p_v)}{\rho v^2} \tag{2-68}$$

式中　p——油液的绝对压力；

　　　p_v——油液的饱和蒸汽压；

　　　ρ——油液密度；

　　　v——油液平均流速。

由上式可知，为了防止产生气穴现象和气蚀，应采取下列措施：

① 减小液流在小孔或间隙处的压力降　一般希望小孔或间隙前后的压力比 $p_1/p_2 < 3.5$。

② 正确选择液压系统各管段的管径　对流速要加以限制，降低吸油高度，对高压泵可采用辅助泵供油。

③ 整个系统的管道应尽可能做到平直　避免急弯和局部窄缝，密封要好，且配置合理。

④ 提高零件抗气蚀能力　如提高零件的机械强度、采用抗腐蚀能力强的金属材料、减小零件加工的表面粗糙度值等。

 本章小结

　　本章内容是学习液压传动的基础。本章从液压传动介质和液压传动中的各种受力分析两个大的方面进行了论述。对于液压传动介质——液压传动油液，需要重点把握它的黏性特点、影响因素和选用原则，这对以后从事液压相关工作很有帮助。对于液压传动中的各种受力分析，需要重点把握压力的几种表示方法、流体力学的相关计算分析，尤其是流动液体的连续原理和动量守恒原理，这对我们后面分析液压传动的执行元件和控制元件的工作性能很重要；管路内的压力损失、孔口与缝隙的流动特性、液压冲击与气穴现象是另外一些重要的分析计算知识点，这对于我们今后的液压设计是必不可少的。总体来讲，这一章的难度较大，尤其是有关的分析计算，但这些对于我们今后的学习、设计等很重要。

思考与练习题

2-1　如何选择液压油液的品种和黏度？

2-2　液压工作介质使用中应注意哪些问题？

2-3　为什么要重视液压油液的污染问题？污染物主要有哪些来源？

2-4　工作介质污染对液压系统有哪些危害？

2-5　防止液压工作介质污染主要有哪些措施？

2-6　在给液压系统换油时应注意哪些事项？

2-7　液压工作介质的三个主要功用是什么？液压工作介质有哪些物理性质？

2-8　什么叫流体？

2-9　什么是液体静力学？什么是液体动力学？

2-10　什么是连续介质假设？其意义如何？

2-11　什么是流体的易流性？流体与固体在力学性质上的主要区别是什么？

2-12　液体和气体的主要区别是什么？

2-13　什么是液体的密度？

2-14　什么是液体的可压缩性和膨胀性？实际使用中为何要防止空气侵入液压系统？在液压系统分析计算中如何考虑可压缩性的影响？

2-15　什么是液压油的黏性？如何衡量油液的黏性？

2-16　什么是动力黏度、运动黏度和相对黏度？

2-17　恩氏黏度与运动黏度如何进行换算？

2-18　压力和温度对液压工作介质的黏度有何影响？

2-19　在 20℃时 200mL 的蒸馏水从恩氏黏度计中流尽的时间为 51s，如果 200mL 的液压油液（密度为 $\rho=900kg/m^3$）在 50℃时从恩氏黏度计中流尽的时间为 229.5s，试求液压油液的 $°E$、v 及 η 的值。

2-20　什么是大气压力、绝对压力、相对压力和真空度？

2-21　我国目前采用哪种压力计量单位？以前曾用过哪些压力计量单位？其换算关系如何？

2-22 在液压工程计算中计算或分析系统压力时，为什么一般忽略由液体自重产生的压力？

2-23 什么是帕斯卡原理？用帕斯卡原理解释液压传动对力的放大作用。

2-24 什么是理想液体和实际液体？

2-25 什么是定常流动和非定常流动？

2-26 什么是液流的能量方程（伯努利方程）？其物理意义与几何意义是什么？

2-27 什么是流管、流束、微小流束和通流截面？

2-28 什么是流量和流速？什么是实际流速和平均流速？液体在管道中的流速指什么？

2-29 什么是液流连续性方程？举例说明其应用。

2-30 应用伯努利方程及解决实际问题时有哪些条件及注意事项？

2-31 什么是液流的动量方程？其主要用途是什么？

2-32 什么是层流和紊流？如何进行判别？

2-33 非圆截面管道的雷诺数如何计算？水力半径 R 与圆管直径 d 是什么关系？水力半径的物理意义是什么？

2-34 如何计算液体流经等径圆管中的沿程压力损失？如何计算局部压力损失和管路系统总的压力损失？

2-35 什么是液压管路系统的压力效率？如何计算？

3-36 压力损失对液压系统有何益处和弊端？减小压力损失有哪些措施？

2-37 液压元件和系统中的泄漏有哪两种形式？泄漏有什么危害？产生的根源是什么？

2-38 液压元件和系统中有哪些常见的孔口及缝隙？

2-39 如何计算液体流经孔口的流量？什么是孔口流量通用公式？用于什么场合？

第 **3** 章

液压动力元件

液压动力元件，即液压泵，是液压传动系统中的能量转换元件，它将原动机输出的机械能转换成工作流体的压力能，再以工作流体压力和流量的形式输送到系统中，从而推动执行元件对外做功，是液压系统不可缺少的核心元件。

3.1 液压泵的基本常识

3.1.1 液压泵的工作原理及特点

如图 3-1 所示为单柱塞液压泵的工作原理示意图，图中柱塞 2 装在缸体 3 中形成一个密封容腔 a，柱塞在弹簧 4 的作用下始终压紧在偏心轮 1 上。原动机驱动偏心轮 1 旋转使柱塞 2 做往复运动，使密封容腔 a 的大小发生周期性的交替变化。当 a 由小变大时就形成部分真空，使油箱中油液在大气压作用下，经吸油管顶开单向阀 6 进入油腔实现吸油；反之，当 a 由大变小时，a 腔中吸满的油液将顶开单向阀 5 流入系统而实现压油。这样液压泵就将原动机输入的机械能转换成了液体的压力能，原动机驱动偏心轮不断旋转，液压泵就不断地吸油和压油。

分析图 3-1 所示的液压泵的工作过程，可归纳出液压泵的工作原理及其特点如下。

液压泵都是依靠密封容腔的变化来进行工作的。

① 液压泵都要有密封工作容腔，即液压泵要有一个吸、压油的容腔。

② 液压泵的密封工作腔容积应能做周期变化，即有从小到大和从大到小的变化过程，这就是液压泵之所以能够吸油和压油的根本原因。

③ 必须有配油装置，把吸、压油腔严格分开。单向阀 5 和 6 就是阀式配油装置。不同类型的液压泵有不同的配油装置。

④ 液压泵在吸油过程中，必须使油箱与大气接通，这是吸油的根本条件。而液压泵出口处的输出压力的大小，取决于油液从单向阀 5 压出时所受到的全部阻力，即液压泵产生的油压取决于外部负载。

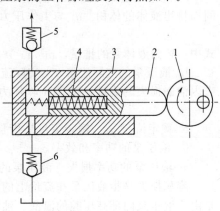

图 3-1 单柱塞液压泵的工作原理示意图

1—偏心轮；2—柱塞；3—缸体；

4—弹簧；5、6—单向阀

3.1.2 液压泵的分类

液压系统中常见的液压泵有齿轮泵、叶片泵、柱塞泵三大类。液压泵的图形符号按泵的输出流量能否调节分为定量泵和变量泵，如图 3-2 所示。

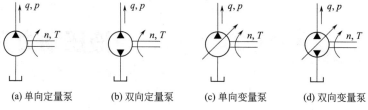

(a) 单向定量泵　　(b) 双向定量泵　　(c) 单向变量泵　　(d) 双向变量泵

图 3-2　液压泵的图形符号

3.1.3 液压泵的性能参数

液压泵的主要性能参数有额定（公称）压力、额定（公称）流量、功率和效率。

(1) 液压泵的压力

① 工作压力　液压泵的工作压力是指液压泵实际工作时输出油液的压力，它是油液克服阻力而建立起来的压力，其大小由负载决定，而与液压泵的流量无关。工作压力用 p 表示，其单位为 N/m^2 或 Pa（帕）等。

② 额定（公称）压力　液压泵的额定（公称）压力是标（铭）牌上所标定的压力，是指泵在正常工作条件下，按试验标准规定连续运转时的最高压力。液压泵必须在额定工作压力之内工作，超过此值将使泵过载。

③ 最高允许压力　最高允许压力是指在超过额定压力的条件下，即过载状态下，允许液压泵短时运行的最高极限压力值，由液压系统中的安全阀限定。

(2) 液压泵的排量和流量

① 排量 V　液压泵的排量 V 是指泵轴每转一转，由其密封容积的几何尺寸变化计算而得到的排出液体的体积。液压泵按其排量可否调节分为定量泵和变量泵。

② 流量 q。

a. 理论流量 q_t　液压泵的理论流量 $q_t(m^3/s)$，是指不考虑泄漏的条件下，泵在单位时间内排出液体的体积。q_t 与工作压力无关，可表示为

$$q_t = V_n \tag{3-1}$$

式中，V 为液体泵的排量，m^3/r；n 为主轴转速，r/s。

b. 液压泵的实际流量 q　实际流量是指泵工作时实际输出的流量，等于理论流量 q_t 减去因泄漏损失的流量 q_1，与工作压力有关。公式为

$$q = q_t - q_1 \tag{3-2}$$

c. 额定流量 q_s　额定流量是指泵在公称转速和公称压力下必须保证的流量。

③ 液压泵的功率和效率。

a. 液压泵的功率损失　液压泵的功率损失有容积损失和机械损失两部分。

容积损失是指液压泵在流量上的损失。液压泵的实际输出流量总小于其理论流量，原因是由于液压泵内部高压腔的泄漏、油液的压缩以及在吸油过程中由于吸油阻力太大、油液黏度大以及液压泵转速高等原因而导致油液不能全部充满密封工作腔。

液压泵的容积损失用容积效率来表示，即实际输出流量 q 与其理论流量 q_t 之比。公式为

$$\eta v = \frac{q}{q_t} = \frac{q_t - q_1}{q_t} = 1 - \frac{q_1}{q_t} \tag{3-3}$$

因此，液压泵的实际输出流量为

$$q = q_t \eta_\upsilon = Vn\eta_\upsilon \tag{3-4}$$

机械损失是指液压泵在转矩上的损失，是由机械摩擦引起的。

机械损失用机械效率来表示。即

$$\eta_m = \frac{T_t}{T} = \frac{1}{1 + \dfrac{T_1}{T_t}} \tag{3-5}$$

式中，T_t 为液压泵的理论转矩；T 为实际输入转矩；T_1 为转矩损失。

b. 液压泵的功率　液压泵的输入功率 P_i 是指作用在液压泵主轴上的机械功率。即

$$P_i = T_i\omega \tag{3-6}$$

式中，T_i 为输入转矩；ω 为角速度。

液压泵的输出功率 P 是指液压泵在实际工作过程中，吸、压油口间的压差 Δp 和输出流量 q 的乘积，即

$$P = \Delta pq \tag{3-7}$$

式中，Δp 为实际吸、压油口间的压差，Pa；q 为输出流量，m^3/s；P 为输出功率，W。

实际应用中因压力单位 Pa 过小，所以多用 MPa 表示，输出流量 q 用 L/min 表示，所以上式可转换为

$$P = \frac{\Delta pq}{60} \tag{3-8}$$

此时输出功率 P 的单位为 kW。

c. 液压泵的总效率　液压泵的总效率是指液压泵的实际输出功率与其输入功率的比值，等于容积效率和机械效率的积，即

$$\eta = \frac{P}{P_i} = \frac{\Delta pq}{T_i\omega} = \frac{\Delta pq_t\eta_\upsilon}{\dfrac{T_i\omega}{\eta_m}} = \eta_\upsilon\eta_m \tag{3-9}$$

所以液压泵的输入功率又可以写成

$$P_i = \frac{\Delta pq}{\eta} \tag{3-10}$$

3.2 结构简单的齿轮泵

齿轮泵是现代液压技术中产量和使用量最广泛的一种泵类元件，被广泛地应用于采矿设备、冶金设备、建筑机械、工程机械、农林机械等各个行业，多用于精度要求不高的传动系统中。它一般做成定量泵。

3.2.1 齿轮泵的分类

齿轮泵按结构不同，分为外啮合齿轮泵和内啮合齿轮泵。

（1）外啮合齿轮泵

① 外啮合齿轮泵的工作原理　如图 3-3 所示为外啮合齿轮泵的工作原理图。外啮合齿轮泵由装在壳体内的一对齿轮组成，齿轮两侧有端盖（图中未示出），壳体、端盖和齿轮的各个齿间槽组成了许多密封工作腔。当齿轮按图示方向旋转时，右侧吸油腔由于相互啮合的轮齿逐渐脱开，密封工作腔容积逐渐增大，形成部分真空，因此油箱中的油液在外界大气压

力的作用下，经吸油管进入吸油腔，将齿间槽充满，并随着齿轮旋转，把油液带到左侧压油腔内；在压油区一侧，由于轮齿在这里逐渐进入啮合，密封工作腔容积不断减小，油液便被挤出去，从压油腔输送到了压力管路中。在齿轮泵的工作过程中，只要两齿轮的旋转方向不变，其吸、压油腔的位置也就确定不变。这里啮合点处的齿面接触线一直分隔高、低压两腔，起着配油作用，因此在齿轮泵中不需要设置专门的配油机构，这是它和其他类型容积式液压泵的不同之处。

② 外啮合齿轮泵的结构特点　外啮合齿轮泵的泄漏、困油和径向液压力不平衡是影响齿轮泵性能指标和寿命的三大问题。各种齿轮泵的结构特点之所以不同，都是因为采用了不同的结构措施来解决这三大问题。

a. 泄漏　齿轮泵存在着三个可能产生泄漏的部位：齿轮端面和端盖间；齿轮外圆和壳体内孔间以及两个齿轮的齿面啮合处。其中对泄漏影响最大的是齿轮端面和端盖间的轴向间隙，通过轴向间隙的泄漏量可占总泄漏量的 $75\% \sim 80\%$，因为这里泄漏途径短且泄漏面积大。轴向间隙过大，泄漏量多，会使容积效率降低；但间隙过小，齿轮端面和端盖之间的机械摩擦损失增加，会使泵的机械效率降低。因此设计、制造和安装时必须严格控制泵的轴向间隙。

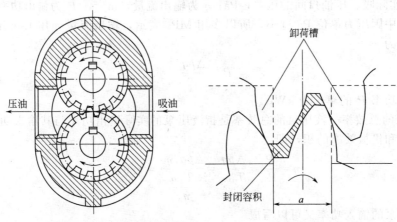

图 3-3　外啮合齿轮泵的工作原理图　　　　图 3-4　齿轮泵的困油现象

b. 困油　齿轮泵要平稳工作，则齿轮啮合的重叠系数就必须大于 1，也就是说要求在一对轮齿即将脱开啮合前，后面的一对轮齿就要开始啮合。就在两对轮齿同时啮合的这一段时间内，留在齿隙的油液困在两对轮齿和前后泵盖所形成的一个密闭空间中，当齿轮继续旋转时，这个空间的容积逐渐减小，直到两个啮合点处于节点两侧的对称位置时，这时封闭容积减至最小。由于油液的可压缩性很小，当封闭空间的容积减小时，被困的油液受挤压，压力急剧上升，油液从零件接合面的缝隙中被强行挤出，使齿轮和轴承受到很大的径向力；当齿轮继续旋转，这个封闭容积又逐渐增大到最大位置，容积增大时又会造成局部真空，使油液中溶解的气体分离，产生气穴现象，这些都将使齿轮泵产生强烈的噪声，这就是齿轮泵的困油现象。如图 3-4 所示。

消除困油的方法，通常是在齿轮泵的两侧端盖上铣两条卸荷槽，当封闭容积减小时，使其与压油腔相通；而当封闭容积增大时，使其与吸油腔相通。一般的齿轮泵两卸荷槽是非对称开设的，往往向吸油腔偏移，但无论怎样，必须保证在任何时候都不能使吸油腔和压油腔相互串通。

c. 径向压力不平衡问题　齿轮泵传动轴上主要受两个力的作用，一个是由齿轮啮合产生的力，它决定传递力矩的大小；另一个是油液压力产生的总径向压力。后者要比前者大得多，对轴承受力起主要作用。齿轮和轴受到径向不平衡力的作用，工作压力越高，径向不平衡力也越大。其结果是加速了轴承磨损，降低了轴承的寿命，甚至使轴变形，造成齿顶与泵体内壁的摩擦等。

为了解决径向力不平衡问题，有的泵上采取了缩小压油口的办法，使压力油仅作用在一个齿到两个齿的范围内，同时适当增大径向间隙，使齿轮在压力作用下，齿顶不能和壳体相接触。

③ 外啮合齿轮泵的优缺点及应用。

外啮合齿轮泵的优点有以下几点。

a. 结构简单，工艺性较好，成本较低。

b. 与同样流量的各类泵相比，结构紧凑，体积小，工作可靠，价格便宜。

c. 具有良好的自吸能力。

d. 对油液污染不敏感，而且能耐冲击性负荷。

e. 具有较大的转速范围。通常齿轮泵的额定转速为 1500r/min。

外啮合齿轮泵的缺点有如下几点。

a. 工作压力较低。

b. 泄漏严重，所以容积效率低。

c. 流量脉动大。流量脉动会引起压力脉动，因而使管道、阀等元件产生振动和噪声。

d. 齿轮泵的零件磨损后不易修复，零件互换性差，常常因个别零件磨损而不得不更换新泵。

外啮合齿轮泵 广泛地应用于机床行业的低压系统和农业、冶金、矿山等机械设备中。由于流量脉动较大，故多用于精度要求不高的传动系统。

（2）内啮合齿轮泵

① 内啮合齿轮泵的工作原理 内啮合齿轮泵有渐开线齿轮泵和摆线齿轮泵（又名转子泵）两种（如图 3-5 所示），它们的工作原理和主要特点与外啮合齿轮泵完全相同。在渐开线齿形的内啮合齿轮泵中，小齿轮和内齿轮之间要装一块月牙形的隔板，以便把吸油腔和压油腔隔开，如图 3-5（a）所示。在摆线齿形的内啮合齿轮泵中，小齿轮和内齿轮只相差一个齿，因而不须设置隔板，如图 3-5（b）所示。内啮合齿轮泵中的小齿轮为主动轮。

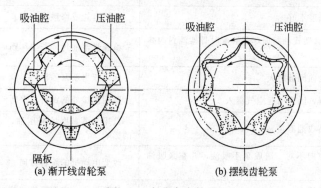

图 3-5 内啮合齿轮泵

② 内啮合齿轮泵的特点。

a. 内啮合齿轮泵的优点 结构紧凑，尺寸小，重量轻；由于齿轮转向相同，相对滑动速度小，磨损小，使用寿命长；流量脉动远小于外啮合齿轮泵，因而压力脉动和噪声都较小；内啮合齿轮泵允许使用高转速（高转速下的离心力能使油液更好地充入密封工作腔），可获得较大的容积。

b. 内啮合齿轮泵的缺点 齿形复杂，需专用加工设备，加工精度高，制造成本高。

3.2.2 使用和安装齿轮泵时的注意事项

① 为减小径向力不平衡现象，经常将排油口的口径做得比吸油口的口径小，所以安装时排油口（小口）必须与系统连接，吸油口（大口）必须连油箱。

② 由于吸、排油口的口径不同，因此泵的转向视结构而定，以保证大口能吸油、小口能排油。如果吸、排油口口径相同，允许齿轮反转。

③ 为保证泵的传动轴与电动机驱动轴的同轴度，一般采用挠性联轴节连接。

3.2.3 齿轮泵的常见故障、原因及解决办法

齿轮泵的常见故障、原因及解决办法见表3-1。

表 3-1　齿轮泵的常见故障、原因及解决办法

故障	原因	解决方法
噪声大或压力波动严重	过滤器被污物阻塞或吸油管贴近过滤器底面	清除过滤器铜网上的污物；吸油管不得贴近过滤器底面，否则会造成吸油不畅
	油管露出油面或伸入油箱较浅，或吸油位置太高	吸油管应伸入油箱内2/3深，吸油位置不得超过500mm
	油箱中的油液不足	按油标规定线加注油液
	CB型齿轮泵的泵体与泵盖是硬性接触（不用纸垫），若泵体与泵盖的平直度不好，泵旋转时会吸入空气；泵的密封不好，接触面或管道接头处有泄漏，也容易使空气混入	若泵体与泵盖平直度不好，可在平板上用金刚砂研磨，使其平直度不超过5μm（同时注意垂直度要求），并且紧固各连接件，严防泄漏
	泵和电动机的联轴器碰撞	联轴器中的橡皮圈损坏需要更新，装配时应保证同轴度要求
	轮齿的齿形精度不好	调换齿轮或修整齿形
	CB型齿轮泵骨架式油封损坏或装配时骨架油封内弹簧脱落	检查骨架油封，若损坏则应更换，避免空气吸入
输油量不足或压力提不高	轴向间隙与径向间隙过大	修复或更新泵的机件
	连接处有泄漏，因而引起空气混入	紧固连接处的螺钉，严防泄漏
	油液黏度太高或油温过高	选用合适黏度的液压油，并注意气温变化时油温的影响
	电动机旋转方向不对，造成泵不吸油，并在泵吸油口有大量气泡	改变电动机的旋转方向
	过滤器或管道堵塞	清除污物，定期更换油液
	压力阀中的阀芯在阀体中移动不灵活	检查压力阀，使阀芯在阀体中移动灵活
泵旋转不通畅或咬死	轴向间隙或径向间隙过小	修复或更换泵的机件
	装配不良	根据"修复后的齿轮泵装配注意事项"进行装配
	压力阀失灵	检查压力阀中弹簧是否失灵、阀上小孔是否堵塞、阀芯在阀体孔中移动是否灵活等，视具体情况采取措施
	泵和电动机的联轴器同轴度不好	使两者的同轴度在规定的范围内
	油液中杂质被吸入泵体内	严防周围灰尘、铁屑及冷却水等污物进入油箱，保持油液清洁

续表

故障	原因	解决方法
泵的压盖或骨架油封有时被冲击	压盖堵塞了前后盖板的回油通道，造成回油不通畅，而产生很高压力	将压盖取出重新压进，并注意不要堵塞回油通道
	骨架油封与泵的前盖配合松动	检查骨架油封外圈与泵的前盖配合间隙，骨架油封应压入泵的前盖，若间隙过大，应更换新的骨架油封
	装配时，将泵体装反，使出油口接通卸荷槽，形成压力，冲击骨架油封	纠正泵体的装配方向
	泄漏通道被污物阻塞	清除泄漏通道上的污物
泵严重发热（泵温应低于65℃）	油液黏度过高	更换适当的油液
	油箱小、散热不好	加大油箱容积或增设冷却器
	泵的径向间隙或轴向间隙过小	调整间隙或调整齿轮
	卸荷方法不当或泵带压溢流时间过长	改进卸荷方法或减少泵带压溢流时间
	油在油管中流速过高，压力损失过大	加粗油管，调整系统布局
外泄漏	泵盖上的回油孔堵塞	清洗回油孔
	泵盖与密封圈配合过松	调整配合间隙
	密封圈失效或装配不当	更换密封圈或重新装配
	零件密封面划痕严重	修磨或更换零件

3.3　运转平稳的叶片泵

叶片泵的结构较齿轮泵复杂，但其工作压力较高，且流量均匀、运转平稳、噪声小、体积小、重量轻、寿命较长，广泛应用于专用机床、工程机械和冶金设备中的中低压液压系统中。其缺点是结构复杂、制造精度要求高、对油液污染敏感、转速不能太高、吸油能力差。

3.3.1　叶片泵的分类

叶片泵通常按各密封工作容腔在转子旋转一周时吸、排油次数的不同，分为单作用叶片泵和双作用叶片泵两种。

① 单作用叶片泵　是指各密封工作容腔在转子旋转一周时完成一次吸、排油液的叶片泵。单作用叶片泵多用于变量泵，工作压力最大为 7.0MPa。

② 双作用叶片泵　是指各密封工作容腔在转子旋转一周时完成两次吸、排油液的叶片泵。双作用叶片泵均为定量泵，一般最大工作压力为 7.0MPa，结构经改进的高压叶片泵最大工作压力可达 20～30MPa。

（1）单作用叶片泵

单作用叶片泵的工作原理如图 3-6 所示。它由转子 1、定子 2、叶片 3 和端盖等组成。定子具有圆柱形内表面，定子和转子间有偏心距 e。叶片装在转子槽中，并可在槽内滑动。当转子回转时，由于离心力的作用使叶片紧紧贴靠在定子内壁，这样在定子、转子、叶片和两侧配油盘间就形成了若干个密封的工作空间。当转子按图示的方向回转时，在图的右部，叶片逐渐伸出，叶片槽的工作空间逐渐增大，从吸油口吸油，这是吸油腔。在图的左部，叶片被定子内壁逐渐压进槽内，工作空间逐渐缩小，将油液从压油口压出，这就是压油腔。在吸油腔和压油腔之间有一段封油区，可以把吸油腔和压油腔隔开。

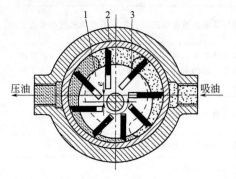

图 3-6 单作用叶片泵的工作原理
1—转子；2—定子；3—叶片

这种转子每转一周时每个密封工作容腔完成一次吸油和压油过程的单作用叶片泵，其转子会受到径向不平衡作用力，所以又称非平衡式叶片泵。改变定子和转子间的偏心量，便可改变泵的排量，所以这种泵都是变量泵。

单作用叶片泵的瞬时流量是脉动的，泵内叶片数越多，流量脉动率越小。因奇数叶片泵的脉动率比偶数叶片泵的脉动率小，所以单作用叶片泵的叶片数一般为奇数，常为 13 或 15 片。

（2）限压式变量叶片泵

前已述及，单作用叶片泵是借助输出压力的大小自动改变偏心距 e 的大小，以此来改变输出流量的。限压式变量叶片泵是指，当压力低于某一可调节的限定压力时，泵的输出流量最大；当压力高于限定压力时，随着压力的增加，泵的输出流量线性地减小。其工作原理如图 3-7 所示。

图 3-7 中，泵的出口经通道 7 与柱塞缸 6 相通。在泵未运转时，定子在调压弹簧 9 的作用下，紧靠柱塞 4，并使柱塞 4 靠在螺钉 5 上，这时，定子和转子有一偏心量 e_0，调节螺钉 5 的位置，便可改变 e_0。当泵的出口压力 p 较低时，作用在柱塞 4 上的液压力也较小。若此液压力小于上端的弹簧作用力，则当柱塞的面积为 A、调压弹簧的刚度为 k_s、预压缩量为 x_0 时，有

$$pA < k_s x_0 \tag{3-11}$$

此时，定子相对于转子的偏心量最大，输出流量最大。随着外负载的增大，液压泵的出口压力 p 也将随之提高，当压力升到与弹簧力相平衡的控制压力 p_B 时，有

$$p_B A = k_s x_0 \tag{3-12}$$

当压力进一步升高时，就有 $pA > k_s x_0$，这时若不考虑定子移动时的摩擦力，液压作用力就要克服弹簧力推动定子向上移动，随着泵的偏心量减小，泵的输出流量也减小。p_B 称为泵的限定压力，即泵处于最大流量时所能达到的最高压力，调节调压螺钉 10，可改变弹簧的预压缩量 x_0，即可改变 p_B 的大小。

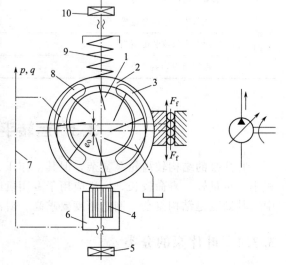

图 3-7 限压式变量叶片泵工作原理
1—转子；2—定子；3—吸油窗口；4—柱塞；5—螺钉；
6—柱塞缸；7—通道；8—压油窗口；9—调压弹簧；
10—调压螺钉

设定子的最大偏心量为 e_0，偏心量减小时，弹簧的附加压缩量为 x，则定子移动后的偏心量 p_B 为

$$e = e_0 - x \tag{3-13}$$

这时定子上的受力平衡方程式为

$$pA = k_s(x_0 + x) \tag{3-14}$$

将式（3-12）和式（3-14）代入式（3-13），可得

$$e = e_0 - \frac{A(p - p_B)}{k_s}, \quad p \geqslant p_B \tag{3-15}$$

式（3-15）表示了泵的工作压力与偏心量的关系。由该式可以看出，泵的工作压力越高，偏心量就越小，泵的输出流量也就越小，且当 $p = k_s(e_0 + x_0)/A$ 时，泵的输出流量为零，控制定子移动的作用力将液压泵出口的压力油引到柱塞上，然后再加到定子上，这种控制方式称为外反馈式。

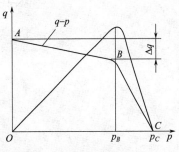

图 3-8　限压式变量叶片泵
特性曲线

其特性曲线如图 3-8 所示。限压泵在工作过程中，当工作压力 P 小于预先调定的压力 P_B 时，液压作用力不能克服弹簧的预紧力，这时定子的偏心距保持最大偏心量不变，因此泵的输出流量 q_A 不变；但由于供油压力增大时，泵的泄漏流量 q_1 也增加，所以泵的输出流量 q 也略有减少，如图中的 AB 段所示。调节流量调节螺钉 5（见图 3-7），可调节最大偏心量（初始偏心量）的大小，从而改变泵的最大输出流量 q_A，使特性曲线 AB 段上下平移。当泵的供油压力 P 超过预先调整的压力 P_B 时，液压作用力大于弹簧的预紧力，此时弹簧被压缩，定子向偏心量减小的方向移动，使泵的输出流量减小；压力越高，弹簧压缩量越大，偏心量越小，输出流量越小，其变化规律如特性曲线 BC 段所示。调节调压弹簧 10 可改变限定压力 p_B 的大小，这时特性曲线 BC 段左右平移。而改变调压弹簧刚度 k 时，可以改变 BC 段的斜率，弹簧越软（k_s 越小），BC 段越陡，p_{max} 值越小；反之，弹簧越硬（k_s 越大），BC 段越平坦，p_{max} 值越大。当定子和转子之间的偏心量为零时，系统压力达到最大值 $p_c = p_{max}$，该压力称为截止压力。实际上由于泵泄漏的存在，当偏心量尚未达到零时，泵向系统的输出流量已为零。

（3）双作用叶片泵

① 双作用叶片泵的工作原理　如图 3-9 所示，该泵主要由轴 2、转子 3、定子 4、叶片 5 及装在它们两侧的配流盘 1 组成。与单作用叶片泵不同的是，定子内表面形似椭圆，由两段半径为 R 的大圆弧、两段半径为 r 的小圆弧和 4 段过渡曲线所组成，且定子和转子的中心重合。在转子上沿圆周均布的若干个槽内分别安放有叶片，这些叶片可沿槽做径向滑动。在配流盘上，对应于定子 4 段过渡曲线的位置开有 4 个腰形配流窗口。其中，两个窗口与泵的吸油口连通，为吸油窗口；另两个窗口与压油口连通，为压油窗口。当转子由轴带动按图示方向旋转时，叶片在自身离心力和由压油腔引至叶片根部的高压油作用下贴紧定子内表面，并在转子槽内往复滑动。当叶片由定子小半径 r 处向定子大半径 R 处运动时．相邻两个叶片间的密封容积就逐渐增大，形成局部真空而经过窗口 a 吸油；当叶片由定子大半径 R 处向定子小半径 r 处运动时，相邻两个叶片间的密封容积就逐渐减小，便通过窗口 b 压油。转子每转一转，每一个叶片往复滑动两次，因而吸、压油作用发生两次，故这种泵称为双作用叶片泵。又因其吸、压油口对称分布，作用在转子和轴承上的径向液压力互相平衡，所以这种泵又称为平衡式叶片泵。

② 双作用叶片泵的排量和流量　由图 3-9 可知，当叶片每伸缩一次时，每相邻两个叶片间油液的排出量等于大半径 R 圆弧段的容积与小半径 r 圆弧段的容积之差。若叶片数为 z，则双作用叶片泵每转排油量等于上述容积差的 $2z$ 倍。当忽略叶片本身所占的体积时，双作用叶片泵的排量即为环形体容积的 2 倍。排量

$$V = 2\pi(R^2 - r^2)b \tag{3-16}$$

由式（3-16）可知，双作用叶片泵为定量泵。

该泵输出的实际流量则为

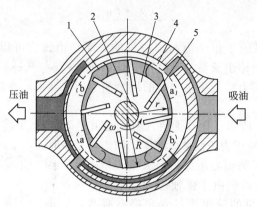

图 3-9　双作用叶片泵的工作原理
1—配流盘；2—轴；3—转子；4—定子；5—叶片

$$q = Vn\eta_v = 2\pi(R^2 - r^2)bn\eta_v \tag{3-17}$$

式中　b——叶片宽度。

　　若不考虑叶片对泵排量的影响，则理论上双作用叶片泵无流量脉动。实际上，叶片有一定的厚度，根部又连通压油腔，而且泵的生产过程中存在各种误差，如两圆弧的形状误差、不同心等，这些原因造成输出流量存在微小脉动，但其脉动率是除螺杆泵外最小的。通过理论分析还可知，流量脉动率在叶片数为 4 的整数倍且大于 8 时最小，故双作用叶片泵的叶片数通常取 12 或 16。

　　YB1 型叶片泵的结构如图 3-10 所示。为了便于装配和使用，两个配油盘与定子、转子和叶片可组装成一个部件，用两个长螺钉紧固。转子 12 上开有 12 个径向槽，槽内装有叶片 11；为了使叶片顶部与定子内表面紧密接触，叶片根部 b 通过配油盘的环槽 C 与压油腔相通。转子安装在传动轴 3 上，传动轴由两个向心球轴承 2 和 8 支承。配油盘 5 是浮动的，它可以自动补偿与转子之间的轴向间隙，从而保证可靠的密封，减少泄漏。

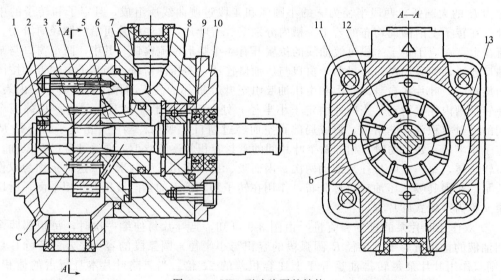

图 3-10　YB1 型叶片泵的结构
1—左配油盘；2、8—向心球轴承；3—传动轴；4—定子；5—右配油盘；6—后泵体；
7—前泵体；9—密封圈；10—端盖；11—叶片；12—转子；13—螺钉

3.3.2　使用叶片泵的注意事项

叶片泵主要用于中压、中速、精度要求较高的液压系统中，在机床液压系统中应用广泛；在工程机械中，由于工作环境不清洁，应用较少。使用叶片泵时应注意以下几个问题。

① 叶片泵安装前应以煤油进行清洗，并进行压力和效率试验，合格后才可安装。

② 叶片泵与电动机连接的同轴度要求较高。

③ 叶片泵不得用 V 形带传动。

3.3.3　叶片泵的常见故障、原因及解决办法

叶片泵的常见故障、原因及解决办法见表 3-2。

表 3-2　叶片泵的常见故障、原因及解决办法

故障	原因	解决方法
吸不上油液，没有压力	电动机转向不对	纠正电动机的旋转方向
	油面过低，吸不上油液	定期检查油箱的油液，并加油至油标规定线
	叶片在转子槽内配合过紧	单独配叶片，使各叶片在所处的转子槽内移动灵活
	油液黏度过高，使叶片移动不灵活	更换黏度低的机械油
	泵体有砂眼，高低压油互通	更换新的泵体
	配油盘在压力油作用下变形，配油盘与壳体接触不良	修整配油盘的接触面
输油量不足，提不高压力	各连接处密封不严，吸入空气	检查吸油口及各连接处是否泄漏，紧固各连接处
	个别叶片移动不灵活	不灵活的叶片应单槽配研
	轴向间隙和径向间隙过大	修复或更换有关零件
	叶片和转子装反	重新装配，纠正转子和叶片的方向
	配油盘内孔磨损	严重损坏时需更换
	转子槽和叶片的间隙过大	根据转子叶片槽单配叶片
	叶片和定子内环曲面接触不良	定子磨损一般在吸油腔。对于双作用式叶片泵，可翻转 180°装上，在对称位置重新加工定位孔
	吸油不通畅	清洗过滤器，定期更换工作油液，并加油至油标规定线

3.3.4　叶片泵的优缺点及使用

（1）叶片泵的优点

① 可制成变量泵，特别是结构简单的压力补偿型变量泵。

② 单位体积的排量较大。

③ 定量叶片泵可制成双作用或多作用的，轴承受力平衡，寿命长。

④ 多作用叶片泵的流量脉动较小，噪声较小。

（2）叶片泵的缺点

① 吸油能力较差。

② 受叶片与滑道间接触应力和许用滑摩功的限制，变量叶片泵的压力和转速均难以提

高，而根据叶片外伸所需离心力的要求，其转速又不能低，故实用工况范围较窄。

③ 对污染物比较敏感。

（3）叶片泵的使用要点

① 为了使叶片泵可靠地吸油，其转速必须按照产品规定。转速太低时，叶片不能紧压定子的内表面和吸油；转速过高则造成泵的"吸空"现象，泵的工作不正常。油的黏度要为 $3°E40\sim10°E40$。黏度太大时，吸油阻力增大；油液过稀时，因间隙影响导致真空度不够，都会对吸油造成不良影响。

② 叶片泵对油液中的污物很敏感，油液不清洁会使叶片卡死，因此必须注意油液的良好过滤和环境清洁。

③ 因泵的叶片有安装倾角，故转子只允许单向旋转，不应反向使用，否则会使叶片折断。

④ 叶片泵广泛应用于完成各种中等负荷的工作。由于它流量脉动小，故在金属切削机床液压传动中，尤其是在各种需要调速的系统中使用，更有其优越性。

3.4 压力最高的柱塞泵

柱塞泵是利用柱塞在有柱塞孔的缸体内做往复运动，使密封容积发生变化而吸油和压油的。在液压系统中所使用的柱塞泵大都是多柱塞泵，但其工作原理与图 3-1 所示的单柱塞泵相同。

根据柱塞的布置和运动方向与传动主轴相对位置的不同，柱塞泵可分为径向柱塞泵和轴向柱塞泵两大类，径向柱塞泵的柱塞与缸体中心线垂直，轴向柱塞泵的柱塞都平行于缸体中心线。轴向柱塞泵又可分为斜盘式轴向柱塞泵和斜轴式轴向柱塞泵两类。其中斜盘式轴向柱塞泵应用较广泛。

3.4.1 径向柱塞泵

（1）径向柱塞泵的工作原理

如图 3-11(a) 所示为配流轴式径向柱塞泵的工作原理示意图。它由柱塞 1、转子 2、衬套 3、定子 4 和配流轴 5 等主要零件构成。沿转子的半径方向均匀分布有若干个柱塞缸，柱塞可在其中灵活滑动。衬套与转子内孔是紧配合，随转子一起转动。配流轴固定不动，其结构如图 3-11(b) 所示。当转子转动时，由于定子内圆中心和转子中心之间有偏心距 e，于是柱塞在定子内表面的作用下，在转子的柱塞缸中做往复运动，实现密封容积变化。为了配流，在配流轴与衬套接触处加工出上、下两个缺口，形成吸、压油口 a 和 b，留下的部分形成封油区。转子每转一转，每个柱塞往复一次，完成一次吸油和压油。沿水平方向移动定子，改变偏心距 e 的大小，便可改变柱塞移动的行程长度，从而改变密封容积变化的大小，达到改变其输出流量的目的。若改变偏心距 e 的偏移方向，则泵的输油方向亦随之改变，即成为双向的变量径向柱塞泵。

（2）径向柱塞泵的排量和流量

当转子与定子的偏心距为 e 时，转子转一整转，柱塞在缸孔内的行程就为 $2e$，柱塞数为 z，则泵的排量为

$$V = \frac{1}{4}\pi d^2 2ez \tag{3-18}$$

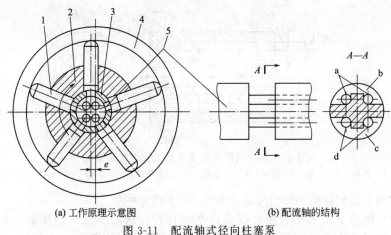

(a) 工作原理示意图　　　　　　　(b) 配流轴的结构

图 3-11　配流轴式径向柱塞泵

1—柱塞；2—转子；3—衬套；4—定子；5—配流轴

式中　d——柱塞直径。

设泵的转速为 n，容积效率为 η_v，则泵的实际流量为

$$q = \frac{\pi}{2}d^2 ezn\eta_v \tag{3-19}$$

径向柱塞泵由于柱塞缸按径向排列，造成径向尺寸大，结构较复杂；柱塞和定子间不用机械连接装置时，自吸能力差；配流轴受到很大的径向载荷，易变形，磨损快；且配流轴上封油区尺寸小，易漏油，因此限制了泵的工作压力和转速的提高。

3.4.2　轴向柱塞泵

轴向柱塞泵的柱塞缸是轴向排列的，因此它除了具有径向柱塞泵良好的密封性和较高的容积效率等优点外，还具有结构紧凑、尺寸小、惯性小等优点，在机床上应用较多。

（1）斜盘式轴向柱塞泵

① 斜盘式轴向柱塞泵的工作原理　如图 3-12 所示为斜盘式轴向柱塞泵的工作原理示意图。它由斜盘 1、柱塞 2、缸体 3、配流盘 4、传动轴 5 等主要零件组成。斜盘和配流盘是不动的，传动轴带动缸体、柱塞一起转动，柱塞靠机械装置或低压油作用压紧在斜盘上。当传动轴按图示方向旋转时，柱塞在其沿斜盘自下而上回转的半周内逐渐向缸体外伸出，使缸体孔内密封工作容积不断增大，产生局部真空，从而将油液经配流盘上的吸油窗口 a 吸入；柱塞在其自上而下回转的半周内又逐渐向里推入，使密封工作容积不断减小，将油液从压油窗口 b 向外排出。缸体每转一周，每个柱塞往复运动一次，完成一次吸油动作。改变斜盘的倾角 γ，就可以改变密封工作容积的有效变化量，实现泵的变量输出。

② 斜盘式轴向柱塞泵的排量和流量　如图 3-12 所示，若柱塞数为 z，柱塞直径为 d，柱塞孔分布圆直径为 D，斜盘倾角为 γ，则泵的排量为

$$V = \frac{\pi}{4}d^2 zD\tan\gamma \tag{3-20}$$

则泵的输出流量为

$$q = \frac{\pi}{4}d^2 zDn\eta_v\tan\gamma \tag{3-21}$$

实际上，柱塞泵的排量是转角的函数，其输出流量是脉动的。就柱塞数而言，柱塞数为奇数时的脉动率比柱塞数为偶数时小，且柱塞数越多，脉动越小，故柱塞泵的柱塞数一般都

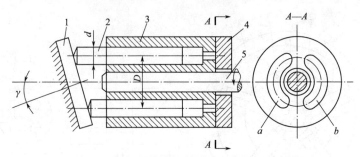

图 3-12　斜盘式轴向柱塞泵的工作原理示意图
1—斜盘；2—柱塞；3—缸体；4—配流盘；5—传动轴；a—吸油窗口；b—压油窗口

为奇数。从结构工艺和脉动率综合考虑，常取 $z=7$ 或 $z=9$。

若改变斜盘倾角 γ 的大小，便可改变柱塞的行程，从而改变泵的排量；若改变斜盘倾角 γ 的方向，则可改变吸、压油的方向，成为双向变量轴向柱塞泵。

轴向柱塞泵的结构示意图如图 3-13 所示，传动轴 8 与缸体 5 用花键连接，带动缸体转动，使均匀分布在缸体上的 7 个柱塞绕传动轴的中心线做往复运动。每个柱塞一端有个滑履 12，由弹簧 3 通过内套 2，经钢珠 13 及回程盘 14，将其压紧在与轴线成一定斜角的斜盘 15 上。当缸体旋转时，柱塞同时做轴线往复运动，完成吸油和排油的过程。

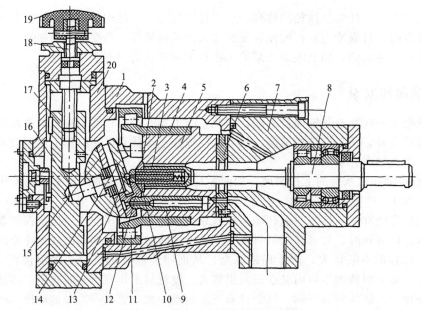

图 3-13　轴向柱塞泵的结构示意图
1—中间泵体；2—内套；3—弹簧；4—钢套；5—缸体；6—配油盘；7—前泵体；8—传动轴；9—柱塞；
10—衬套；11—轴承；12—滑履；13—钢珠；14—回程盘；15—斜盘；16—轴销；17—变量活塞；
18—丝杠；19—手轮；20—变量机构壳体

（2）斜轴式轴向柱塞泵

斜轴式轴向柱塞泵的工作原理　如图 3-14 所示为斜轴式轴向柱塞泵的工作原理示意图。传动轴的轴线相对于缸体有倾角 γ，柱塞与传动轴圆盘之间用相互铰接的连杆相连。当传动轴按图示方向旋转时，连杆就带动柱塞连同缸体一起绕缸体轴线旋转，柱塞同时也在缸体的柱塞孔内做往复运动，使柱塞孔底部的密封容积不断发生增大和减小的变化，通过配流盘上的窗口 a 和 b 实现吸油和压油。

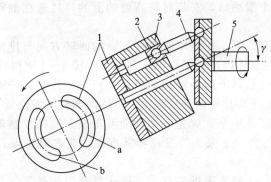

图 3-14　斜轴式轴向柱塞泵的工作原理示意图

1—配流盘；2—柱塞；3—缸体；4—连杆；5—传动轴；a—吸油窗口；b—压油窗口

与斜盘式轴向柱塞泵相比较，斜轴式轴向柱塞泵由于缸体所受的不平衡径向力较小，故结构强度较高，可以有较高的设计参数，其缸体轴线与驱动轴的夹角 γ 较大，变量范围较大；但因其外形尺寸较大，结构也较复杂。目前，斜轴式轴向柱塞泵的使用相当广泛。在变量形式上，斜盘式轴向柱塞泵靠斜盘摆动变量，斜轴式轴向柱塞泵则为摆缸变量，因此，后者变量系统的响应较慢。关于斜轴式轴向柱塞泵的排量和流量可参照斜盘式轴向柱塞泵的计算法计算。

3.4.3　柱塞泵的优缺点及使用

（1）柱塞泵的优点

柱塞泵与其他泵相比，有以下优点。

① 工作压力、容积效率及总效率均为最高　因柱塞与缸孔加工容易，尺寸精度及表面粗糙度可以达到很高要求，所以配合精度高、油液泄漏小，能达到的工作压力一般是40MPa，最高可达 100MPa。

② 可传输的功率最大　因为只要适当地加大柱塞直径或增加柱塞数目，流量便增大压力和流量，便可传输大功率。

③ 较宽的转速范围。

④ 较长的使用寿命及功率密度高　柱塞泵主要零件均受压，使材料强度得以充分利用，所以使用寿命较长，且单位功率重量轻。

⑤ 良好的双向变量能力　改变柱塞的行程就能改变流量，容易制成各种变量泵。

（2）柱塞泵的缺点

① 对介质洁净度要求较苛刻（座阀配流型较好）。

② 流量脉动较大，噪声较大。

③ 结构较复杂，造价高，维修困难。

（3）柱塞泵的使用

柱塞泵在高压、大流量、大功率的液压传动系统中和流量需要调节的场合，得到了广泛应用。但柱塞泵的结构复杂，材料及加工精度要求较高，加工量大，且价格昂贵。在现代液压工程技术中，各种柱塞泵主要在中高压（轻系列和中系列泵，最高压力为 20～35MPa）、高压（重系列泵，最高压力为 40～56MPa）和超高压（特种泵，最高压力＞56MPa）系统中作为功率传输元件使用。

（4）柱塞泵的安装使用注意事项

柱塞泵的安装使用除应注意泵的一般安装使用要求外，还要注意以下各点。

① 轴向柱塞泵有两个泄油口，安装时将高处的泄油口接通往油箱的油管，而将低处的泄油口堵死。

② 经拆洗后重新安装的泵，在使用前要检查轴的回转方向与排油管的连接是否正确可靠。并从高处的泄油口往泵体内注满工作油，先用手盘转 3～4 周再启动，以免把泵烧坏。

③ 泵启动前应将排油管路上的溢流阀调至最低压力，待泵运转正常后再逐渐调高到所需压力。调整变量机构要先将排量调到最小值，再逐渐调到所需流量。

④ 若系统中装有辅助液压泵，应先启动辅助液压泵，调整控制辅助泵的溢流阀，使其达到规定的供油压力，再启动主泵。若发现异常现象，应先停主泵，待主泵停稳后再停辅助泵。

⑤ 检修液压系统时，一般不要拆洗泵。当确认泵有问题必须拆开时，务必注意保持清洁，严防碰撞起毛、划伤或将细小杂物留在泵内。

⑥ 装配花键轴时，不应用力过猛，各缸孔配合要用柱塞逐个试装，不能用力打入。

3.4.4 柱塞泵的常见故障、原因及解决办法

柱塞泵的常见故障、原因及解决办法见表 3-3。

表 3-3 柱塞泵的常见故障、原因及解决办法

故障	原因	解决方法
流量不足或不排油	变量机构失灵或倾斜盘实际倾角太小	修复调整变量机构或增大倾斜盘倾角
	回程盘损坏而使泵无法自吸	更换回程盘
	中心弹簧断裂使柱塞回程不够或不能回程，缸体与配流盘间失去密封	更换弹簧
输出压力不足	缸体与配流盘之间、柱塞与缸孔之间严重泄漏	修磨接触面，重新调整间隙或更换配油盘和柱塞等
	外泄漏	紧固各连接处，更换油封和油封垫等
变量机构失灵	控制油路上的小孔被堵塞	净化液压油，用压力油冲或将泵拆开，冲洗控制油路的小孔
	变量机构中的活塞或弹簧芯轴卡死	若机械卡死应研磨修复，若油液污染应净化油液
柱塞泵不转或转动不灵活	柱塞与缸体卡死，或者装配不当致使柱塞球头折断或滑靴脱落	拆卸冲洗，重新装配更换柱塞和有关零件

*3.5 螺杆泵

螺杆泵依靠旋转的螺杆输送液体，具有结构紧凑、体积小、流量压力无脉动、噪声低、自吸能力强、对油液的污染不敏感、使用寿命长等优点，并可以用来输送黏度较大或具有悬浮颗粒的液体，因此多用于石油、化工、食品工业等部门。

螺杆泵按其具有的螺杆根数可分为：单螺杆泵、双螺杆泵、三螺杆泵、四螺杆泵和五螺杆泵。本节只介绍三螺杆泵的结构和工作原理。

如图 3-15 所示为三螺杆泵的结构。在泵的壳体 2 内有 3 根互相啮合的双头螺杆，主动螺杆 3 是凸螺杆，从动螺杆 4 是凹螺杆。互相啮合的 3 根螺杆与壳体之间形成多个密封容积，其长度约等于螺杆的螺距。当主动螺杆沿顺时针方向旋转（从轴端看）时，各密封工作

腔沿着轴向从左向右移动，左端形成的密封工作腔容积逐渐增大，进行吸油；右端工作腔容积逐渐减小，将油排出。螺杆直径越大，螺旋槽越深，排量也越大。

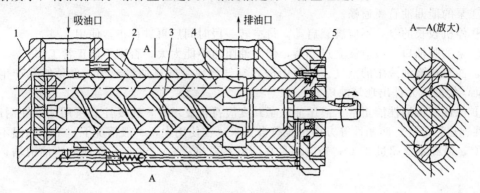

图 3-15　螺杆泵
1—后盖；2—壳体；3—主动螺杆（凸螺杆）；4—从动螺杆（凹螺杆）；5—后盖

3.6　液压泵

3.6.1　液压泵的安装注意事项

液压泵安装不当会引起噪声、振动，影响工作性能和降低寿命。因此液压泵的安装应注意以下各点。

① 液压泵传动轴与电动机输出轴之间的安装采用弹性联轴器，其同轴度误差不大于 0.1mm，两轴线倾斜角不大于 1°。

② 液压泵的支座或法兰和电动机应有共同的安装基础。基础、法兰或支座都必须有足够的刚性。在底座下面及法兰和支架之间装上橡胶隔振垫，以降低噪声。

③ 液压泵的旋转方向和进出油口位置不得搞错接反。

④ 对于安装在油箱上的自吸泵，通常泵中心至油箱液面的距离不大于 0.5m；对于安装在油箱下面或旁边的泵，为了便于检修，吸入管道上应安装截止阀。

⑤ 用带轮或齿轮驱动液压泵时，应采用轴承支座安装。

⑥ 要拧紧进、出油口管接头连接螺钉，密封装置要可靠，以免引起吸空、漏油，影响泵的工作性能。

⑦ 在齿轮泵和叶片泵的吸入管道上可装有粗过滤器，但在柱塞泵的吸入口一般不装过滤器。

3.6.2　液压泵的使用注意事项

使用液压泵时，要想获得满意的效果，单靠产品自身的高质量是不能完全保证的，还必须正确地使用和维护，其注意事项如下。

① 液压泵的使用转速和压力都不能超过规定值。

② 若泵有转向要求时，不得反向旋转。

③ 泵的自吸真空度应在规定范围内，否则吸油不足会引起气蚀、噪声和振动。

④ 若泵入口规定有供油压力时，应当给予保证。

⑤ 泵与电动机连接时，要保证同轴度，或采用挠性连接。

⑥ 要了解泵承受径向力的能力，不能承受径向力的泵，不得将带轮和齿轮等传动件直接装在输出轴上。

⑦ 泵的泄漏油管要通畅。

⑧ 停机较长的泵，不应满载启动。待空转一段时间后再进行正常使用。

⑨ 泵的吸油口一般应设立过滤器，但吸油阻力不能太大，否则不能正常工作。

⑩ 注意排除油液中的空气。油液中混入空气将使泵的排油量减小，也易使泵产生噪声和振动，使液压元件出现气蚀现象。

⑪ 保证液压油性能正常。液压油除了黏度应符合要求外，还要注意所用油液在耐磨性、消泡性、热稳定性、防锈性等方面也应符合要求；在使用中，一般情况下，工作油温不要超过 50℃，最高不要超过 65℃，短时间最高油温不要超过 80~90℃；保证液压油清洁，防止污染。

3.6.3 液压泵的故障分析与排除

在工作中，液压泵出现的故障和造成故障的原因多种多样。总的来看，造成故障的原因有两方面。

（1）由液压泵本身原因引起故障

从液压泵的工作原理可知，它的功能就是连续地使密封的可变容腔不断吸油和压油，将机械能转换成液体的压力能。这样，在制造泵时，就得使加工的精度、表面粗糙度、配合间隙、形位误差和接触刚度等符合技术要求。特别是泵经过一段时间的使用后，有些质量问题将暴露出来。

但是，对一台新的液压泵或使用时间较短的液压泵，最好先不怀疑这个原因，因为随着对生产质量的要求越来越高，制造厂是尽量精益求精的。同时，即使有这方面问题，对于一般用户来说，也是不易排除的。因此在进行液压泵故障分析时，通常要把这个原因放在最后考虑，在尚未明确故障原因之前，不要轻易拆泵。

（2）由外界因素引起的故障

① 油液 油液黏度过高或过低都会影响液压泵正常工作。黏度过大，会增加吸油阻力，使泵吸油腔真空度过大，出现气穴和气蚀现象；黏度过小，会加大泄漏，降低容积效率，并容易吸入空气，造成泵运转过程中的冲击和爬行。

油液的清洁也是非常重要的。液压油受到污染，水分、空气、铁屑、灰尘等进入油液，对液压泵的运行都会产生严重的影响。铁屑、灰尘等固体颗粒会堵塞过滤器，使液压泵吸油阻力增加，产生噪声，还会加速零件磨损，擦伤密封件，使泄露增大，对那些对油液污染敏感的泵而言，危害就更大。

②液压泵的安装 泵轴与电动机驱动轴的连接应有足够的同轴度。若同轴度误差过大，就会引起噪声和运动的不平稳，严重时还会损坏零件。同时，安装时要注意液压泵的转向，合理选择液压泵的转速，还要保证吸油管道与排油管道管接头处的密封。

③ 油箱 油箱容量小，则散热条件差，会使油温过高，油液黏度减小，带来许多问题；油箱容量过大，则油面过低，液压泵吸油口高度不合适、吸油管道直径过细都会影响泵正常工作。

3.6.4 液压泵的性能比较和选用原则

液压泵是液压系统中的核心元件，合理地选择液压泵对于降低液压系统的能耗、提高系统的效率、降低噪声、改善工作性能和保证系统的可靠工作都十分重要。

（1）常用液压泵的技术性能值比较

表 3-4 列出了常用液压泵的技术性能。

表 3-4　几种常用泵的主要性能值比较

泵类型	速度/(r/min)	排量/cm³	工作压力/MPa	总效率
外啮合齿轮泵	500～3500	12～250	6.3～16	0.8～0.91
内啮合齿轮泵	500～3500	4～250	16～25	0.8～0.91
螺杆泵	500～4000	4～630	2.5～16	0.7～0.85
叶片泵	960～3000	5～160	10～16	0.8～0.93
轴向柱塞泵	750～3000	100 25～800	20 16～32	0.8～0.92
径向柱塞泵	960～3000	5～160	16～32	0.9

（2）液压泵的选择

选择液压泵的原则是：根据主机工况、功率大小和液压系统对工作性能的要求，首先应决定选用变量泵还是定量泵（变量泵的价格高，但能达到提高工作效率、节能及压力恒定等要求）；然后，再根据各类泵的性能、特点及成本等确定选用何种结构类型的液压泵；最后，按系统所要求的压力、流量大小确定其规格型号。

一般在负载小、功率小的机械设备中，可选用齿轮泵和双作用叶片泵；精度较高的设备（例如磨床）可选用螺杆泵和双作用叶片泵；在负载较大并有快速和慢速行程要求的机械设备中（例如组合机床），可选用限压式变量叶片泵；负载大、功率大的机械设备可选用柱塞泵；而在筑路机械、港口机械以及小型工程机械中往往选择抗污染能力强的齿轮泵。

常用液压泵的适用工况及应用实例见表 3-5。

表 3-5　液压泵的适用工况及应用实例

类型			适用工况	应用实例
齿轮泵	外啮合		一般适合于中低压（8MPa 以下）的工况，在高压（25MPa 以下）时要选用高压齿轮泵。自吸能力好，抗污染能力强，但噪声大，流量脉动大	用于机床、工程机械、农业机械、航空、船舶以及一般机械的润滑系统中。外啮合齿轮泵还用于矿山机械、起重运输机械等设备的液压系统中。内啮合齿轮泵还用于高压作用设备的液压系统中。摆线转子泵还用于大、中型车辆的液压转向系统、柴油机润滑系统中
	内啮合	渐开线式	适合于中低压工况，转速较高，流量脉动相对较小，抗污染能力强，噪声较小	
		摆线转子式	使用压力一般不超过 6MPa，排量范围较小，流量脉动相对较小，抗污染能力强，噪声较小	
叶片泵	单作用		使用压力不超过 10MPa，可以变量，自吸能力一般，噪声较低，对油液污染较敏感，寿命较低	用于机床、注塑机、液压机、起重机、工程机械、飞机、船舶、压铸机、冶金机械等设备的液压系统
	双作用		一般适合于中低压（8MPa）以下，在中高压（8～16MPa）时要选用高压叶片泵，自吸能力一般，噪声较低，对油液污染较敏感	
螺杆泵			适合于中低压的工况，排量范围大，流量脉动小，抗污染能力强，噪声低，自吸能力好	用于精密机床，精密机械，食品、化工、石油、纺织等机械，还可用于潜艇、液压电梯、汽轮机、水电站调速系统中

续表

类型		适用工况	应用实例
柱塞泵	轴向 斜盘端面配流	适合于中高压（8～32MPa）的工况，容积效率高，有多种变量形式，自吸能力差，对油液污染敏感，噪声较大	多用于农业机械、工程机械、船舶、冶金机械、飞机、火炮及空间技术，尤其适用于闭式回路或需要经常改变泵排量的系统中
	轴向 斜轴端面配流	适合于中高压的工况，最低转速不低于50r/min，其定量泵自吸能力好，效率高。作变量泵时响应慢，对油液污染敏感，噪声较大	
	径向轴配流	适合于超高压（32～100MPa）工况，效率高，抗污染能力差，自吸能力强，径向尺寸较大	适用于锻压机械、工程机械、运输机械、矿山机械、轧钢机械等设备的液压系统

3.6.5 液压泵的电动机参数的选择

液压泵是由电动机驱动的，可根据液压泵的功率计算出电动机所需要的功率，再考虑液压泵的转速，然后从样本中合理地选定标准的电动机。

驱动液压泵所需的电动机功率可按下式确定

$$P_M = \frac{p_泵 \times Q_泵}{60\eta}(kW) \qquad (3-22)$$

式中，P_M表示电动机所需的功率，kW；$p_泵$表示泵所需的最大工作压力，Pa；$Q_泵$表示泵所需输出的最大流量，m^3/min；η表示泵的总效率。

各种泵的总效率大致如下。

① 齿轮泵　0.6～0.7。

② 叶片泵　0.6～0.75。

③ 柱塞泵　0.8～0.85。

例 3-1 已知某液压系统如图3-16所示。工作时，活塞上所受的外载荷为$F=9720N$。活塞有效工作面积$A=0.008m^2$，活塞运动速度$v=0.04m/s$，问应选择额定压力和额定流量为多少的液压泵？驱动它的电动机功率应为多少？

解 首先确定液压缸中最大工作压力$p_缸$为

$$p_缸 = \frac{F}{A} = \frac{9720}{0.008} = 12.15 \times 10^5(Pa) = 1.215(MPa)$$

选择$k_压=1.3$，计算液压泵所需最大压力为

$$p_泵 = 1.3 \times 1.215 = 1.58(MPa)$$

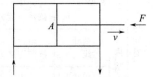

图 3-16　某液压系统

再根据运动速度计算液压缸中所需的最大流量为

$$Q_缸 = vA = 0.04 \times 0.008 = 3.2 \times 10^{-4}(m^3/s)$$

选取$k_流=1.1$，计算泵所需的最大流量为

$$Q_泵 = k_流 \times Q_缸 = 1.1 \times 3.2 \times 10^{-4} = 3.52 \times 10^{-4}(m^3/s) = 21.12(L/min)$$

查液压泵的样本资料，选择CB-B25型齿轮泵。该泵的额定流量为25L/min，略大于$Q_泵$；该泵的额定压力为25kgf/cm（略为2.5MPa），大于泵所需要提供的最大压力。

选取泵的总效率$\eta=0.7$，驱动泵的电动机功率为

$$P_M = \frac{p_泵 Q_泵}{60\eta} = \frac{15.8 \times 10^5 \times 4.17 \times 10^{-4}}{60 \times 0.7} = 0.94(kW)$$

由上式可见，在计算电动机功率时用的是泵的额定流量，而没有用计算出来的泵的流

量，这是因为所选择的齿轮泵是定量泵的缘故（定量泵的流量是不能调节的）。

 本章小结

　　液压泵是液压传动系统的动力源。构成液压泵的基本条件是：具有可变的密封容积，协调的配流机构，以及高、低压腔相互隔离的结构。液压泵的主要性能参数为排量、流量、压力、功率和效率。排量为几何参数，而流量则为排量和转速的乘积。液压泵工作压力取决于外负载。液压功率为泵的输出流量和工作压力之乘积。容积效率和机械效率分别反映了液压泵的容积损失和机械损失。液压泵根据结构的不同，主要分为齿轮式、叶片式、柱塞式三大类，要掌握各类泵的工作原理，排量与流量的计算方法，并了解其结构特点。柱塞泵是目前性能比较完善、压力和效率最高的液压泵；高性能叶片泵以脉动小、噪声小而见长；齿轮泵最大的特点是抗污染，可用于环境比较恶劣的工作条件下。熟悉和掌握液压泵的选用及故障检修，在工程实践中很有现实意义。

思考与练习题

　　3-1　液压泵的功用是什么？

　　3-2　容积式液压泵的基本原理和结构特征如何？

　　3-3　液压泵有哪些类型？其性能特征如何？常用液压泵的图形符号如何绘制？其意义如何？

　　3-4　液压泵有哪些主要技术参数？

　　3-5　什么是液压泵的工作压力和额定压力？两者之间有何关系？什么是液压泵？

　　3-6　什么是液压泵的排量、流量、理论流量、实际流量和额定流量？它们之间有何关系？

　　3-7　液压泵的转速通常如何选定？

　　3-8　什么是液压泵的理论功率？液压泵的实际输出功率如何计算？液压泵的功率损失表现为哪两部分？

　　3-9　什么是液压泵的容积效率、机械效率和总效率？

　　3-10　液压泵的驱动功率一般如何计算？

　　3-11　某液压泵的排量 $V = 17.24 \times 10^{-6} \, \text{mL/r}$，转速 $n = 1450 \text{r/min}$，容积效率 $\eta_v = 0.95$，总效率 $\eta = 0.90$，试求泵的理论流量、实际流量以及泵在工作压力 $p = 10\text{MPa}$ 时，泵的输出功率 P_0 和驱动功率 P_i 各为多大？

第 4 章

液压传动中的执行元件之一——液压马达

液压执行元件是将液压泵提供的液压能转变为机械能的能量转换装置，它包括液压马达和液压缸。习惯上将输出旋转运动的液压执行元件称为液压马达，而将输出直线运动（其中包括输出摆动运动）的液压执行元件称为液压缸。

4.1 液压马达的特点及分类

从能量转换的观点来看，液压泵与液压马达是可逆工作的液压元件，向任何一种液压泵输入工作液体，都可使其变成液压马达工况；反之，当液压马达的主轴由外力矩驱动旋转时，也可变为液压泵工况。因为它们具有同样的基本结构要素——密闭而又可以周期变化的容腔和相应的配油机构。

但是，由于液压马达和液压泵的工作条件不同，对它们的性能要求也不一样，所以同类型的液压马达和液压泵之间仍存在许多差别。首先，液压马达应能够正、反转，因而要求其内部结构对称；液压马达的转速范围需要足够大，特别是对它的最低稳定转速有一定的要求，因此它通常采用滚动轴承或静压滑动轴承。其次，液压马达由于在输入压力油条件下工作，因而不必具备自吸能力，但需要一定的初始密封性，才能提供必要的启动转矩。由于存在着这些差别，使得液压马达和液压泵虽然在结构上比较相似，但不能可逆工作。

液压马达的分类有多种方式。

① 按结构类型 液压马达可分为齿轮式、叶片式、柱塞式和其他形式的液压马达，其结构与同类型的液压泵基本相同。

② 按转速的不同 液压马达可分为高速和低速两大类。一般认为额定转速高于500r/min的属于高速马达，额定转速低于500r/min的属于低速马达。

③ 按排量可否调节 液压马达可分为定量马达和变量马达两大类。变量马达又可分为单向变量马达和双向变量马达。

4.2 液压马达的工作原理

4.2.1 叶片式液压马达

叶片式液压马达一般为双作用式，其工作原理如图4-1所示。当压力油通入后，叶片1、

3、5、7 的一侧受到油压作用，另一侧通回油；而叶片 2、4、6、8 两侧压力相同。由于叶片 1 的作用面积大于叶片 7 的作用面积，因此便产生转矩。同理，叶片 5 的作用面积大于叶片 3 的作用面积，也产生转矩。其合成转矩驱动转子顺时针方向旋转，输出机械能。

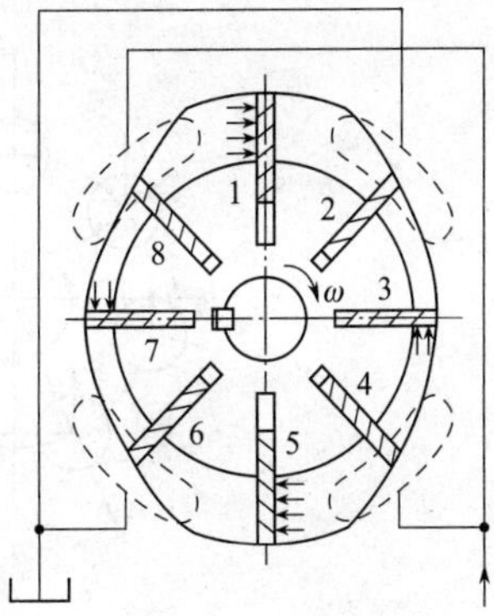

如图 4-2 所示为双作用叶片式马达的典型结构，它与双作用叶片泵相比，具有如下特点：

① 叶片底部装有燕式弹簧，其作用是保证在马达启动时，叶片能紧贴定子内表面，形成密闭容积。

② 泵的壳体内装有梭阀，不论马达正转或反转，它都能保证叶片底部始终通入高压油，从而使叶片与定子紧密接触，保证密封。

③ 由于液压马达要做双向旋转，叶片槽呈径向布置。

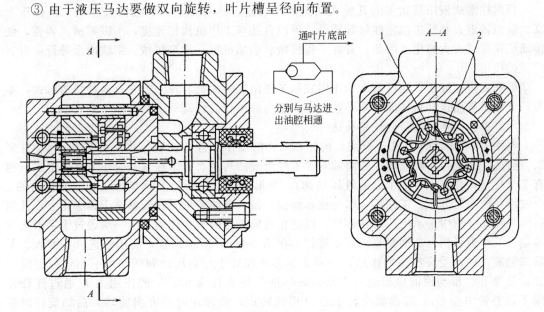

图 4-1　双作用叶片式马达
工作原理图

图 4-2　叶片式马达结构图
1—销钉；2—燕式弹簧

4.2.2　轴向柱塞式液压马达

轴向柱塞式液压马达的结构特点基本上与同类型的液压泵相似，除采用阀式配流的液压泵不能作为液压马达用之外，其他形式的液压泵基本上都能作为液压马达使用。

如图 4-3 所示为斜盘式轴向柱塞马达的工作原理图。图中柱塞的横截面积为 A，当压力为 p 的油液进入马达进油腔时，滑靴便受到 pA 作用力而压向斜盘，其反作用力为 N。力 N 可分解成两个分力：一个是平行于柱塞轴线的轴向分力 F；另一个是垂直于柱塞轴线的分力 T。分力 F 与柱塞所受液压力平衡，而分力 T 对缸体中心产生转矩，驱动液压马达旋转做功。

若改变液压马达压力油的输入方向，则液压马达输出轴的旋转方向与原方向相反；改变斜盘倾角的大小和方向，可使液压马达的排量、输出转矩和转向发生变化。

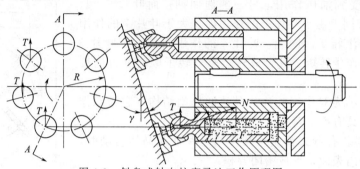

图 4-3 斜盘式轴向柱塞马达工作原理图

4.2.3 径向柱塞式液压马达

径向柱塞式液压马达多为低速大扭矩液压马达，具有排量大、径向尺寸大、工作压力高、输出转矩大和低速稳定性好等特点，可以直接与工作机构相连接，不需要减速装置，使传动机构得以大大简化。因此，其在工程机械、船舶机械、建筑机械、钢铁冶金等行业有着广泛的应用。

低速大扭矩液压马达可分为单作用式和多作用式两大类，每一类又有多种结构形式。本节只介绍单作用连杆型径向柱塞马达和多作用内曲线径向柱塞马达两种。

（1）单作用连杆型径向柱塞马达

如图 4-4 所示为单作用连杆型径向柱塞马达的工作原理图。该马达是由偏心轮 4、柱塞 2、连杆 3、壳体 1、配流轴 5 和曲轴 6 等零件组成。马达有 5 个柱塞，壳体上有 5 个缸（也有 7 个柱塞，壳体上有 7 个缸的液压马达），外形像星形，所以又称星形马达。壳体内的 5 个缸沿径向均匀分布，连杆的一端与柱塞铰接，另一端的凹形圆柱面紧贴在偏心轮上，并通过两只压环（图中未示出）压住连杆，以防止与偏心轮脱离。传动轴的一端通过十字滑块联轴器（图中未示出）带动配流轴同步旋转。在图 4-4(a) 所示位置，高压油进入柱塞 IV、V 顶部油腔，柱塞受高压油的作用；柱塞 I 顶部油腔处于与高压油和回油均不相通的过渡位置；柱塞 II、III 与回油口相通。于是，高压油作用在柱塞 IV、V 的作用力 F 通过连杆作用于偏心轮中心 O_1，对曲轴旋转中心 O 形成转矩，曲轴逆时针方向旋转。曲轴旋转时带动配流轴同步旋转，因此，配流状态发生变化。如曲轴逆时针旋转 90° 至图 4-4(b) 所示位置，柱塞 II、I、V 同时通高压油，柱塞 III、IV 通回油，对曲轴中心形成转矩，使曲轴进一步逆时针旋转。当与曲轴同步旋转的配流轴逆时针旋转 180° 至图 4-4(c) 所示的位置时，柱塞 I 顶部退出高压区处于过渡状态，柱塞 II 和 III 通高压油，柱塞 IV 和 V 通回油。依次类推。

在配流轴与曲轴同步旋转时，各柱塞顶部的密封工作腔将依次与高压进油和低压回油相通，保证曲轴连续旋转。若将马达的进、回油口互换，则液压马达反转。当马达曲轴旋转一周时，柱塞在柱塞缸内完成一次往复直线运动，因此，这种马达称为单作用式液压马达。

单作用连杆型径向柱塞马达的输出转矩是脉动的，当柱塞数越多且为奇数时，转矩脉动率下降。当马达转速较低、工作负载的惯性较小时，转矩脉动会引起转速脉动，因此该马达的低速稳定性较差。近年来，因其主要摩擦副大多采用静压支承或静压平衡结构，其低速稳定性有了很大的改善。

（2）多作用内曲线径向柱塞马达

多作用内曲线径向柱塞马达的典型结构如图 4-5 所示。该马达由定子 6、缸体 2、配流

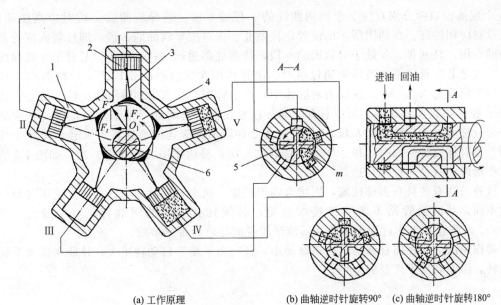

(a) 工作原理

(b) 曲轴逆时针旋转90°　　(c) 曲轴逆时针旋转180°

图 4-4　单作用连杆型径向柱塞马达工作原理图

1—壳体；2—柱塞；3—连杆；4—偏心轮；5—配流轴；6—曲线

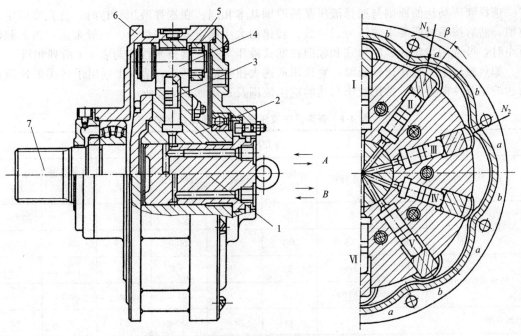

图 4-5　多作用内曲线径向柱塞马达结构图

1—配流轴；2—缸体；3—柱塞；4—横梁；5—滚轮；6—定子；7—输出轴

轴 1、柱塞组 3、滚轮 5、横梁 4 及输出轴 7 等零件组成。定子 6 的内环由七个（图中 $x=8$）形状相同且均布分布的导轨面组成，每个导轨面都可以分成 a、b 两个区段。缸体 2 与输出轴 7 通过螺栓连成一体。缸体 2 上有 Z 个（图中 $Z=10$）径向分布的柱塞孔，柱塞装在孔中，柱塞顶部做成球面，通过横梁及横梁两端的滚轮将力作用在导轨曲面上。配流轴与壳体连接为一体，且固定不动，配流轴 1 圆周上均匀分布 $2x$ 个配流窗口（图中为 16 个窗口），这些窗口交替分成两组，通过配流轴 1 的两个轴向孔分别和进回油口 A、B 相通。其中每一

组 Z 个配油窗口应分别对应 2 个同向曲线的 a 段或 b 段。若导轨曲面 a 段对应高压油区，则 b 段对应回油区。在如图所示的位置，柱塞Ⅱ、Ⅲ对应导轨面的 a 段，即柱塞底部受到压力油的作用；柱塞Ⅳ、Ⅴ处于导轨面的 b 段，柱塞底部通回油；柱塞Ⅰ、Ⅵ处于导轨面的过渡区。柱塞Ⅱ、Ⅲ底部的液压力通过横梁、滚轮作用在导轨面的 a 段上，导轨面的 a 段给滚轮一法向反力 N_1、N_2，该反力对缸体中心产生转矩，从而带动输出轴旋转。由于导轨曲线段 x 和柱塞数 Z 不相等，所以总有一部分柱塞在任一瞬间处于导轨面的 a 段（相应地总有一部分柱塞处于导轨面的 b 段），使得缸体 2 和输出轴 7 连续地旋转。如定子有 x 个导轨曲面，当缸体旋转一周时，每个柱塞往复运动 x 次，马达作用次数就为 x 次。如图 4-5 所示为八作用内曲线径向柱塞马达。

这种马达有些具有多排柱塞，以增大输出转矩，减小转矩脉动。该马达在使用时与一般马达不同，其回油管路不能直接接回油箱，必须具有一定的回油背压（一般为 $0.5\sim1\mathrm{MPa}$），以防止在工作过程中滚轮在回油区段脱离导轨而带来事故。

多作用内曲线径向柱塞马达转矩脉动小，径向力平衡，启动转矩大，并能在低速下稳定地运转，因而获得了广泛的应用。

4.3 液压马达的选择

选择液压马达的原则与选择液压泵的原则基本相同。在选择液压马达时，首先要确定其类型，然后按系统所要求的压力、负载、转速的大小确定其规格型号。一般来说，当负载转矩小时，可选用齿轮式、叶片式和轴向柱塞式液压马达，其技术性能与表 4-1 所列相近。

如负载转矩大且转速较低时，宜选用低速大扭矩液压马达。表 4-1 列出了各类低速液压马达的主要性能参数。常用液压马达的应用范围及选用如表 4-2 所示。

表 4-1　各类低速液压马达的主要性能参数

结构特点		单作用式				多作用式		
		连杆式	无连杆式	摆缸式	双斜盘式	柱塞传力式	柱塞传力钢球式	横梁传力式
压力/MPa	额定	20.5	17.0	20.5	20.5	13.5	13.5	29.0
	最高	24.0	28.0	24.5	24.0	20.5	20.5	39.0
转速/(r/min)	额定	5～10	2	0.5	5～10	0.5	1	0.5
	最高	200	275	220	200	120	600	75
机械效率/%		93	95	95	96	95	95	95
容积效率/%		96.8	95	95	95	95	95	95
总效率/%		90	90	90	91	90	90	90
启动效率/%		85	90	88	90	90	82	88
单位排量重量/(N/mL)		1.0	1.6	1.1	1.4	0.96	0.67	1.35

表 4-2　常用液压马达的应用范围及选用

类型			适用工况	应用实例
高速小转矩马达	齿轮马达	外啮合式	适合于高速小转矩且速度平稳性要求不高、噪声限制不大的场合	适用于钻床、风扇以及工程机械、农业机械、林业机械的回转机构液压系统
		内啮合式	适合于高速小转矩、要求噪声较小的场合	
	叶片马达		适合于负载转矩不大、噪声要求小、调速范围宽的场合	适用于机床（如磨床回转工作台）等设备中
	轴向柱塞马达		适合于负载速度大、有变速要求、负载转矩较小、低速平稳性要求高，即中高速小转矩的场合	适用于起重机、绞车、铲车、内燃机车、数控机床等设备
低速大转矩马达	径向马达	曲轴连杆式	适合大扭矩低速工况，启动性较差	适用于塑料机械、行走机械、挖掘机、拖拉机、起重机、采煤机牵引部件等设备
		内曲线式	适合于负载转矩大、速度范围宽、启动性好、转速低的场合。当转矩比较大、系统压力较高（如大于16MPa），且输出轴承受径向力作用时，宜选用横梁式内曲线液压马达	
		摆缸式	适用于大扭矩、低速工况	
中速中转矩马达	双斜盘轴向柱塞马达		低速性好，可用作伺服马达	适用范围广，但不宜在快速性要求严格的控制系统中使用
	摆线马达		适用于中低负载速度、体积要求小的场合	适用于塑料机械、煤矿机械、挖掘机、行走机械等设备

4.4　液压马达常见故障、原因及排除方法

液压马达常见故障、原因及排除方法如表 4-3 所示。

表 4-3　液压马达常见故障、原因及排除方法

故障现象	产生原因	排除方法
转速低，输出转矩小	由于过滤器阻塞，油液黏度大，泵间隙过大，泵效率低，使供油不足	清洗过滤器，更换黏度合适的液压油，保证供油量
	电动机转速低，功率不匹配	更换电动机
	密封不严，有空气进入	紧固密封
	油液污染，堵塞马达内部通道	拆卸、清洗马达，更换油液
	油液黏度小，内泄漏增大	更换黏度适合的油液
	油箱中油液不足或管道过小或过长	加油、加大吸油管径
	齿轮马达侧板和齿轮两侧面、叶片马达配油盘和叶片等零件磨损造成内泄漏和外泄漏	对零件进行修复
	单向阀密封不良，溢流阀失灵	修理阀芯或阀座
噪声过大	进油口堵塞	排除污物
	进油口漏气	拧紧接头
	油液不清洁，空气混入	加强过滤，排除气体
	液压马达安装不良	重新安装
	液压马达零件磨损	更换磨损的零件

续表

故障现象	产生原因	排除方法
泄漏	密封件损坏	更换密封件
	接合面螺钉未拧紧	拧紧螺钉
	管接头未拧紧	拧紧管接头
	配油装置发生故障	检修配油装置
	运动件间的间隙过大	重新装配或调整间隙

4.5 常见液压马达的性能比较

几种常见液压马达的性能比较见表 4-4。

表 4-4 几种常见液压马达的性能比较

类型	性能	排量范围 /(ML/r)		压力 /MPa		转速范围 /(r/min)		容积效率 /%	总效率 /%	启动转矩效率 /%	噪声	抗污染敏感度	价格
		最小	最大	额定	最高	最小	最大						
齿轮式	外啮合	5.2	160	16~20	20~25	150~500	2500	85~94	77~85	75~80	较大	较好	最低
	内啮合	80	1250	14	20	10	800	94	76	76	较小	较好	低
叶片式	单作用	10	200	16	20	100	2000	90	75	80	中	差	较低
	双作用	50	220	16	25	100	2000	90	75	80	较小	差	低
轴向柱塞式	斜盘式	2.5	560	31.5	40	100	3000	95	90	85~90	大	中	较高
	斜轴式	2.5	3600	31.5	40	100	4000	95	90	90	较大	中	高
径向柱塞式	单作用（球铰连杆式）	188	6800	25	29.3	3~5	500	>95	90	>90	较小	较好	较高

本章小结

（1）液压泵和液压马达的异同对比

液压泵和液压马达都是液压系统的能量转换元件。液压泵是将机械能转换成液体的压力能，并以压力和流量的形式输入到系统中去，属液压系统的动力元件；而液压马达是将液压能转换成旋转形式的机械能，并以转矩和转速的形式驱动外负载，属液压系统的执行元件。液压泵和液压马达的对比如下表所示。

项目 类型	液压泵	液压马达
能量转换	将机械能转换成液压能，强调容积效率	将液压能转换成机械能，强调机械效率
轴旋转方向	通常为一个方向旋转，但承压方向与液流方向可以改变	多为双向旋转
轴转速	相对稳定，且转速较高	变化范围大，有高有低

续表

项目 ＼ 类型	液压泵	液压马达
运转状态	通常为连续运转，温度变化相对小	有可能长时间运转或停止运转，温度变化大
输入（出）轴上径向载荷状态	输入轴上通常不承受径向载荷	输出轴上大多承受变化径向载荷

（2）液压系统的执行元件之一——液压马达

主要介绍了液压马达的类型、结构及工作原理，以及液压马达的选择和使用。液压马达主要有齿轮式、叶片式和柱塞式三大类。通过对液压马达的学习，要求掌握液压马达的工作原理、结构及主要性能特点，掌握这几种马达的流量、排量、功率、效率等参数的计算方法，并了解不同类型马达的性能特点及适用范围。

 思考与练习题

4-1　液压执行元件有哪些类型？功用如何？

4-2　液压马达和液压泵有哪些异同点？是否所有的液压泵都能作为液压马达使用？

4-3　简述液压马达的类型、特点与图形符号。

第5章

液压传动中的执行元件之二——液压缸

液压缸又称为油缸，它是液压传动系统中的一种执行元件，其功能就是将液压能转变成直线往复式的机械运动。

5.1 液压缸的分类

液压缸分类（按作用方式）如表5-1所示。

所谓单作用液压缸是指这种液压缸只有一个密封容积空间，只能利用液压力推动活塞向一个方向运动，而其反向运动则靠重力或弹簧力等实现，应用这种液压缸的液压系统比较简单，并且能够节省动力，在液压升降机、自卸卡车和叉车中均采用了这种液压缸；双作用液压缸则有两个密封容积空间，工作时压力油交替供入液压缸的两腔，推动活塞做正反两个方向的运动，这种形式的液压缸应用最多。

液压缸结构简单，工作可靠，是液压系统中广泛应用的执行元件。

表5-1 液压缸的分类（按作用方式分类）

分类	名称	符号	说明
单作用液压缸	柱塞式液压缸		柱塞仅单向液压驱动，返回行程通常是利用自重、负载或其他外力
	单活塞杆液压缸		活塞仅单向液压驱动、返回行程是利用自重或负载将活塞推回
	双活塞杆液压缸		活塞两侧均装有活塞杆，但只向活塞一侧供给压力油，返回行程通常利用弹簧力、重力或外力
	伸缩液压缸		它以短缸获得长行程，用压力油从大到小逐节推出，靠外力由小到大逐节缩回
双作用液压缸	单活塞杆液压缸		单边有活塞杆，双向液压驱动，两向推力和速度不等
	双活塞杆液压缸		双边有活塞杆，双向液压驱动，可实现等速往复运动
	伸缩液压缸		柱塞为多段套筒形式，伸出时由大到小逐节推出，由小到大逐节缩回

分类	名称	符号	说明
组合液压缸	弹簧复位液压缸		单向液压驱动，由弹簧力复位
	串联液压缸		用于缸的直径受限制、而长度不受限制处，可获得大的推力
	增压缸（增压器）	A　　　　B	由大小油缸串联组成，由低压大缸 A 驱动，使小缸 B 获得高压
	齿条传动液压缸		活塞的往复运动经齿条传动，使与之啮合的齿轮获得双向回转运动

5.2　常用的液压缸

5.2.1　活塞缸

活塞缸根据其使用要求的不同可分为双活塞杆活塞缸和单活塞杆活塞缸两种。

（1）双活塞杆活塞缸

活塞两端都有一根直径相等的活塞杆伸出的液压缸称为双活塞杆活塞缸。它一般由缸体、缸盖、活塞、活塞杆和密封件等零件构成。根据安装方式不同，双活塞杆活塞缸可分为缸筒固定式和活塞杆固定式两种。

如图 5-1(a) 所示为缸筒固定式的双活塞杆活塞缸。它的进、出口布置在缸筒两端，活塞通过活塞杆带动工作台移动，当活塞的有效行程为 l 时，整个工作台的运动范围为 $3l$，所以机床占地面积大，一般适用于小型机床。

由于双活塞杆活塞缸两端的活塞杆直径通常是相等的，因此它左、右两腔的有效面积也相等，当分别向左、右腔输入相同压力和相同流量的油液时，液压缸左、右两个方向的推力 F 和速度 v 相等，其值分别为

$$F = (p_1 - p_2)A\eta_{\mathrm{m}} = (p_1 - p_2)\frac{\pi}{4}(D^2 - d^2)\eta_{\mathrm{m}} \tag{5-1}$$

$$v = \frac{q}{A}\eta_{\mathrm{v}} = \frac{4q\eta_{\mathrm{v}}}{\pi(D^2 - d^2)} \tag{5-2}$$

式中　A——活塞的有效工作面积；

D、d——活塞和活塞杆的直径；

q——输入流量；

P_1、P_2——缸的进、出口压力；

η_{m}、η_{v}——缸的机械效率、容积效率。

由以上分析可得出，当输入流量与压力不变时，无论是左缸还是右缸进油所输出的作用力与速度大小是相等的，这种缸往往用于有此种工况要求的油路中。

当工作台行程要求较长时，可采用如图 5-1(b) 所示的活塞杆固定式的双活塞杆活塞缸。这时，缸体与工作台相连，活塞杆通过支架固定在机床上，动力由缸体传出。在这种安装形式中，工作台的移动范围只等于液压缸有效行程 l 的两倍（$2l$），因此占地面积小。进、出油口可以设置在固定不动的空心的活塞杆的两端，但必须使用软管连接，此类的液压缸可用于较大型的机械中。

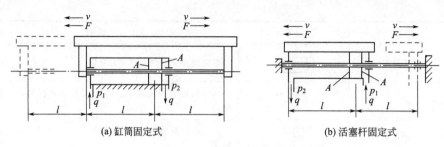

(a) 缸筒固定式　　　　　　　　　　(b) 活塞杆固定式

图 5-1　双活塞杆活塞缸

（2）单活塞杆活塞缸

单活塞杆活塞缸如图 5-2 所示，活塞只有一端带活塞杆。单活塞杆活塞缸有缸体固定和活塞杆固定两种形式，但它们的工作台移动范围都是活塞有效行程的两倍。

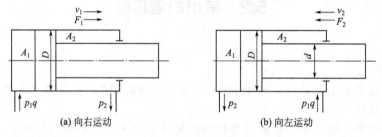

(a) 向右运动　　　　　　　　　　(b) 向左运动

图 5-2　单活塞杆活塞缸

由于液压缸两腔的有效工作面积不等，因此它在两个方向上的输出推力和速度也不等，其值分别为

$$F_1 = (p_1 A_1 - p_2 A_2)\eta_m = \left[p_1 \frac{\pi}{4} D^2 - p_2 \frac{\pi}{4}(D^2 - d^2) \right]\eta_m \qquad (5\text{-}3)$$

$$F_2 = (p_1 A_2 - p_2 A_1)\eta_m = \left[p_1 \frac{\pi}{4}(D^2 - d^2) - p_2 \frac{\pi}{4} D^2 \right]\eta_m \qquad (5\text{-}4)$$

$$v_1 = \frac{q}{A_1}\eta_v = \frac{4q\eta_v}{\pi D^2} \qquad (5\text{-}5)$$

$$v_2 = \frac{q}{A_2}\eta_v = \frac{4q\eta_v}{\pi(D^2 - d^2)} \qquad (5\text{-}6)$$

由式（5-3）~式（5-6）可知，由于 $A_1 > A_2$，所以 $F_1 > F_2$，$v_1 > v_2$。

若把两个方向上输出速度 v_2 和 v_1 的比值称为速度比，记作 λ_v，则 $\lambda_v = \dfrac{v_2}{v_1} =$

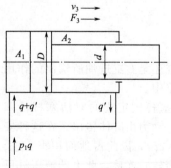

图 5-3　差动连接缸

$1 / \left[1 - \left(\dfrac{d^2}{D^2} \right) \right]$。

因此，$d = D\sqrt{(\lambda_v - 1)/\lambda_v}$。在已知 D 和 λ_v 时，可确定 d 值。

（3）差动连接缸

单活塞杆活塞缸在其左、右两腔都接通高压油时称为差动连接缸，如图 5-3 所示。

差动连接缸左、右两腔的油液压力相同，但是由于左腔（无杆腔）的有效面积大于右腔（有杆腔）的有效面积，故向右的作用力大于向左的作用力，活塞向右运动，同时使右腔中排出的油液（流量为 q'）也进入左腔，加大了流入左腔的流量（$q+q'$），从而也加快了活塞移动的速度。实际上活塞在运动时，由于差动连接时两腔间的管路中有压力损失，所以右腔中油液的压力稍大于左腔油液压力，而这个差值一般都较小，可以忽略不计，则差动连接时活塞推力 F_3 为

$$F_3 = p_1(A_1 - A_2)\eta_m = \frac{p_1 \pi d^2}{4}\eta_m \qquad (5\text{-}7)$$

设进入无杆腔的流量 $q_1 = q + q'$，则运动速度 v_3 为

$$v_3 = \frac{4q}{\pi d^2}\eta_v \qquad (5\text{-}8)$$

由式（5-7）和式（5-8）可知，差动连接时液压缸的推力比非差动连接时小，速度比非差动连接时大。利用这一点，可使在不加大油源流量的情况下得到较快的运动速度，这种连接方式被广泛应用于组合机床的液压动力系统和其他机械设备的快速运动中。如果要求机床往返速度相等时，即 $v_3 = v_2$，则由式（5-6）和式（5-8）得

$$\frac{4q}{\pi d^2}\eta_v = \frac{4q\eta_v}{\pi(D^2 - d^2)}$$

则

$$D = \sqrt{2}d \qquad (5\text{-}9)$$

由式（5-9）可以看出，当 $D > \sqrt{2}d$ 时，$v_3 > v_2$；当 $D < \sqrt{2}d$ 时，$v_3 < v_2$。

5.2.2　柱塞缸

如图 5-4(a) 所示为单柱塞缸，它只能实现一个方向的液压传动，反向运动要靠外力。

若需要实现双向运动，则必须成对使用，成为双柱塞缸，如图 5-4(b) 所示。这种液压缸中的柱塞和缸筒不接触，运动时由缸盖上的导向套来导向，因此缸筒的内壁不需要精加工。它特别适用于行程较长且无往返要求的场合。

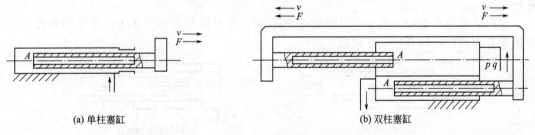

(a) 单柱塞缸　　　　　　　　(b) 双柱塞缸

图 5-4　柱塞缸

柱塞缸输出的推力 F 和速度 v 各为

$$F = pA\eta_m = p\frac{\pi}{4}d^2\eta_m \qquad (5\text{-}10)$$

$$v = \frac{q\eta_v}{A} = \frac{4q\eta_v}{\pi d^2} \qquad (5\text{-}11)$$

式中　d——柱塞直径。

5.2.3　其他液压缸

（1）增压缸

增压缸又称为增压器，它利用活塞和柱塞有效面积的不同使液压传动系统中的局部区域

获得高压。它有单作用和双作用两种类型。单作用增压缸的工作原理如图 5-5(a) 所示。

当输入活塞缸的液体压力为 p_1、活塞直径为 D、柱塞直径为 d 时，柱塞缸中输出的液体压力为高压。其值为

$$p_2 = p_1 \frac{D^2}{d^2} = K p_1 \tag{5-12}$$

式中，$K = D^2/d^2$ 称为增压比，它代表增压缸的增压程度。

显然，增压能力是在降低有效能量的基础上得到的，也就是说增压缸仅仅是增大输出的压力，并不能增大输出的能量。

单作用增压缸在柱塞运动到终点时，不能再输出高压液体，需要将活塞退回到左端位置，再向右运动时才又输出高压液体。为了克服这一缺点，可采用双作用增压缸，如图 5-5(b)所示。双作用增压缸由两个高压端连续向系统供油，读者可试着分析此油路（如何实现双向增压）。

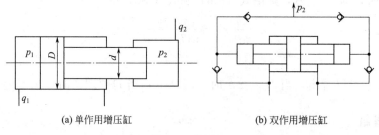

(a) 单作用增压缸　　　　　(b) 双作用增压缸

图 5-5　增压缸

（2）伸缩缸

伸缩缸由两个或多个活塞缸套装而成，前一级活塞缸的活塞杆内孔是后一级活塞缸的缸筒，伸出时可获得很长的工作行程，缩回时可保持很小的结构尺寸。伸缩缸被广泛用于起重运输车辆上。

伸缩缸可以是如图 5-6(a) 所示的单作用式，也可以是如图 5-6(b) 所示的双作用式，前者靠外力回程，后者靠液压回程。

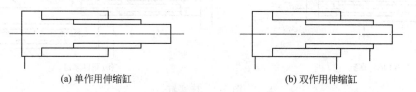

(a) 单作用伸缩缸　　　　　(b) 双作用伸缩缸

图 5-6　伸缩缸

伸缩缸的外伸动作是逐级进行的。首先是最大直径的缸筒以最低的油液压力开始外伸，当到达行程终点后，稍小直径的缸筒开始外伸，直径最小的末级最后伸出。随着工作级数变大，外伸缸筒直径越来越小，工作油液压力随之升高，工作速度变快，其值分别为

$$F_i = \frac{p_1 \pi D_i^2}{4} \tag{5-13}$$

$$V_i = \frac{4q}{\pi D_i^2} \tag{5-14}$$

式中的 i 指 i 级活塞缸。

（3）齿轮缸

如图 5-7 所示为齿轮缸。它由两个柱塞和一套齿轮齿条传动装置组成，当液压油推动活

塞左右往复运动时，齿条就推动齿轮往复转动，从而
由齿轮驱动工作部件做往复旋转运动。

（4）摆动缸

摆动缸也称为摆动马达。当它通入液压油时，它
的主轴输出小于 360° 的摆动运动。

如图 5-8(a) 所示为单叶片式摆动缸，它的摆动角
度较大，可达 300°。当摆动缸进、出油口压力分别为
p_1 和 p_2、输入流量为 Q 时，它的输出转矩 T 和角速
度 ω 分别为

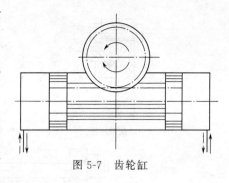

图 5-7 齿轮缸

$$T=b\int_{R_1}^{R_2}(p_1-p_2)r\,\mathrm{d}r=\frac{b}{2}(R_2^2-R_1^2)(p_1-p_2) \tag{5-15}$$

$$\omega=2\pi n=\frac{2Q}{b(R_2^2-R_1^2)} \tag{5-16}$$

式中 b——叶片的宽度；

R_{12}、R_2——叶片底部和顶部的回转半径。

如图 5-8(b) 所示为双叶片式摆动缸，它的摆动角度和角速度为单叶片式的一半，而输
出转矩是单叶片式的两倍。如图 5-8(c) 所示为摆动缸的职能符号。

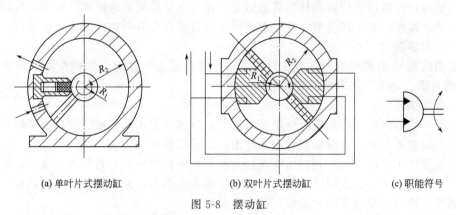

(a) 单叶片式摆动缸   (b) 双叶片式摆动缸   (c) 职能符号

图 5-8 摆动缸

5.2.4 液压缸的典型结构和组成

从上述介绍可以看到，液压缸的典型结构基本上可以分为缸筒和缸盖、活塞和活塞杆、
密封装置、缓冲装置和排气装置 5 个部分，分述如下。

（1）缸筒和缸盖

一般来说，缸筒和缸盖的结构形式和其使用的材料有关。工作压力 $p<10\mathrm{MPa}$ 时，使
用铸铁；$p<20\mathrm{MPa}$ 时，使用无缝钢管；$p>20\mathrm{MPa}$ 时，使用铸钢或锻钢。如图 5-9 所示为
缸筒和缸盖的常见结构形式。图 5-9(a) 所示为法兰连接式，结构简单，容易加工，也容易
拆装，但外形尺寸和重量都较大，常用于铸铁制的缸筒上。图 5-9(b) 所示为半环连接式，
它的缸筒端部因开了环形槽而削弱了强度，为此有时要加厚缸壁；它容易加工和拆装，重量
较轻，常用于无缝钢管或锻钢制的缸筒上。图 5-9(c) 所示为螺纹连接式，它的缸筒端部结
构复杂，外径加工时要求保证内、外径同心，拆装要使用专用工具，它的外形尺寸和重量较
小，常用于无缝钢管或铸钢制的缸筒上。图 5-9(d) 所示为拉杆连接式，结构的通用性大，
容易加工和拆装，但外形尺寸较大，且较重。图 5-9(e) 所示为焊接连接式，结构简单，尺
寸小，但缸底处内径不易加工，且可能引起变形。

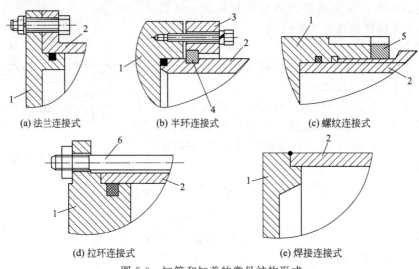

图 5-9　缸筒和缸盖的常见结构形式
1—缸盖；2—缸筒；3—压板；4—半环；5—防松螺帽；6—拉杆

（2）活塞和活塞杆

可以把短行程液压缸的活塞杆与活塞做成一体，这是最简单的形式。但当行程较长时这种整体式活塞组件的加工较费事，所以常把活塞与活塞杆分开制造，然后再连接成一体。

（3）密封装置

常采用的是 O 形密封圈和唇型密封圈，用于密封端盖与缸筒之间的配合。静密封时采用 O 形密封圈，动密封时采用唇型密封圈。

（4）缓冲装置

液压缸一般都设有缓冲装置，特别是对大型、高速或要求高的液压缸，为了防止活塞在行程终点时和缸盖相互撞击而引起噪声或冲击，必须设置缓冲装置。

缓冲装置的工作原理是：利用活塞或缸筒在其走向行程终端时封住的活塞和缸盖之间的部分油液，强迫它从小孔或细缝中挤出，以产生很大的阻力，使工作部件受到制动，逐渐减慢运动速度，达到避免活塞和缸盖相互撞击的目的。

如图 5-10（a）所示，当缓冲柱塞进入与其相配的缸盖上的内孔时，孔中的液压油只能通过间隙 δ 排出，使活塞速度降低。由于配合间隙不变，故随着活塞运动速度的降低，起缓冲作用。当缓冲柱塞进入配合孔之后，油腔中的油只能经节流阀排出，如图 5-10（b）所示。

由于节流阀是可调的，因此缓冲作用也可调节，但仍不能克服速度降低后缓冲作用减弱的缺点。如图 5-10（c）所示，在缓冲柱塞上开出三角槽，随着柱塞逐渐进入配合，其节流面积越来越小，解决了在行程最后阶段缓冲作用过弱的问题。

（5）放气装置

液压缸在安装过程中或长时间停放后重新工作时，液压缸里和管道系统中会渗入空气，为了防止执行元件出现爬行、噪声和发热等不正常现象，需要把缸中和系统中的空气排出。一般可在液压缸的最高处设置进、出油口把气带走，也可在最高处设置如图 5-11（a）所示的放气孔或如图 5-11（b）所示的专门的放气阀。

在液压系统开始工作前，必须先打开排气装置，使工作台空载全行程往复数次，把空气排尽后，再将排气装置关闭。

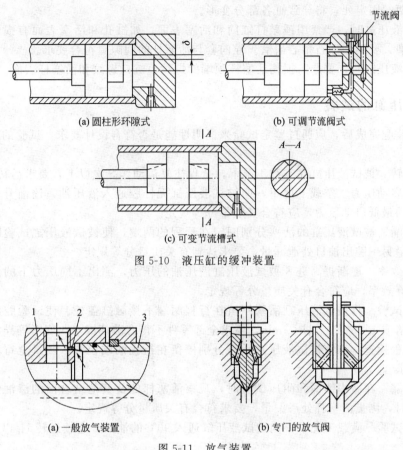

(a) 圆柱形环隙式　　　　　　　　　(b) 可调节流阀式

(c) 可变节流槽式

图 5-10　液压缸的缓冲装置

(a) 一般放气装置　　　　　　　　(b) 专门的放气阀

图 5-11　放气装置

1—缸盖；2—放气小孔；3—缸体；4—活塞杆

5.2.5　液压缸的安装与维护

通常情况下，安装与维护液压缸时的注意事项如下。

① 装配前用汽油或煤油把零件清洗干净。

② 装配前注意检查各零件的尺寸精度、形位误差、表面粗糙度等是否在规定范围之内，然后才能组装。

③ 装配后要保证各部件运动灵活，无卡阻现象。

④ 注意调整端盖与缸体、活塞的同轴度，在活塞（或缸体）全行程往复运动中，不得有卡阻现象。

⑤ 活塞与活塞杆的连接不得有松动现象。

⑥ 注意调整密封装置的变形量，活塞与缸筒、活塞杆与端盖之间的密封阻力不应太大，在保证不漏油的前提下，使其摩擦阻力最小。

⑦ 往设备上安装液压缸时，应注意调整与负载间的同轴度，或活塞杆与负载基座间的平行度或垂直度。

⑧ 调整排气装置。用排气塞将液压缸内的气体排除，空气排尽时喷出的油液呈澄清色（用肉眼可以观察到）。

⑨ 液压缸的基座必须有足够的刚度，否则加压时缸筒成弓形向上翘，会使活塞杆弯曲。

⑩ 缸的轴向两端不能固定死。由于缸内受液压力和热膨胀等因素的作用，会产生轴向

伸缩，若缸两端固定死，将导致缸各部分变形。

⑪ 拆装液压缸时，严禁用锤敲打缸筒和活塞表面。如缸孔和活塞表面有损伤时，不允许用砂纸打磨，要用细油石精心研磨。导向套与活塞杆的间隙要符合要求。

⑫ 拆装液压缸时，要严防损伤活塞杆顶端的螺纹、缸口螺纹和活塞杆表面。

5.2.6 液压缸的试验

液压缸装配完成后，应通过鉴定试验来证明性能是否符合设计要求。试验的项目主要包括以下各项。

① 试运转 被试液压缸在空载工况下，全程往复运动作 5 次以上，要求运转正常。

② 最低启动压力 空载工况下，向被试液压缸无杆腔通入液压油，逐渐升压，记录活塞杆启动时的最低启动压力，应符合其质量分等规定。

③ 内泄漏 被试液压缸的活塞分别固定在行程的两端，使被试液压缸试验腔压力为额定压力，测量另一腔出油口处泄漏量，要求达到有关质量分等规定。

④ 负载效率 逐渐提高进入被试液压缸液压油的压力，测出不同压力下的活塞杆推力（拉力），计算效率，应符合有关质量分等规定。

⑤ 耐压试验 将被试液压缸活塞停留在行程两端不接触缸盖处。使试验腔压力为额定压力的 1.5 倍或 1.25 倍，保压 5min，要求全部零件不得有破坏或永久变形等异常现象。

⑥ 全行程检查 使被试液压缸活塞分别停留在行程两端位置，测量全行程长度，应符合设计要求。

⑦ 外渗漏 在做内泄漏和耐压试验时，观察活塞杆处及其他结合面的渗油情况；在做耐久性试验时，测量活塞杆处渗漏量，要求符合有关质量分等规定。

⑧ 高温试验 满载工况下，向被试液压缸通入 90℃ 的油液，连续运转 1h 以上，要求运转正常。

⑨ 耐久性试验 满载工况下，使被试液压缸以不低于 100mm/s 的活塞速度，以及不小于全行程 90% 的行程连续运转 6h 以上。试验完毕进行拆检，累计行程应符合规定；全部零件不允许有损坏和异常现象。

5.3 液压缸的故障分析与排除

液压缸的常见故障、原因及排除方法如表 5-2 所示。

表 5-2 液压缸的常见故障、原因及排除方法

故障现象	产生原因	排除方法
爬行	外界空气进入缸内	设排气装置或开动系统强迫排气
	密封压得太紧	调整密封，但不得泄漏
	活塞与活塞杆不同轴，活塞杆不直	校正或更换，使同轴度小于 0.4mm
	缸内壁拉毛，局部磨损严重或腐蚀	适当修理，严重者重新磨缸内孔，按要求重配活塞
	安装位置有偏差	校正
	双活塞杆两端螺母拧得太紧	调整

续表

故障现象	产生原因	排除方法
冲击	用间隙密封的活塞与缸体间隙过大，节流阀失去作用	更换活塞，使间隙达到规定要求，检查节流阀
	端头缓冲的单向阀失灵，不起作用	修正、配研单向阀与阀座或更换
	换向阀的节流阻尼未调好	调整阀的节流阻尼
	阀的选择不合适	检查使用条件，采用冲击小的阀
	液压缸走完全行程停止时的冲击	调整液压缸的缓冲装置
	回路不良	研究防止回路冲击问题，采用换向阀和调速阀来防止换向时的冲击等
	活塞杆有伤痕	检查防尘圈的情况，调查污物混入的可能情况
推力不足，速度不够或逐渐下降	由于缸与活塞配合间隙过大或 O 形密封圈损坏，使高低压侧互通	更换活塞或密封圈，调整到合适的间隙
	工作段不均匀，造成局部几何形状有误差，使高低压腔密封不严，产生泄漏	镗磨修复缸孔径，重配活塞
	缸端活塞杆密封压得太紧或活塞杆弯曲，使摩擦力或阻力增加	放松密封，校直活塞杆
	油温太高，黏度降低，泄漏增加，使缸速度减慢	校查温升原因，采取散热措施。如间隙过大，可单配活塞或增装密封环
	液压泵流量不足	检查泵或调节控制阀
外泄漏	活塞杆表面损伤或密封圈损坏，造成活塞杆处密封不严	检查并修复活塞杆的密封圈
	管接头密封不严	检修密封圈及接触面
	缸盖处密封不良	检查并修整
	安装螺钉不良	检查安装螺钉的松动情况
	放气孔处的密封不好	取下检查后，密封好
内部泄漏	活塞杆有挠曲现象	检查活塞杆受横向力的状况及咬死等情况
	偏载引起的密封件磨损	检查密封件、活塞杆、活塞的变形、磨损及断裂等
	由于污染引起密封件或缸体伤痕、咬坏	检查伤痕状态
	在速度快的情况下，使用不适当的密封件	相对于使用条件，采用合适的密封件
	安装时，密封件未装好	装好密封件
	螺钉松动	检查并拧紧
其他	安装环、耳轴等处的轴承部分的伤痕、咬死、裂纹	对强度是否满足要求、是否由污物引起等进行检查
	活塞杆头部的螺纹不好	检查负载条件和安装条件
	管路安装偏斜引起缸变形	小型液压缸发生这种情况较多，对管路安装进行检查
	外部的异常负载引起活塞杆弯曲	设计失误或活塞杆强度不足
	由于高压引起液压缸变形	强度不足或使用失误

5.4　液压缸的设计

（1）液压缸主要参数的设计计算

设计液压缸时，必须对整个系统工况进行分析，确定最大负载力，根据负载力和速度决定液压缸的主要结构尺寸，然后根据使用要求确定结构类型、安装空间尺寸、安装形式等，之后再进行结构设计。由于单活塞杆液压缸在液压传动系统中应用比较广泛，因而它的有关参数计算和结构设计具有一定的典型性。

目前液压缸的供货品种、规格比较齐全，用户可以在市场上购到所需产品。厂家也可以根据用户的要求进行设计、制造，用户一般只要提出液压缸的结构参数及安装形式即可。

（2）液压缸工作压力的确定

液压缸所能克服的最大负载和有效作用面积可表示为

$$F = pA \times 10^6 \tag{5-17}$$

式中　F——液压缸最大负载力，包括工作负载、摩擦力、惯性力等，N；

p——液压缸工作压力，MPa；

A——液压缸（活塞）有效作用面积，m^2。

上式说明，给定液压缸最大负载后，液压缸工作压力越高，活塞的有效工作面积就越小，液压缸的结构就越紧凑。但若系统压力提高，对液压元件的性能及密封要求也相应提高。在确定工作压力和活塞直径时，应根据工况要求、工作条件以及液压元件供货等因素综合考虑。

不同用途的液压机械，工作条件不同，工作压力范围也不同。机床液压传动系统使用的压力一般为 $2\sim8$MPa，组合机床液压缸工作范围为 $3\sim4.5$MPa，液压机常用压力为 $21\sim32$MPa，工程机械选用 16MPa 较为合适。

液压缸标准使用压力系列如表 5-3 所示。

表 5-3　液压缸标准压力系列　　　　　　　　　　　单位：MPa

0.63	1	1.6	2.5	4.0	6.3	10	16	20.0	25	31.5	40

（3）液压缸内径的确定

液压缸的内径一般根据最大工作负载来确定。

液压缸的有效工作面积为

$$A = \frac{F}{p} = \frac{\pi}{4}D^2 \tag{5-18}$$

对于无活塞杆腔，液压缸内径为

$$D = \sqrt{\frac{4F}{\pi p}} \tag{5-19}$$

对于有活塞杆腔，液压缸内径为

$$D = \sqrt{\frac{4F}{\pi p} + d^2} \tag{5-20}$$

（4）活塞直径的确定

活塞直径按受力情况决定，受拉力时取 $(0.3\sim0.5)D$，受压力时取 $(0.5\sim0.7)D$。算出活塞直径 D 和活塞杆直径 d 后，再圆整到标准值。液压缸内径系列和活塞杆直径系列如

表 5-4 和表 5-5 所示。

表 5-4　液压缸内径系列　　　　　　　　　　　　　单位：mm

8	10	12	16	20	25	32	40	50	63
80	100	125	160	200	250	320	400	500	

表 5-5　活塞杆直径系列　　　　　　　　　　　　　单位：mm

4	5	6	8	10	12	14	16	18	20
22	25	28	32	36	40	45	50	56	63
70	80	90	100	110	125	140	160	180	200
220	250	280	320	360	400				

 本章小结

　　液压缸用于实现往复直线运动和摆动，是液压传动系统中应用最广泛的一种液压执行元件。本章主要介绍了液压缸的工作原理、分类、常用液压缸的结构和基本技术参数。

　　通过学习本章内容应掌握有关液压缸的基本知识，并能在液压系统设计中根据负载的情况合理地选择或设计液压缸。

　　液压缸有时需要专门设计。设计液压缸包括以下主要内容。

　　① 确定液压缸的类型及根据需要的推力计算液压缸内径及活塞杆直径等主要参数。

　　② 对缸壁厚度、活塞杆直径、螺纹连接的强度及液压缸的稳定性等进行必要的校核。

　　③ 确定各部分结构，其中包括密封装置、缸筒与缸盖的连接、活塞结构及缸筒的固定形式等，进行工作图设计。

思考与练习题

　　5-1　液压执行元件有哪些类型？功用如何？

　　5-2　常用液压缸有哪些类型？其图形符号及特点是怎样的？

　　5-3　液压缸一般由哪些部分组成？

　　5-4　对液压缸的缸筒-缸盖组件有何基本要求？常用何种材料制造？液压缸的缸筒和缸盖间有哪些连接方式？特点如何？

　　5-5　在液压缸中加设密封装置的目的是什么？液压缸的哪些部位需要设置密封装置？

　　5-6　对液压缸密封装置主要有哪些要求？

　　5-7　液压缸有哪些常用的密封装置？

　　5-8　间隙密封和金属活塞环的原理和特点是什么？

　　5-9　橡胶密封圈的密封原理和特点是什么？

第 6 章

液压控制阀

6.1 概　述

（1）液压控制阀的作用

液压机械在工作时，工作机构经常需要启动、换向和停止，各工作机构所承受的负载又经常变化，工作机构运动速度需要进行调节。为了满足这些要求，一套完整的液压系统除了具有动力元件、执行元件外，还必须有控制和调节液压系统的压力、流量和液流方向的元件（装置），从而保证液压工作机构有准确的动作和完善的性能。这些控制和调节装置一般统称为控制阀，简称阀。

（2）液压控制阀的基本组成工作原理

各种液压控制阀的基本组成是相同的，都是由阀体、阀芯和驱动阀芯运动的元件三部分组成的。

在工作原理上，所有液压阀的阀口大小、进出油口间的压差以及通过阀口的流量之间的关系都符合孔口流量公式（$q = KA\Delta p^n$），仅各种阀的控制参数不相同而已。液压控制阀在液压系统中不做功，只对执行元件起控制作用。

（3）液压控制阀的参数

主要有规格参数和性能参数，一般注明在出厂标牌上，是选用液压阀的基本依据。阀的规格参数表示阀的大小，规定其适用范围，一般用阀的进、出油口名义通径 D_g 表示，单位为毫米。阀的性能参数表示阀的工作品质特征，一般有最大工作压力、开启压力、压力调整范围、允许背压、最大流量、额定压力损失、最小稳定流量等。必要时，还给出若干条特性曲线，使参数间的对应关系更加直观，供使用者确定不同状态下的性能参数值。

（4）对控制阀的要求和分类

液压系统对各类控制阀的要求是：

① 动作灵敏，使用可靠，工作平稳，冲击和振动要小。

② 油液通过液压阀时压力损失小。

③ 阀的密封性能好，泄漏少。

④ 结构简单、紧凑，通用性好；安装、调整和使用方便。

（5）控制阀的分类

液压控制阀的种类很多，根据其内在联系、外部特征、结构和用途等方面的不同，可进行如表 6-1 所示的分类。

表 6-1　液压控制阀的分类

分类方法	种类	详细分类
按用途分	压力控制阀	溢流阀、减压阀、顺序阀、比例压力控制阀、压力断电器等
	流量控制阀	节流阀、调速阀、分流阀、比例流量控制阀等
	方向控制阀	单向阀、液控单向阀、换向阀、比例方向控制阀
按操纵方法分	人力操纵阀	手柄及手轮、踏板、杠杆
	机械操纵阀	挡块、弹簧、液压、气动
	电动操纵阀	电磁铁控制、电-液联合控制
按连接方法分	管式连接	螺纹式连接、法兰式连接
	板式及叠加式连接	单层连接板式、双层连接板式、集成块连接、叠加阀
	插装式连接	螺纹式插装、法兰式插装

6.2　方向控制阀

　　方向控制阀是利用阀芯和阀体间的相对运动来控制液压系统中油液流动的方向或油液的通与断的一种装置。它分为单向阀和换向阀两类。在液压系统中，工作元件的启动、停止和改变运动方向都是通过控制进入工作元件内液流的通断及改变流动方向来实现的。

6.2.1　单向阀

　　单向阀的作用是控制油液的单向流动。液压系统中对单向阀的主要性能要求是：正向流动时阻力损失小，反向时密封性能好，动作灵敏。单向阀按油口通断的方式可分为普通单向阀和液控单向阀两种，其外形如图 6-1 所示。

(a) 普通单向阀　　　　　　　　(b) 液控单向阀

图 6-1　单向阀外形

　　（1）普通单向阀

　　① 作用　普通单向阀一般简称为单向阀。它的作用是仅允许油液在油路中按一个方向流动，不允许油液倒流，故又被称为止回阀或逆止阀。

　　② 工作原理　由图 6-2(a) 可知，单向阀一般由阀套（体）1、阀芯 2 和弹簧 3 组成。当压力油从进油口以压力 P_1 流入阀体时，将克服弹簧 3 作用在阀芯 2 上的弹力和阀芯与阀体孔之间的摩擦阻力，推动阀芯向右移动以打开阀口，压力油通过阀芯上的径向孔 a 和轴向孔 b，从阀体右端的出油口以压力 P_2 流出。当单向阀的出油口变为进油口时，液压油的压

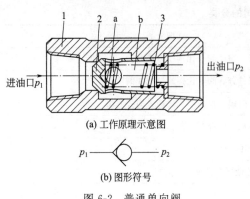

(a) 工作原理示意图

$$p_1 \quad \longrightarrow \bigcirc \longrightarrow \quad p_2$$

(b) 图形符号

图 6-2　普通单向阀

1—阀套；2—阀芯；3—弹簧

力和弹簧力共同作用在阀芯上，使阀芯紧压在阀座上，从而使阀口关闭，油液无法通过，其符号如图 6-2（b）所示。

③ 应用。

a. 单向阀用于对油缸需要长时间保压、锁紧的液压系统中；也常用于防止立式油缸停止运动时因活塞自重而下滑的回路中。

b. 在双泵供油的系统中，低压大流量泵的出口处必须设置单向阀，以防止高压小流量泵的输出油液流入低压泵内。

c. 单向阀也常安装在泵的出口处，一方面可防止系统中的液压冲击影响泵的工作；另一方面在泵不工作时可防止系统中的油液倒灌入油泵。

d. 单向阀还可以在系统中分隔油路，以防止油路间的相互干扰。

单向阀中的弹簧主要用来克服阀芯的摩擦力和惯性力，使单向阀灵敏可靠，故弹簧的刚度一般选得较小。若增大弹簧刚度，使单向阀的开启压力达到 0.2～0.6MPa 时，就可将其装于系统的回油路上作为背压阀使用了。

（2）液控单向阀

液控单向阀是一种通入控制压力油后允许油液双向流动的单向阀，其符号如图 6-3（a）所示。液控单向阀由液控装置和单向阀两部分组成，如图 6-3（b）所示，当控制油口 X 未通压力油时，其作用与普通单向阀相同——正向流通，反向截止；当控制油口 X 通入压力油（控制油）后，控制活塞 1 把单向阀的阀芯推离阀座，此时，油液正、反向均可流动。

当油液反向流动时（即由 B 口进油），进油压力即为系统的工作压力，一般较高，因而控制活塞的背压（即 A 口压力）也较高。控制油的压力因而也要很大才能推动控制活塞顶开阀芯，影响了液控单向阀的工作可靠性。目前，一般的解决办法是：

① 采用先导阀，预先卸压　在 B 口进油压力较高的情况下，在单向阀的阀芯上再装上一个小的阀芯 3，称先导阀芯（卸压阀芯），如图 6-3（c）所示，该小阀芯承压面积小，不需多大的推力便将其顶离其阀座，A、B 两腔便通过小阀芯圆杆上的小缺口相互沟通，使 B 腔卸压。这样控制活塞 1 在较低的控制油压下也能将主阀芯顶离阀座。使单向阀的反向通道打开。

② 另一种办法就是采用外泄口回油降低背压　当 B 口进油压力较高时，由于泄漏等原因，也可能造成控制活塞背压较高，即 Y 腔压力较大，如图 6-3（c）所示。此时，将控制活塞与阀体成二节同芯式配合结构，背压对控制活塞的作用面积很小，外泄口 Y 可将从 A 腔泄漏过来的油液直接流回油箱，这样开启阀芯的阻力就不大了。这种结构的阀称为外泄式液控单向阀。如图 6-3（b）所示的阀称为内泄式液控单向阀。

③ 主要性能要求和应用　液控单向阀的最小反向开启控制压力：一般要求不带卸荷阀芯的为工作压力的 40%～50%；有卸载阀芯的为工作压力的 5%。其余性能要求同普通单向阀。

液控单向阀既可以对反向液流起截止作用且密封性好，又可以在一定条件下允许正反向液流自由通过，故多用在液压系统的保压或锁紧回路中，也可用作蓄能器供油回路的充液阀。

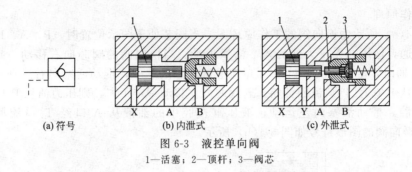

(a) 符号　　　　(b) 内泄式　　　　(c) 外泄式

图 6-3　液控单向阀

1—活塞；2—顶杆；3—阀芯

6.2.2　换向阀

　　换向阀是通过阀芯与阀体的相对运动，改变两者的相对位置使油路接通、关闭或变换油路方向，从而实现液压执行元件及其驱动机构的启动、停止或改变运动方向。液压系统对换向阀性能的要求是：油液流经换向阀时压力损失小，互不相通的油口间泄漏少，换向平稳迅速且可靠。

　　常用的滑阀式换向阀主体部分的结构形式和图形符号如表 6-2 所示。

表 6-2　常用滑阀式换向阀主体部分的结构形式和图形符号

名称	结构原理图	图形符号	图形符号的含义
二位二通	A P	A P	(1) 用方框表示阀的工作位置，有几个方框就表示有几"位" (2) 方框内的箭头表示油路处于接通状态，但箭头方向不一定表示液流的实际方向 (3) 方框内符号"丅"或"⊥"表示该通路不通 (4) 方框外部连接的接口数有几个，就表示几"通" (5) 一般，阀与系统供油路连接的进油口用字母 P 表示；阀与系统回油路连通的回油口用 T（有时用 O）表示；而阀与执行元件连接的油口用 A、B 等表示。有时在图形符号上用 L 表示泄漏油口
二位三通	A P B	A B P	
二位四通	B P A T	A B P T	
二位五通	T_1 A P T_2	A B T_1 P T_2	(6) 换向阀都有两个或两个以上的工作位置，其中一个为常态位，即阀芯未受到操纵力时所处的位置。图形符号中的中位是三位阀的常态位，利用弹簧复位的二位阀则以靠近弹簧的方框内的通路状态为其常态位。绘制系统图时，油路一般应连接在换向阀的常态位上
三位四通	A P B T	A B P T	
三位五通	T_1 A P B T_2	A B T_1 P T_2	

（1）工作原理

如图 6-4（a）所示为换向阀的工作原理图。当阀芯处于图示位置时，P、A、B、T_1、T_2 油口互不相通，液压缸无压力油流入，活塞不动。当换向阀的阀芯向右移动一定距离使 P 口和 A 口接通时，压力油从 P 口经 A 口流进液压缸的左腔，推动活塞向右运动，液压缸右腔中的油液从 B 口径 T_2 口流回油箱。若阀芯向左移动一定距离，则压力油从 P 口经 B 口流入液压缸右腔，推动活塞向左运动，液压缸左腔中的油液从 A 口经 T_1 口流回油箱。图 6-4（a）所示换向阀的图形符号如图 6-4（b）所示。

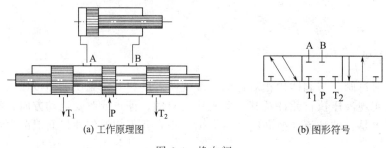

(a) 工作原理图　　　　　　　　(b) 图形符号

图 6-4　换向阀

（2）结构

滑阀式换向阀一般由阀体、阀芯和控制阀芯运动的操纵机构组成。

① 阀体　阀体常用生铁或铝合金浇注而成，阀体内除制有供阀芯滑动的内圆柱孔外，还在孔内制有多道环形槽，并在阀体上开有多个攻有螺纹的通口，以与外面的油管连接。

② 阀芯　阀芯是一根制有两个以上轴环的台阶轴，各个轴环的直径相同，它们与阀体的内孔构动配合，但间隙极小。阀芯相对于阀体的运动需要由外力操纵来实现。

③ 操纵机构

a. 手动换向阀　手动换向阀是利用手扳动杠杆来改变阀芯和阀体的相对位置，从而实现换向的。如图 6-5 所示为三位四通手动换向阀的外形图，其结构图和图形符号如图 6-6 所示。换向阀手柄有三个位置，对应于阀芯对阀体的三个位置。如图 6-6（a）所示为弹簧钢球定位式结构，扳动手柄后，手柄不会自动回到常态位，需再扳回来。如图 6-6（b）所示为弹簧自动复位结构，如果向左扳动手柄，松手后阀芯会在右边弹簧的作用下自动回复到常态位（即中位）。

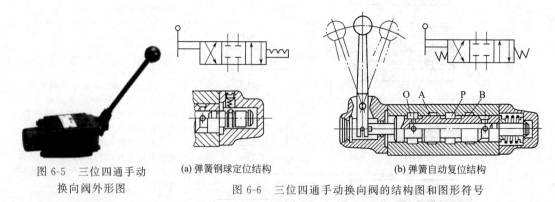

图 6-5　三位四通手动　　(a) 弹簧钢球定位结构　　　　　(b) 弹簧自动复位结构
换向阀外形图　　　　　　图 6-6　三位四通手动换向阀的结构图和图形符号

b. 机动换向阀　又称行程阀。它是利用安装在液压设备运动部件上的撞块或凸轮推动阀芯运动来进行换向的。它必须安装在液压缸的附近，其结构简单，动作可靠，换向精度较高。如图 6-7（a）所示为滚轮式二位二通机动换向阀的结构图。在图示位置，阀芯被弹簧 3

压向左端，油腔 P 和 A 不相通。当挡铁或凸轮压住滚轮 1 使阀芯 2 克服弹簧阻力移到右端时，油腔 P 和 A 接通。如图 6-7(b) 所示为其图形符号。

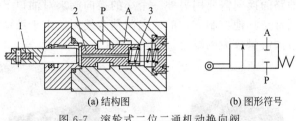

(a) 结构图　　　　　　　　(b) 图形符号

图 6-7　滚轮式二位二通机动换向阀

1—滚轮；2—阀芯；3—弹簧

c. 电磁换向阀　又称电磁阀。它是利用电磁铁的通电吸合与断电释放直接推动阀芯换位来控制液流方向的换向阀。如图 6-8 所示为三位四通电磁换向阀的外形图。如图 6-9 所示为三位四通电磁换向阀的结构与图形符号，阀的两端各有一个电磁铁和对中弹簧。阀在常态位时，阀体两端的电磁铁均不通电，阀芯只受两端的弹簧力作用。当右端的电磁铁通电吸合时，衔铁通过推杆将阀芯推向左端，换向阀在右位工作，即压力油从 P 口经 B 口流入工作元件，工作元件的回油从 A 口经 T 口流回油箱。当左端电磁铁吸合时，衔铁通过推杆将阀芯推向右端，换向阀在左位工作，即压力油从 P 口经 A 口流入工作元件的另一腔，回油从 B 口经 T 口流回油箱，工作元件反向运动。电磁铁的吸力有限，只适用于小流量的换向阀（因为在流量大时，作用在阀芯上的液动力也大），阀的流量一般在 60 L/min 以下。

图 6-8　三位四通电磁换向阀的外形图

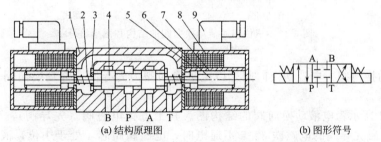

(a) 结构原理图　　　　　　　　(b) 图形符号

图 6-9　三位四通电磁换向阀的结构和图形符号

1—阀体；2—弹簧；3—弹簧座；4—阀芯；5—线圈；6—衔铁；7—隔套；8—壳体；9—插头组件

d. 液动换向阀　液动换向阀是利用控制油路的压力油直接推动阀芯来改变阀芯位置的换向阀。如图 6-10 所示为三位四通液动换向阀的外形图，其结构和图形符号如图 6-11 所示。

当控制油路的压力油从控制油口 K_2 进入阀体右腔时，阀体左腔接通 K_1 回油，压力油推动阀芯向左移动，阀芯处于右位工作。此时，油口 P 和油口 B 接通。系统的压力油从 P 口经 B 口流入工作元件，工作元件回油腔中的油液从油口 A 经回油口 T 流回油箱。当控制油路中的压力油从油口 K_1 进入阀体左腔时，阀体右腔接通 K_2 回油，阀芯处于左位工作。系统的压力油从油口 P 经油口 A 流入工作元件，工作元件的回油腔中油液从油口 B 经油口 T

流回油箱，使工作元件的运动换向。当油口 K_1 和 K_2 都无压力油通入时，阀芯在两端弹簧的作用下回到常态位（即中位），此时，油口 P、T、A、B 互不相通，处于锁闭状态。

液动换向阀控制油路的换向需要用另外一个小的换向阀来对油口 K_1 和 K_2 的供油进行切换。因此，液动换向阀常与其他控制方式的换向阀结合使用。由于液动换向阀对阀芯的推力大且可靠，故常用在过阀流量较大的场合。

图 6-10　三位四通液动换向阀外形

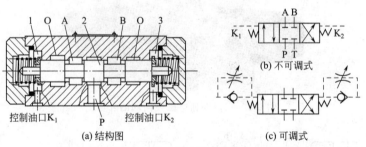

(a) 结构图

(b) 不可调式

(c) 可调式

图 6-11　三位四通液动换向阀的结构和图形符号

1—控制腔；2—阀芯；3—控制腔

e. 电液动换向阀　电液动换向阀是以电磁换向阀为先导阀、液动换向阀为主阀所组成的组合阀。

如图 6-12 所示为电液动换向阀的结构图。其上方为电磁阀（先导阀），下方为液动阀（主阀）。当电磁先导阀的电磁铁 3、5 不通电时，电磁阀阀芯 4 处于中位，液动主阀阀芯 8 因其两端油室都接通油箱，在两端对中弹簧的作用下也处于中位，此时，四油口 P、A、B、O 互不相通。电磁铁 3 通电后，电磁阀阀芯移向右位，压力油经单向阀 1 接通主阀阀芯的左端，而主阀阀芯右端油室的油经节流阀 6 和电磁阀后接通油箱，于是主阀阀芯右移，右移速度由节流阀 6 的开口大小决定，此时主油路的 P 通 A，B 通 O。同理，当电磁铁 5 通电时，电磁阀芯左移，主阀阀芯 8 也左移，其移动速度由节流阀 2 的开口大小决定，此时主油路的 P 通 B，A 通 O。电液动换向阀的图形符号如图 6-13 所示。

④ 三位四通换向阀的中位机能　三位四通换向阀处于中位（常态位）时，各油口间有各种不同的连接方式，以满足不同的使用要求。这种常态位时各油口的连通方式，称为三位四通换向阀的中位机能。中位机能不同时，对系统的控制性能也就不同。表 6-3 列出了常见

的几种三位四通阀的中位机能的结构原理、机能代号、图形符号及其特点和作用。从表中可以看出，不同的中位机能是通过改变阀芯的形式和尺寸得到的。

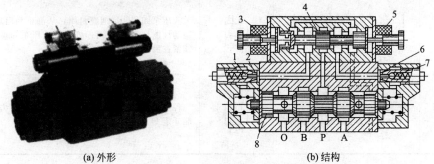

(a) 外形　　　　　　　　　　　　　　　(b) 结构

图 6-12　电液动换向阀

1—单向阀；2—节流阀；3—电磁铁；4—电磁阀阀芯；
5—电磁铁；6—节流阀；7—单向阀；8—液动阀阀芯（主阀芯）

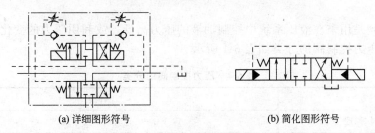

(a) 详细图形符号　　　　　　　　　　　　(b) 简化图形符号

图 6-13　电液动换向阀图形符号

表 6-3　三位四通滑阀的中位机能

机能代号	结构原理图	中位图形符号	机能特点和作用
O		A B ┬┬ T P	各油口全部封闭，缸两腔封闭，系统不卸荷，液压缸充满油，从静止到启动平稳；制动时运动惯性引起的液压冲击较大；换向位置精度高
H		A B T P	各油口全部连通，系统卸荷，缸成浮动状态，液压缸两腔接油箱，从静止到启动有冲击；制动时油口互通，故制动较 O 形平稳，但换向位置变动大
P		A B T P	压力油口 P 与缸两腔连通，回油口封闭，可形成差动回路；从静止到启动较平稳；制动时缸两腔均通压力油，故制动平稳；换向位置变动比 H 形的小，应用广泛
Y		A B T T	液压泵不卸荷，缸两腔通回油，缸成浮动状态，由于缸两腔接油箱，从静止到启动有冲击；制动性能介于 O 形与 H 形之间
K		A B T P	液压泵卸荷，液压缸一腔封闭，一腔接回油，两个方向换向时性能不同

续表

机能代号	结构原理图	中位图形符号	机能特点和作用
M			液压泵卸荷，缸两腔封闭，从静止到启动较平稳；制动性能与O形相同；可用于液压泵卸荷，液压缸锁紧在液压回路中
X			各油口半开启接通，P口保持一定的压力；换向性能介于O形和H形之间

6.3　压力控制阀

压力控制阀是用来在液压系统中控制油液的压力高低，或利用压力的变化实现某种动作的阀。常见的压力控制阀的分类如表6-4所示。

表6-4　压力控制阀的分类

分类方法	种类
按工作原理	直动式、先导式
按阀芯结构	滑阀、球阀、锥阀
按功能	溢流阀、减压阀、顺序阀、平衡阀、压力继电器

6.3.1　溢流阀

溢流阀在系统中的作用是使被控制的系统或回路的压力保持恒定，实现稳压、调压和限压的作用，防止系统过载。

（1）溢流阀的原理

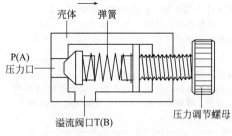

图6-14　溢流阀的原理示意图

如图6-14所示为溢流阀的原理示意图。

在静止位置，溢流阀关闭。如果进口压力达到开启压力（弹簧的压紧力），则P(A)口与T(B)口接通。当P(A)口与T(B)口之间压差小于设定压力时，溢流阀再次关闭。箭头表示流动方向。

（2）溢流阀的应用

溢流阀在定量泵液压系统中特别重要。溢流阀常应用在下面几个方面：

① 安全阀　溢流阀用作安全阀时，它总是安装在液压泵旁。这种阀几乎都调定在泵的最高压力值上，只是在过载前才开启，起保护作用。

② 支持阀　用于对拉力载荷的抵抗，阀作用在惯性体上。这种阀必须是均压的，而且油箱的接口是可加载荷的。

③ 制动阀　这种阀在换向阀突然截止时，限制可能由惯性力产生的压力尖峰值。

④ 调压阀　调压回路设有安全阀和调压阀。溢流阀可作安全阀用以限制系统的最高工作压力，溢流阀的调整压力应是系统最高工作压力的1.1～1.2倍。系统正常工作时，阀为

常闭状态，只有过载时阀才打开，以保证系统的安全。溢流阀作调压阀用时，其压力根据工作需要随时调整。

（3）溢流阀的类型

① 直动式溢流阀　如图 6-15 所示为直动式溢流阀。它由阀体 1、锥阀芯 2、弹簧 3 和调压螺钉 4 组成。压力油从进油口 P 进入阀体后，直接作用在阀芯锥面上的力为 pA（A 为进油孔横截面积），阀芯上端同时也作用着弹簧力 F。若 $pA<F$，则锥阀被压在阀座上，无油液从 T 口流出，随着系统压力的升高，若 $pA>F$，则推开阀芯使阀口打开，油液就从进油口 P 流入，从回油口 T 流回油箱，使进油压力不会继续升高。当通过溢流阀的流量变化时，阀口的开度即弹簧压缩量也随之改变。实际上弹簧压缩量的变化很小，可以认为阀芯在液压力和弹簧力的作用下保持平衡，即溢流阀进口处的油液压力基本保持为定值。直动式溢流阀一般只用于低压小流量处。系统压力较高时应采用先导式溢流阀。

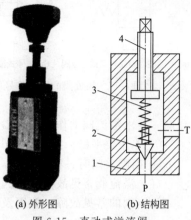

(a) 外形图　　(b) 结构图

图 6-15　直动式溢流阀
1—阀体；2—锥阀芯；3—弹簧；
4—调压螺钉

② 先导式溢流阀　如图 6-16 所示为板式连接的先导式溢流阀。它由先导阀 1 和主阀 2 组成，先导阀就是一个小规格的直动式溢流阀，而主阀阀芯是一个端部成锥形、上面开有阻压小孔 R 的圆柱筒。

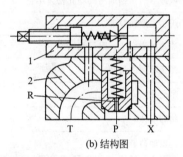

(a) 外形图　　　　　(b) 结构图

图 6-16　先导式溢流阀

　　油液从进油口 P 进入阀体后，压力作用在主阀阀芯的锥面上的同时，也通过阻尼小孔进入主阀弹簧腔，弹簧腔中的油液经阀体上的阻尼小孔进入先导阀右腔，并作用在先导阀的阀芯上（锥面），此时，外控口 X 关闭。当进油压力不高时，作用在先导阀阀芯上的液压力小于先导阀阀芯上的弹力，先导阀口关闭，阀内无油液流动，主阀弹簧腔内的油液压力和进油压力相等，主阀阀芯被弹簧压在阀座上，主阀口也关闭，溢流阀不再溢流。当进油的压力升高到作用在先导阀阀芯上的力能克服先导阀的弹力时，先导阀芯被液压力推动左移，打开了先导阀阀口，主阀弹簧腔中的油液经先导阀、阀体上的溢流通道和回油口 T 流回油箱。主阀弹簧腔中的油液通过先导阀阀口流动，那么在主阀阀芯上的阻尼小孔 R 中也有油液在流动，由于 R 孔径小，流经 R 孔时便有压力损失，所以使主阀弹簧腔中的油液压力小于主阀阀芯锥形面上的压力。当这个压力差大到足以克服作用在主阀阀芯上的弹力时，主阀阀芯上移，使进油口与回油口相通，达到溢流稳压的作用。调节先导阀的调压螺钉，可调整溢流压力。

（4）表示方法

溢流阀的图形符号如图 6-17 所示。其中，图 6-17(a) 所示为一般溢流阀或直动式溢流

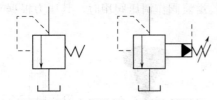

(a) 一般溢流阀或直动式溢流阀　(b) 先导式溢流阀

图 6-17　溢流阀的图形符号

阀的符号，图 6-17（b）所示为先导式溢流阀的符号。虚折线表示溢流阀阀口的开、关是由进油压力控制的。图 6-17（b）中的虚直线表示先导阀的外控口，一般情况堵住不用，只有在远程调压时才使用。

（5）溢流阀的性能要求

① 定压精度要高　当通过溢流阀的流量发生变化时，系统中的压力变化要小，即静态压力超调要小。

② 灵敏度要高　当负载压力和负载流量发生变化时，要求溢流阀动作灵敏。溢流阀的灵敏度越高，则其动态超调量越小。

③ 工作要平稳，振动和噪声小。

④ 当阀关闭时，密封要好，泄漏要小。

（6）溢流阀常见故障、原因及解决方法

溢流阀的常见故障、原因及解决方法如表 6-5 所示。

表 6-5　溢流阀的常见故障、原因及解决方法

故障	原因	解决方法
压力波动大	弹簧变形或太软	更换弹簧
	锥阀与阀座孔接触不良或损坏	更换锥阀，如锥阀无损坏，卸下调整螺帽，将导杆推几下，使其接触良好
	钢球不圆，钢球与阀座孔密合不良	更换钢球，研磨阀座孔
	阀芯变形或拉毛	更换或修研阀芯
	油液污染变质，阻尼孔堵塞	更换油液，疏通阻尼孔
调整失灵	弹簧断裂或漏装	检查、更换或补装弹簧
	阻尼孔堵塞	疏通阻尼孔
	阀芯卡住	拆卸、检查、修整
	进出油口装反	检查油流方向、纠正连接
	锥阀漏装	检查、补装
严重泄漏	锥阀与阀座孔接触不良	修复或更换锥阀
	阀芯与阀体配合间隙过大	更换阀芯，调整间隙
	管接头没拧紧	重新拧紧管螺纹或螺钉
	纸垫冲破或铜垫失效	更换纸垫或铜垫
严重噪声及振动	螺帽松动	紧固螺帽
	弹簧变形不复原	检查并更换弹簧
	阀芯配合过紧	修研阀芯
	锥阀磨损	更换锥阀
	出口油路中有空气	放出空气
	流量超过允许值	调换大流量的阀
	和其他阀产生共振	略微调整阀的额定压力值

6.3.2 减压阀

（1）减压阀的功用和要求

①作用 在同一个系统中，往往有一个泵要向几个执行元件供油，而各执行元件所需的工作压力不尽相同的情况。若某执行元件所需的工作压力较泵的供油压力低时，可在该分支油路中串联一个减压阀。油液流经减压阀后，压力降低，且使其出口处相接的某一回路的压力保持恒定，这种减压阀称为定值减压阀。除此之外还有定差减压阀和定比减压阀。通常所说的减压阀是指定值减压阀，定差减压阀和定比减压阀一般用来和其他阀组成复合阀。减压阀的作用示意图如图 6-18 所示。

② 要求 对减压阀的要求是：出口压力维持恒定，不受进口压力、通过流量大小的影响。

（2）定值减压阀的工作原理

定值减压阀有直动式和先导式两种。在液压传动系统中，先导式减压阀应用较多，直动式减压阀一般用作缓冲阀。

① 直动式减压阀 如图 6-19 所示为直动式减压阀。进口压力 P_1 经减压后变为 P_2，阀芯在原始位置时，进、出口畅通，阀处于常开状态。它的控制压力引自出口，当出口压力 P_2 增大到调定压力时，阀芯处于上升的临界状态；当 p_2 继续增大时，阀芯上移，阀口关小，液阻增大，压降增大，使出口压力减小；反之，当出口压力 P_2 减小时，阀芯下移，阀口开大，液阻减小，压降减小，使出口压力回升。在上述过程中，若忽略摩擦力、阀芯重力和稳态液动力，则阀芯上只有下部的液动力（等于出口压力）和上部的弹簧力（约等于调定压力）相平衡，则可维持出口压力基本为调定压力。

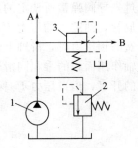

图 6-18 减压阀的
作用示意图
1—油泵；2—溢流阀；
3—减压阀；A—变矩器油路；
B—润滑油路

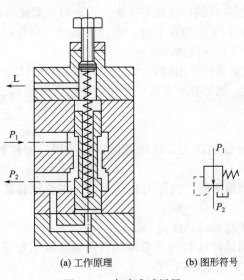

(a) 工作原理   (b) 图形符号

图 6-19 直动式减压阀

② 先导式减压阀 先导式减压阀是由先导阀和主阀组成的（见图 6-20），先导阀用于调压，主阀用于主油路的减压。先导阀的供油方式有由主阀出口供油和进口供油两种结构形式。

压力低于先导阀的调定压力时，先导阀的提动头关闭，油腔 1、油腔 2 的压力均等于出口压力，主阀的滑轴在油腔 2 里面的一根刚性很小的弹簧作用下处于最低位置，主阀滑轴凸肩和阀体所构成的阀口全部打开，减压阀无减压作用。当负载增加，出口压力 P_2 上升到超过先导阀弹簧所调定的压力时，提动头打开，压力油经排泄口流回油箱，由于有油液流过阻尼管，油腔 1 的压力 P_1 大于油腔 2 的压力 P_2，当此压力差所产生的作用力大于主阀滑轴弹簧的预压力时，滑轴上升，减小了减压阀阀口的开度，使 P_2 下降，直到 P_2 与 P_1 之差和滑轴作用面积的乘积同滑轴上的弹簧力相等时，主阀滑轴进入平衡状态，此时减压阀保持一定的开度，出口压力 P_2 保持在定值。

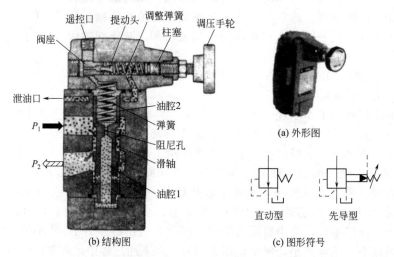

图 6-20　先导式减压阀

如果外界干扰使进口压力 P_1 上升，则出口压力 P_2 也跟着上升，从而使滑轴上升，此时出口压力 P_2 又降低，继而在新的位置取得平衡，但出口压力始终保持为定值。

又当出口压力 P_2 降到调定压力以下时，提动头关闭，则作用在滑轴内的弹簧力使滑轴向下移动，减压阀口全打开，减压阀不起减压作用。

注意：减压阀在持续做减压作用时，会有一部分油（约 1L/min）经泄油口流回油箱而损失泵的一部分输出流量，故如在一系统中使用数个减压阀时，必须考虑到泵输出流量的损失问题。

（3）减压阀的应用

① 降低液压泵输出油液的压力，供给低压回路使用，如控制回路，润滑系统，夹紧、定位和分度装置回路。

② 稳定压力。减压阀输出的二次压力比较稳定，供给执行装置工作可以避免一次压力油波动对它的影响。

③ 与单向阀并联，实现单向减压。

④ 远程减压。减压阀遥控口 K 接远程调压阀可以实现远程减压，但必须是远程控制减压后的压力在减压阀调定的范围之内。

（4）减压阀与溢流阀的区别

减压阀与溢流阀的区别如表 6-6 所示。

表 6-6　减压阀与溢流阀的区别

项目　　类别	减压阀	溢流阀
工作原理	利用出口油液压力 P_2 控制减压口的开度大小，维持出口油液压力不变	利用进口油液压力 P_1 控制溢流口的开度大小维持进口压力不变
静止状态	进、出油口互通	进、出油口不通
出口油压	出口油液压力大于零，作为支路动力油	出口油液直接流回油箱，压力为零
先导式结构	先导阀弹簧腔内的油液单独外接油箱	先导阀弹簧腔内的油液可以通过阀体上的通道与主阀溢流通道接通，不单独接油箱

6.3.3　顺序阀

（1）顺序阀的分类和工作原理

顺序阀是用来控制液压系统中各执行元件动作的先后次序的。按照控制压力油的来源不同，顺序阀分为内控式和外控式两种。前者用阀的进口压力控制阀的启闭，后者用其他的压力油来控制阀芯的启闭，也称液控顺序阀。顺序阀也有直动式和先导式两种。前者用于低压系统，后者用于中高压系统。如图 6-21 所示为顺序阀的外形图。如图 6-22 所示为直动内控式顺序阀的结构和图形符号。当进口油液压力达到或超过调定值时，阀就打开，出口有压力油液流出。因为出口压力为工作压力，所以阀内部漏油应从泄油口单独流回油箱。

图 6-21　顺序阀外形图

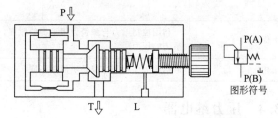

图 6-22　顺序阀的结构和图形符号

（2）顺序阀的应用及故障

为了使执行元件准确地实现顺序动作，顺序阀要求调压偏差小，因此，调压弹簧的刚度宜小。此外，还要求阀在非工作状态下的内泄漏量也要小。

顺序阀在液压系统中的主要应用有：

① 在液压系统中控制多个执行元件的动作。

② 与单向阀组成平衡阀，保持垂直放置的液压缸的活塞（或缸筒）不因自重而落下。

③ 用外控顺序阀使双泵供油的大流量泵卸荷。

④ 用内控顺序阀接在液压缸回油路上，增大背压，稳定活塞的运动速度。

顺序阀的主要故障是不起顺序作用，而油液进、出口处为常通或常闭。其常见故障及原因如表 6-7 所示。

表 6-7　顺序阀常见故障与原因

故障现象	故障原因
进、出油口常通	主阀芯阻尼孔堵塞，主阀芯卡死在开度较大处，调压弹簧断裂或漏装，先导阀阀芯与阀座密合不佳，泄漏严重
进、出油口常闭	主阀芯轴向孔堵塞，压力油无法进入主阀芯底部，泄油口未单独接油箱或泄油通道堵塞，液控顺序阀控制压力偏低，主阀卡死在关闭状态

（3）溢流阀、减压阀和顺序阀的比较

溢流阀、减压阀和顺序阀的比较如表 6-8 所示。

表 6-8　溢流阀、减压阀和顺序阀的比较

项目 \ 阀类		溢流阀	减压阀	顺序阀
控制油路的特点		通过调定弹簧的压力，控制进油路的压力，保证进口压力恒定	通过调定弹簧的压力，控制出油路的压力，保证出口压力恒定	直控式顺序阀是通过调定弹簧的压力控制进油路的压力，而液控式顺序阀由单独油路控制压力
出油口情况		出油口与油箱相连	出油口与减压回路相连	出油口与工作油路相连
泄漏形式		内泄式	外泄式	外泄式
进出油口状态及压力值	常态	常闭	常开	常闭
	工作状态	进出油口相通，进油口压力为调整压力	出口压力低于进口压力，出口压力稳定在调定值上	进出油口相通，进油口压力允许继续升高
在系统中的连接方式		并联	串联	实现顺序动作时串联，作卸荷阀用时并联
功用		限压、保压、稳压	减压、稳压	不控制系统的压力，只利用系统的压力变化来控制油路的通断
工作原理		利用控制压力与弹簧力相平衡的原理，改变滑阀移动的开口量，通过开口量的大小来控制系统的压力		
结构		结构大体相同，只是泄油路不同		

6.3.4　压力继电器

压力继电器是一种将油液的压力信号转换为电信号的电液控制元件，如图 6-23 所示。

（1）结构与工作原理

当油液的压力达到压力继电器的调定压力时，即发出电信号以控制电磁铁、电磁离合器、继电器等元件动作，使系统中的油路换向、卸压，执行元件实现顺序动作、关闭电动机、液压系统停止工作或起安全保护作用等。压力继电器按结构特点分为柱塞式、弹簧管式、膜片式等几种。如图 6-24 所示为柱塞式压力继电器的结构示意图和图形符号。

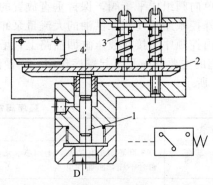

图 6-23　压力继电器外形　　图 6-24　柱塞式压力继电器的结构示意图和图形符号
1—柱塞；2—杠杆；3—弹簧；4—开关

当系统的压力油流入控制口 P 后，便作用在柱塞 1 的下端面上，当油液的作用力大于或等于弹簧的弹力时，推动柱塞 1 上移，柱塞上端面便推动杠杆 2 摆动，推动开关 4，接通或断开电路。改变弹簧 3 的压缩量便可改变压力继电器的动作压力。

（2）压力继电器的应用

压力继电器在液压系统中的应用较多，可用于安全保护，也可用于控制执行元件的动作顺序，还可用于液压泵的启闭或卸荷。平面磨床的主电动机的启动就应用了压力继电器。

*6.3.5　增压器及其应用

若回路内有三个以上的液压缸，其中有一个需要较高的工作压力，而其他的仍用较低的工作压力，此时即可用增压器提供高压给那个特定的液压缸；或是在液压缸进到底时，不用泵而增压时用增压器，如此可使用低压泵产生高压，以降低成本。如图 6-25 所示为增压器的动作原理及图形符号。

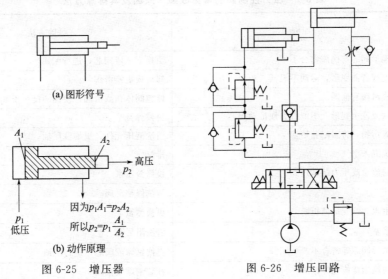

图 6-25　增压器

图 6-26　增压回路

如图 6-26 所示为增压器应用的例子，当液压缸不需高压时，由顺序阀来截断增压器的进油；当液压缸进到底时压力升高，油又经顺序阀进入增压器以提高液压缸的推力。图中减压阀是用来控制增压器的输入压力的。

*6.3.6　比例式压力阀

前面所述的压力阀都需用手动调整的方式来做压力设定，若应用时碰到需经常调整压力或需多级调压的液压系统，则回路设计将变得非常复杂，操作时只要稍不注意就会失控。若回路要有多段压力，采用传统做法则需多个压力阀与方向阀；但亦可只用一个比例式压力阀和控制电路来产生多段压力。

比例式压力阀是以电磁线圈所产生的电磁力，来取代传统压力阀上的弹簧设定压力。由于电磁线圈产生的电磁力是和电流的大小成正比的，因此控制线圈电流就能得到所要的压力，且可以无级调压（一般的压力阀仅能调出特定的压力）。

比例式压力阀的结构可参阅有关资料，其图形符号如图 6-27 所示。

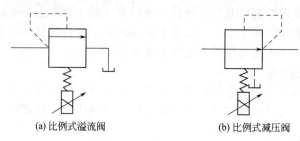

(a) 比例式溢流阀　　　　　　　(b) 比例式减压阀

图 6-27　比例式压力阀

6.3.7　压力控制阀的常见故障及其排除方法

压力控制阀的常见故障、原因及其排除方法如表 6-9 所示。

表 6-9　压力控制阀的常见故障、原因及其排除方法

常见故障	原因	排除方法
压力波动	钢球或锥形阀芯与阀座密合不严	更换钢球或阀芯，进行配研
	滑阀拉毛或弯曲变形，运动不灵活	修理或更换滑阀
	阀体孔或滑阀有椭圆	修整阀体孔或滑阀，使椭圆度小于 $5\mu m$
	弹簧太软或发生变形，不能有力地推动阀芯	更换弹簧
	油液混入污物，将阻尼孔堵塞	清洗液压元件，更换液压油
	液压系统混入空气	排气
	液压泵的流量或压力脉动过大	检修液压泵
调整无效	滑阀卡住	清洗修整滑阀
	弹簧发生永久性变形或折断	更换弹簧
	阻尼孔堵塞	清洗阻尼孔
	钢球和锥形阀芯等密合不严	更换钢球或阀芯，进行配研
	漏装单向阀钢球或先导锥阀	补装钢球或锥阀
	进出油口装反	纠正进出油口位置
	回油不畅	疏通回油管路
噪声和振动	阀芯与阀体间隙过大，造成显著泄漏	检查精度，按要求修整
	滑阀配合过紧	修研使其配合滑块
	锥阀磨损	更换修理锥阀
	弹簧永久变形	更换弹簧
	混入空气	系统排气
	流量超过允许值	减少流量或更换大流量压力阀
	与其他元件发生共振	改变共振系统的固有频率或改变压力值
	回油不畅	疏通回油管路
泄漏	锥阀或钢球与阀座接触不良	配研钢球、锥阀和阀座
	滑阀与阀体配合间隙过大	更换滑阀，重配间隙
	各连接螺钉未紧固牢靠	紧固各连接螺钉
	溢油孔堵塞	疏通溢油孔，使之回油
	密封件损坏	更换密封件
	工作压力过高	降低工作压力或选用额定工作压力高的压力阀

6.4　流量控制阀

液压系统中执行元件运动速度的大小，由流入执行元件的油液流量的大小来决定。流量控制阀就是靠改变阀口的通流面积（节流口局部阻力）的大小或通流通道的长短来控制流量的液压阀。自来水龙头就是一只流量阀。

常用的流量控制阀有节流阀、调速阀等。

6.4.1　流量控制原理

液压系统中执行元件运动速度的大小如下所示

对液压缸有

$$v = \frac{q}{A}$$

对于液压马达有

$$n = \frac{q}{V_m}$$

式中　q——流入执行元件的流量；

A——油缸进油腔的有效面积；

V_m——液压马达每转排量。

通常用改变进入执行元件的油液流量来改变其速度。

流过阀口的流量为

$$q = KA\Delta p^m$$

式中　K——节流系数；

A——孔口或缝隙的通流截面积；

Δp——孔口或缝隙的前后油液的压力差；

m——节流阀指数。

从上式中可以看出下列一些因素对流量有较大影响。

① 压力差 Δp 越大，通过孔口的流量也越大。当压力差变化越大时，流量 q 的变化也越大，流量越不稳定。实践证明，通过薄壁小孔的流量受压力差变化的影响最小。

② 温度的变化主要影响油液的黏度，使流过节流口时的阻力发生变化而影响流量。实践证明，对于薄壁小孔，黏度对油液的流量几乎没有影响，故温度变化时，流量基本不变。

③ 节流口的堵塞。当节流口的通流面积很小时，在其他条件都不变的情况下，通过节流口的流量出现周期性波动甚至断流，这就是节流口的堵塞现象。这种现象主要是油液中有杂质或油液氧化后生成的胶质造成的。由于堵塞现象在节流口通流面积很小时容易出现，因而对节流口的最小流量有限制。在液压系统中，节流元件与溢流阀并联于液压泵的出口。这样，溢流阀使系统压力恒定，成为恒压油源，在液压泵输出流量 q 不变的情况下，溢流阀可将节流元件消化不了的流量通过溢油口流回油箱。若通过节流阀进入油缸的流量为 q_1，经过溢流阀流回油箱的流量为 q_2，则 $q_1 + q_2 = q$。若在液压回路中仅有节流元件，而无与之并联的溢流阀，则节流阀也起不到调节流量的作用。

因为液压泵的流量 q 要经节流阀全部进入油缸，改变节流阀开口的通流截面大小，只是改变了通过节流口的压力降和流速的大小，而没有改变流量。因此，用节流阀调速是有条件的，即要求有一个接受节流元件压力信号的环节（如与之并联的溢流阀或一个恒压变量泵），来补偿节流元件的流量变化。

液压系统中使用的流量控制阀应有较宽的调节范围，能保证稳定的最小流量，温度和压力的变化对流量的影响要小，泄漏小，调节方便。

6.4.2 节流阀

（1）节流阀的原理

如图 6-28 所示的是普通节流阀，它由调节手柄 1、推杆 2、阀芯 3、弹簧 4 和阀体 5 等组成。它的节流口是阀芯右端外圆柱面上制出的轴向三角槽。压力油从进油口 P_1 进入阀体后，经通道 a 和阀芯右端外圆柱面上的三角槽式节流口后，进入阀体上的通道 b，再从出油口 P_2 流出。阀芯 3 在弹簧 4 的压力下始终顶在推杆 2 上，使阀芯的位置不变，即保持节流口的通流截面不变。旋紧调节手柄 1，通过推杆 2 将阀芯 3 向右移动一定位置，便改变了节流口的通流面积（减小），即改变了通过节流口的流量。若旋松手柄，阀芯在弹簧的压力下向左移动一定距离，也改变了节流口的通流面积（增大），使流过节流口的流量增大。压力油从进油口 P_1 进入阀体后，以通道 a 和阀芯上的节流口进入弹簧腔，再从通道 b 经出油口 P_2 流出阀外的同时，也沿阀芯上的轴向小孔进入阀芯的左端面空腔。这样阀芯的两端同时受到液压力的作用，即使在高压下工作，也能轻松地调整节流口的开度。

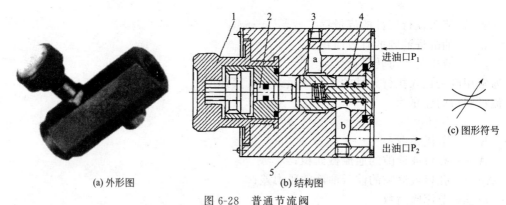

(a) 外形图　　(b) 结构图

图 6-28　普通节流阀

1—调节手柄；2—推杆；3—阀芯；4—弹簧；5—阀体

（2）节流阀的应用

普通节流阀由于负载和温度的变化对其流量稳定性影响较大，所以只适用于负载和温度变化不大或对速度稳定性要求较低的液压系统中。其主要应用有：

① 应用在定量泵与溢流阀组成的节流调速系统中，起节流调速作用。

② 在流量一定的某些液压系统中，改变节流阀节流口的通流截面积，从而改变阀的前后压力差。此时，节流阀起负载阻尼作用，简称为液阻。节流口通流截面积越小，则阀的液阻越大。

③ 在液流压力容易发生突变的地方安装节流阀，可延缓压力突变的影响，起保护作用。

6.4.3 调速阀

（1）工作原理

调速阀是由定差减压阀和节流阀串联而成的组合阀，如图 6-29 所示为其外形图。节流阀通过节流口的开度大小来调节通过的流量，定差减压阀则自动补偿负载变化对流量的影响，保持节流口前后的压差不变。

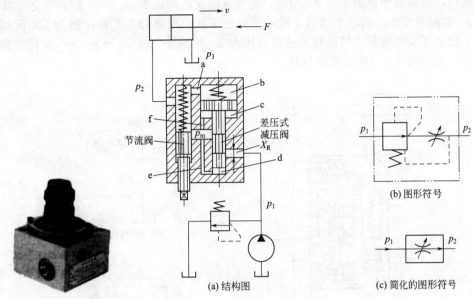

图 6-29　调速阀外形图

图 6-30　调速阀的工作原理

调速阀的工作原理如图 6-30 所示。右边是减压阀，左边是节流阀。调速阀进油口的油液压力为 p_1，由溢流阀调节，基本上保持恒定。压力为 p_1 的油液经减压阀节流口 X_R 后压力变为 p_m，p_m 经节流阀口流出变为 p_2，经推导可得

$$\Delta p = p_m - p_2 = \frac{F_s}{A}$$

式中　A——b 腔中上面的面积，是一个定值；

　　　F_s——弹簧力。

由于弹簧刚度低，阀芯位移小，故 Δp 可认为不变，这就保证了通过节流阀的流量的稳定。

（2）调速阀的应用

① 与节流阀一样，调速阀在定量泵液压系统中的主要作用是，与溢流阀配合组成节流调速回路。调速阀可与变量泵组合成容积节流调速回路，调速范围大，适合于大功率、速度稳定性要求高的系统。

② 因调速阀的调速刚性大，更适合于执行元件负载变化大、运动速度稳定性要求高的调速系统。

③ 普通调速阀可装在进油路、回油路或旁油路上，也可用于执行机构往复节流调速回路。

6.5　溢流节流阀——旁通型调速阀

（1）结构与工作原理

溢流节流阀也是一种压力补偿型调速阀。如图 6-31 所示为其结构及图形符号，它由在右边的溢流阀和左边的节流阀组合而成。从液压泵输出的压力为 p_1 的油液进入阀体后，一部分通过阀体上的通道进入溢流阀阀芯的 c 腔和 b 腔，一部分经溢流阀 3 的溢流口流回油箱，另一部分经节流阀 4 后压力变为 p_2 流经油缸的左腔，推动活塞以速度 v 伸出，同时也有一部分进入溢流阀阀芯的上腔 a。当负载 F 增大时，压力 p_2 升高，推动溢流阀阀芯下移，

关小溢流口，这样就使供油压力 p_1 增加，使节流阀前后的压差 p_1-p_2 基本不变。当 F 减小时，p_2 也跟着变小，阀芯上端面 a 腔的压力也下降，致使阀芯上移，加大了溢流阀 3 的溢流口，增大了溢流流量，使液压泵的供油压力 p_1 也减小，使 p_1-p_2 基本保持定值。这种阀带有一安全阀 2，以防止系统过载。

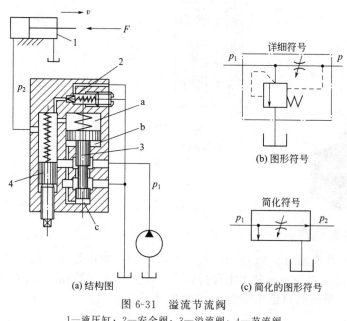

图 6-31　溢流节流阀
1—液压缸；2—安全阀；3—溢流阀；4—节流阀

（2）溢流节流阀与调速阀的区别

溢流节流阀是通过 p_1 随 p_2 变化来使流量保持不变的，它与调速阀虽然都有压力补偿作用，但在组成调速系统时是有区别的。调速阀无论是装在液压回路的进油路上还是回油路上，也不管负载是变大或变小，液压泵出口处的油液压力均由系统中的溢流阀保持其值不变。而溢流节流阀只能装在进油路上，且 p_1 是随 p_2（负载引起的压力）的变化而变化的。因此，液压泵出口处油液的压力 p_1 不是恒定的，而是一个变值，而且溢流节流阀中流过的流量比调速阀大。

*6.6　插装阀

本章前面介绍的方向、压力和流量三类普通液压阀，一般来说功能单一，其通径最大不超过 32mm，而且结构尺寸大，不适应小体积、集成化的发展方向和大流量液压系统的应用要求。因此，20 世纪 70 年代初，发展了一种新型的液压控制阀——插装阀。

插装阀是把作为主控元件的锥阀插装在油路块中组合形成的阀件，故得名插装阀。它具有通流能力大、密封性能好、抗污染、集成度高和组合形式灵活多样等特点，特别适合大流量液压系统的要求。

6.6.1　插装阀的结构与工作原理

如图 6-32 所示为二通插装阀的结构原理图和图形符号，它由控制盖板、插装主阀（阀套、弹簧、阀芯及密封件）、插装块体和先导元件（位于控制盖板上方，图中未画出）组成。

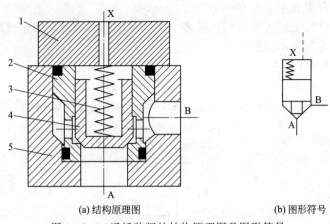

(a) 结构原理图　　　　　(b) 图形符号

图 6-32　二通插装阀的结构原理图及图形符号

1—盖板；2—阀套；3—弹簧；4—阀芯；5—插装块体

插装主阀采用插装式连接，阀芯为锥形。根据不同的需要，阀芯的锥端可开阻尼孔或节流三角槽，也可以是圆柱形阀芯。盖板将插装主阀封装在插装块体内，并沟通先导阀和通过主阀阀芯的启闭，可对主油路的通断起控制作用。使用不同的先导阀可构成方向控制阀、压力控制阀或流量控制阀，并可组成复合控制阀。若干个不同控制功能的二通插装阀可组成液压回路，进而组成液压系统。

（1）方向控制插装阀

就工作原理而言，一个二通插装阀相当于一个液控单向阀，只有 A 和 B 两个主油路通口（所以称为二通阀），X 为控制油路通口。设 A、B、X 油口的压力及其作用面积分别为 p_A、p_B、p_X 和 A_1、A_2、A_3，$A_3 = A_1 + A_2$。如不考虑阀芯的重力和液流的液动力，当 $p_A A_1 + p_B A_2 > p_X A_3 + F_s$ 时，阀芯开启，油路 A、B 接通。其中，F_s 为弹簧作用力。

如果阀的 A 口通压力油，B 口为输出口，改变控制油口 X 的压力便可控制 B 口的输出。当控制油口 X 接油箱时，A、B 接通；当控制油口 X 通控制压力 p_X 且 $p_A A_1 + p_B A_2 < p_X A_3 + F_s$ 时，阀芯关闭，A、B 不通。如图 6-33 所示的是几个二通插装方向控制阀的示例。

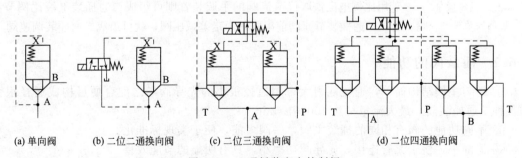

(a) 单向阀　　　(b) 二位二通换向阀　　　(c) 二位三通换向阀　　　(d) 二位四通换向阀

图 6-33　二通插装方向控制阀

如图 6-33（a）所示为单向阀。设 A、B 两腔的压力分别为 p_A 和 p_B，当 $p_A > p_B$ 时，锥阀关闭，A 和 B 不通；当 $p_A < p_B$ 且 p_B 达到一定数值（开启压力）时，便打开锥阀使油液从 B 向流向 A。如图 6-33（b）所示为二位二通换向阀，在图示状态下，锥阀开启，A 腔和 B 腔连通；当电磁阀通电且 $p_A > p_B$ 时，锥阀关闭，A、B 油路切断。

如图 6-33（c）所示为二位三通换向阀，在图示状态下，A 和 T 连通，A 和 P 断开；当电磁阀通电时，A 和 P 连通，A 和 T 断开。

如图 6-33（d）所示为二位四通换向阀，在图示状态下，A 和 T 连通，P 和 B 连通；当电磁阀通电时，A 和 P 连通，B 和 T 连通。

用多个先导阀（如上述各电磁阀）和多个主阀相配，可构成复杂位通组合的二通插装换向阀，这是普通换向阀做不到的。

（2）压力控制插装阀

对 X 腔采用压力控制可构成各种压力控制阀，其结构原理图如图 6-34（a）所示。用直控式溢流阀 1 作为先导阀来控制插装阀 2，在不同的油路连接下便构成不同的压力阀。

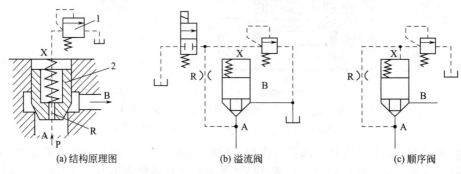

| (a) 结构原理图 | (b) 溢流阀 | (c) 顺序阀 |

图 6-34　二通压力控制插装阀

图 6-34（b）表示 B 腔通油箱，可用作溢流阀。当 A 腔油压升高到先导阀调定的压力时，先导阀打开，油液流过主阀芯阻尼孔 R 时造成两端压差，使主阀芯克服弹簧阻力开启，A 腔压力油便通过打开的阀口经 B 溢流回油箱，实现溢流稳压。当二位二通阀通电时便可作为卸荷阀使用。

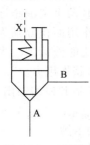

图 6-35　二通流量控制插装阀

图 6-34（c）表示 B 腔接一有载油路，则构成顺序阀。此外若主阀采用油口常开的圆锥阀芯，则可构成二通减压阀；若以比例溢流阀作先导阀，代替图中直控式溢流阀则可构成二通电液比例溢流阀。

（3）流量控制插装阀

若在二通插装方向控制阀的盖板上增加阀芯行程调节器以调节阀芯的开度，这个方向阀就兼具了节流阀的功能，即构成了二通流量控制插装阀，其符号表示如图 6-35 所示。

若用比例电磁铁取代节流阀的手调装置则可组成二通插装电液比例节流阀。若在二通插装节流阀前串联一个定差减压阀，就可组成二通插装调速阀。

6.6.2　插装阀的功能

① 插装主阀结构简单，通流能力大，用通径很小的先导阀与之配合便可构成通径很大的各种二通插装阀，最大流量可达 10000L/min。

② 不同功能的阀有相同的插装主阀，一阀多能，便于实现标准化。

③ 泄漏小，便于无管连接，先导阀功率小，具有明显的节能效果。

二通插装阀可广泛应用于冶金、船舶、塑料和饮料机械等大流量液压系统中。

*6.7　多路换向阀

6.7.1　多路换向阀的类型与机能

多路换向阀是由两个以上的换向阀为主体组成的组合阀，常用于工程机械、起重运输机械等行走机械上，用于集中控制多个执行元件。

按照阀体的结构形式，多路换向阀分为整体式和分片式。整体式多路换向阀是将各联换向阀及某些辅助阀装在同一阀体内，具有结构紧凑、重量轻、压力损失小、压力高、流量大的特点，但阀体铸造技术要求高，比较适合用在相对稳定及大批量生产的机械上。分片式换向阀是用螺栓将进油阀体、各联换向阀体、回油阀体组装在一起，其中换向阀的片数可根据需要加以选择。分片式多路换向阀可按不同使用要求组装成不同的多路换向阀，通用性较强，但密封面多，出现渗油的可能性较大。

按照油路的连接方式，多路阀的组合方式有并联式、串联式和顺序单动式三种，符号如图 6-36 所示。

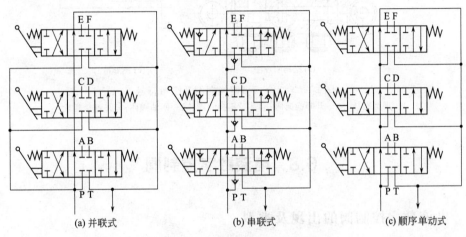

| (a) 并联式 | (b) 串联式 | (c) 顺序单动式 |

图 6-36　多路换向阀的组合形式

当多路阀为并联式组合［见图 6-36(a)］时，泵可以同时对三个或单独对其中任一个执行元件供油。在对三个执行元件同时供油的情况下，由于负载不同，三者将先后动作。

当多路阀为串联式组合［见图 6-36(b)］时，泵依次向各执行元件供油，第一个阀的回油口与第二个阀的压力油口相连，各执行元件可单独动作，也可同时动作。在三个执行元件同时动作的情况下，三个负载压力之和不应超过泵压。

当多路阀为顺序单动式组合［见图 6-36(c)］时，泵按顺序向各执行元件供油，操作前一个阀时，就切断了后面阀的油路，从而可以防止各执行元件之间的动作干扰。

6.7.2　多路换向阀的结构

如图 6-37 所示为某叉车上采用的组合式多路换向阀的结构原理图和图形符号。它是由进油阀体 1、回油阀体 4 和中间两片换向阀 2、3 组成的，彼此间用螺栓 5 连接在一起。该油路的连接方式为并联连接。在相邻阀体间装有 O 形密封圈。进油阀体 1 内装有溢流阀（图中只画出溢流阀的进口 K）。换向阀为三位六通阀。其工作原理与手动换向阀相同。当换向阀 2、3 的阀芯均未操纵时，在图示位置，泵输出的压力油从 P 口进入，经阀体内部通道直通回油阀体 4，并经回油口 T 回油箱，泵处于卸荷状态，如图 6-37(a) 所示；当向左扳动换向阀 3 的阀芯时，阀内卸荷通道被截断，油口 A、B 分别接通压力油口 P 和回油口 T；当反向扳动换向阀 3 的阀芯时，油口 A、B 分别接通回油口 T 和压力油口 P。

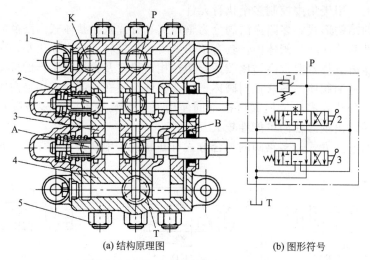

(a) 结构原理图　　　　　　　(b) 图形符号

图 6-37　组合式多路换向阀及图形符号

1—进油阀体；2—升降换向阀；3—倾斜换向阀；4—回油阀体；5—连接螺栓

*6.8　电液数字控制阀

6.8.1　电液数字控制阀的出现及类型

（1）电液数字控制阀的出现及优点

计算机对电液伺服阀和比例阀进行控制时，一般必须将输出的数字控制信号用数模转换器转换成模拟信号后输入电控放大器。20 世纪 80 年代初出现的电液数字控制阀（简称数字阀）用于系统可省去数模转换。计算机输出的数字控制信号可直接输入数字电子控制放大器，进而驱动数字阀。数字电子控制放大器线路简单，分辨率高，可使系统有很小的滞环和极高的重复精度，并且由于数字阀和比例阀的结构大体相同，与一般液压控制阀相似，故制造成本比电液伺服阀低得多。此外，数字阀对油液清洁度的要求比比例阀更低，操作、维护更简单，因而得到了较快发展。近几十年来已出现了多种流量、压力和方向数字阀。

（2）电液数字控制阀的类型

从液体控制的观点看，数字阀可分为连续液体控制和脉冲液体控制两种，两者的控制阀和驱动阀的电路不同。

用步进电动机操纵的数字阀的输出是连续的液体，这种阀又称为增量式数字阀。用高速开关电磁铁操纵的数字阀的输出是脉冲液体。产生脉冲液体的方法有脉宽调制（PWM）法、脉冲频率调制（PFM）法、脉冲数调制（PNM）法、脉冲振幅调制（PAM）法及脉码调制（PCM）法等。脉宽调制和脉码调制的数字阀已在很多领域中得到应用。下面主要介绍增量式数字阀和脉宽调制式数字阀。

6.8.2　增量式数字阀

增量式数字阀用步进电动机做电—机械转换器。增量法是由脉冲数调制演变而来的，是在脉冲信号的基础上，使每个采样周期的步数在前一个采样周期的步数基础上，增加或减少一些步数，从而达到需要的幅值。这种在原有步数基础上增加或减少一些步数以达到控制目的的方法称为增量法，用这种方法控制的阀称为增量式数字阀。

增量式数字阀控制的电液系统如图 6-38 所示。由计算机发出需要的脉冲序列，经驱动电源放大后使步进电动机按信号动作。步进电动机每得到一个脉冲后便沿控制信号给定方向转一步距角。步进电动机转动时，带动凸轮、螺纹或齿轮齿条等机构将转角 $\Delta\theta$ 转换成直线位移 Δx，从而带动阀芯或挡板等移动。按步进电动机原有位置和实际转动的步数，可得到数字阀的开度，计算机可据此控制液压缸（或马达）按需要规律运动。

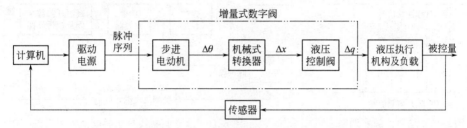

图 6-38　增量式数字阀控制的电液系统

国外已有数字流量阀、数字压力阀和数字方向流量阀等系列产品。控制方式也有直动式和先导式两类。数字流量阀及数字方向流量阀也可采用定差减压阀或定差溢流阀进行压力补偿。这里仅介绍一种步进电动机直接带动的数字节流阀，如图 6-39 所示。计算机给出的脉冲信号经驱动放大器使步进电动机转动，通过滚珠丝杠使转角转换成直线位移，带动阀芯运动，使阀口开启。步进电动机转动一定的步数，相对阀调整一定的开度，这种阀可控制相当大的流量。

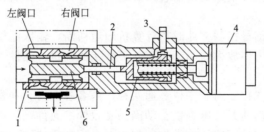

图 6-39　步进电动机直接带动的数字节流阀
1—阀套；2—连接杆；3—零位移传感器；4—步进电动机；5—滚珠丝杠；6—阀芯

该阀有两个节流阀口，阀芯中部的右节流阀口为非全周开口，左节流阀口为全周开口。阀芯右移时先打开右节流阀口，控制的流量较小，继续右移时打开左节流阀口，控制的流量较大。当阀芯开启时有使阀芯向左关闭的液动力，可抵消因连接杆而产生的向右的不平衡轴向液压力。

该阀具有温度补偿功能。当温度上升时，油液的黏度变小，阀芯、阀套及连接杆不同方向的热膨胀使阀的开口变小，从而可维持流量的稳定。该阀是开环控制的，但装有单独的零位移传感器。在每个控制周期终了，阀可由零位移传感器控制回到零位。这样可保证每个控制周期都在相同位置开始，使阀的重复精度提高。

*6.9　脉宽调制式数字阀

脉宽调制信号是具有恒定频率、不同开启时间比率的信号，如图 6-40 所示。脉宽时间 t_p。对采样时间 T 的比值称为脉宽占空比。对连续信号进行调制时，可将如图 6-40（a）所示的连续信号调制成如图 6-40（b）所示的脉宽调制信号。若被调制的量是流量，则每采样周期的平均流量 $\overline{q}=q_{n}t_{p}/T$ 就与连续信号处的流量相对应。

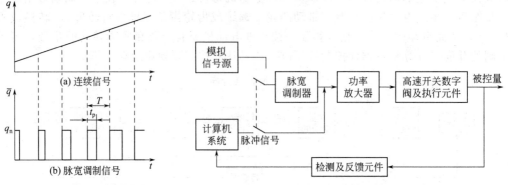

图 6-40　信号的脉宽调制　　　　　图 6-41　脉宽调制式数字阀电液控制系统

脉宽调制式数字阀电液控制系统如图 6-41 所示。由计算机产生的脉宽调制的脉冲序列经功率放大器后驱动高速开关数字阀，控制流量、压力使执行元件克服负载阻力运动。在需要两个方向运动的系统中，需要两个数字阀分别控制不同方向的运动，其中与执行元件回油口相通的阀必须保持与系统回油相通。在闭环系统中，由传感器（数字传感器或模拟传感器经模数转换器转换）检测的输出信号反馈到计算机中形成闭环控制。

如果信号是确定的周期信号或其他给定信号，可经预先编程由计算机产生；如果信号是不确定的，则信号源需要经模数转换器转换后输入计算机，计算机再将信号进行脉宽调制后输出。

系统也可采用模拟信号控制。此时将计算机通道切断，输入的模拟信号由脉宽调制器完成脉宽调制，经功率放大器放大后驱动高速开关数字阀和执行元件。计算机控制和模拟信号控制时功放部分是相同的。

高速开关数字阀有二位二通和二位三通两种，两者各有常开和常闭两类。其电—机械转换器可采用力矩马达、高速开关电磁铁、动圈、磁致伸缩元件、压电晶体元件等。为减小泄漏和提高压力，一般采用球阀或锥阀结构，但也有采用喷嘴-挡板阀的。

本章小结

本章介绍了液压传动系统中常见的控制元件——液压控制阀。按照功能分类，其可分为方向控制阀、压力控制阀和流量控制阀。方向控制阀是用来控制液压传动系统中油液流动的方向或液流的通与断的，可分为单向阀和换向阀两类；压力控制阀是用来控制和调节油液压力高低及利用压力变化实现某种动作的，可分为溢流阀、减压阀、顺序阀、压力继电器等；流量控制阀是通过改变阀口通流面积来调节通过阀的流量，从而控制执行元件（缸或马达）运动速度的阀类，可分为节流阀、调速阀、分流阀等。

除了介绍上述基本控制阀外，还介绍了现代机电控制系统中常见的电液数字控制阀和脉宽调制式数字阀。它们是用数字信号直接控制的液压控制阀。在计算机技术日益成熟的今天，用计算机对电液控制系统进行实时控制是液压传动技术发展的主要方向。

无论是哪类阀，对它们的基本要求都是动作灵敏、使用可靠、密封性能好、结构紧凑、安装调整及使用维护方便、通用性强等。另外，本章还从液压控制阀的要求、结构和性能等方面进行了分析。

 思考与练习题

6-1 液压控制阀的作用是什么？

6-2 液压控制阀按功能和控制方式是如何分类的？

6-3 液压控制阀的使用要求有哪些？

6-4 液压卡紧力是怎样产生的？它有什么危害？减小液压卡紧力的措施有哪些？

6-5 单向阀的作用是什么？普通单向阀和液控单向阀在功能上有什么区别？

6-6 换向阀在液压传动系统中起什么作用？通常按哪些方法分类？各分为哪几种类型？

6-7 什么叫滑阀机能？二位二通和二位三通换向阀有哪几种滑阀机能？

6-8 溢流阀在液压传动系统中有何作用？

6-9 减压阀有何作用？一般应用在什么场合？

6-10 减压阀为什么能够降低系统压力和保持恒定的压力？

6-11 试比较溢流阀、减压阀和顺序阀三种压力控制阀。

6-12 分析比较调速阀和旁通调速阀。

6-13 分析射流管装置的工作原理。

*6-14 电液数字控制阀与常规阀相比有哪些优点？

6-15 如题 6-15 图所示的液压缸，$A_1 = 30\text{cm}^2$，$A_2 = 12\text{cm}^2$，$F = 3 \times 10^4 \text{N}$，液控单向阀用做闭锁以防止液压缸下滑，阀的控制活塞面积 A_1 是阀芯承压面积 A_2 的 3 倍，若摩擦力、弹簧力均忽略不计，需要多大的控制压力才能开启液控单向阀？开启前液压缸中最高压力为多少？

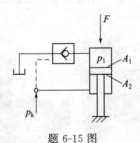

题 6-15 图

第 **7** 章

液压辅助元件 (装置)

液压辅助元件（装置）包括蓄能器、过滤器、油箱、热交换器和管系元件等。它们对系统的工作能力有着重要影响，在液压系统中都是不可缺少的组成部分。各种辅助装置在液压系统中对系统的动态性能、工作可靠性、噪声和温升等都有直接影响，必须予以重视，以利于更好地选用和维护。

7.1 油 箱

7.1.1 油箱的主要功能

在液压系统中，油箱（见图 7-1）的主要作用是储存液压系统工作所需的足够油液。此外，油箱还有散热（以控制油温）、阻止杂质进入、沉淀油中杂质及分离气泡等功能。

图 7-1 油箱

7.1.2 油箱的形式

液压油箱有总体式和分离式两种。总体式油箱是利用机械设备机体的空腔设计而成的，如利用机床床身、工程机械的机体作为油箱。分离式油箱是独立于机械设备之外的，或能与机械设备分离的油箱。这种油箱布置灵活、维修方便，能设计成通用的标准形式。

根据油箱液面与大气是否相通，油箱又可分为开式油箱和闭式油箱两种。闭式油箱内液面不与大气接触。开式油箱中油液液面和大气相通。液压系统中大多数采用开式油箱。

（1）开式油箱

如图 7-2 所示是一种分离式开式油箱结构示意图，它主要由油箱体 1 和两个侧盖 2 组成。箱体内装有隔板 9，它将液压泵吸油口 11、滤油器 12 与回油口 7 分隔开来。隔板的作用是使回油受隔板阻挡后再进入吸油腔一侧，这样可以增加油液在油箱中的流程，增强散热效果，并使油液有足够长的时间去分离空气泡和沉淀杂质。油箱顶板上装有空气过滤器 6，底部装有排放污油的堵塞 3，安装油泵和电动机的安装板 10 固定在油箱顶面上，油箱的一个侧板上装有液位计 5，卸下侧盖和顶板便可清洗油箱内部和更换滤油器。箱底 4 设计成倾斜的目的是便于放油和清洗。

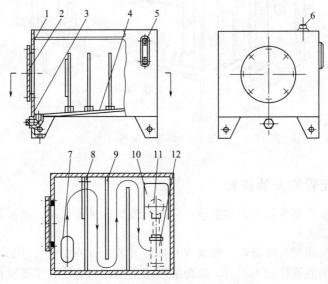

图 7-2　分离式开式油箱结构示意图

1—油箱体；2—侧盖组成；3—堵塞；4—箱底；5—液位计；6—空气过滤器；7—回油口；
8，9—隔板；10—安装板；11—吸油口；12—滤油器

（2）挠性隔离式油箱

如图 7-3 所示是一种挠性隔离式油箱，常用在粉尘特别多的场合。大气压经气囊作用在液面上，气囊使油箱内液面与外界隔离。该油箱气囊的容积应比液压泵的每分钟流量大 25% 以上。

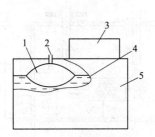

图 7-3　挠性隔离式油箱

1—气囊；2—气囊进排气口；
3—液压装置；4—液面；5—油箱

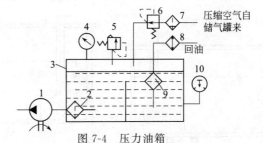

图 7-4　压力油箱

1—液压泵；2,9—滤油器；3—压力油箱；4—电接点压力表；
5—安全阀；6—减压阀；7—分水滤清器；
8—冷却器；10—电接点温度表

（3）压力油箱

如图 7-4 所示是一种压力油箱，其充气压力通常为 0.05～0.07MPa。该压力油箱改善了液压泵的吸油条件，但要求系统回油管及泄油管能承受背压。

7.1.3　油箱结构

开式油箱大部分是由钢板焊接而成的。如图 7-5 所示为工业上使用的典型焊接式油箱。

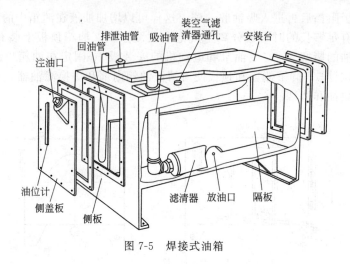

图 7-5　焊接式油箱

7.1.4　隔板及配管的安装位置

在油箱中设置隔板能够起到沉淀杂质、分离气泡及散热等作用。隔板装在吸油侧和回油侧之间，如图 7-6 所示。

油箱中常见的配油管有回油管、吸油管及排泄管等，有关安装尺寸如图 7-7 所示。吸油管的口径应为其余供油管径的 1.5 倍，以免泵吸入不良。回油管末端要浸在液面下，且其末端切成 45°倾角并面向箱壁，以使回油冲击箱壁而形成回流，这样有利于冷却油温和沉淀杂质。

系统中排泄管应尽量单独接入油箱。各类控制阀的排泄管端部应在液面以上，以免产生背压；泵和马达的外泄油管端部应在液面之下，以免吸入空气。

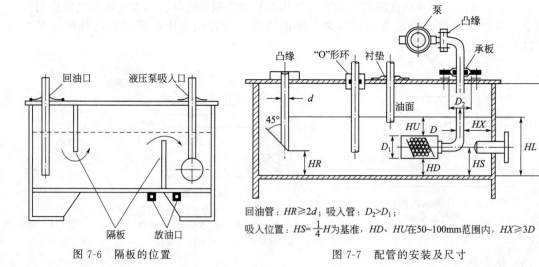

回油管：$HR \geqslant 2d$；吸入管：$D_2 > D_1$；

吸入位置：$HS = \frac{1}{4}H$ 为基准，HD、HU 在 50~100mm 范围内，$HX \geqslant 3D$

图 7-6　隔板的位置　　　　　图 7-7　配管的安装及尺寸

7.1.5　附设装置

为了监测液面，油箱侧壁应装油面指示计。为了检测油温，一般在油箱上装温度计，且温度计直接浸入油中。在油箱上亦装有压力计，可用以指示泵的工作压力。

7.1.6　油箱容量的确定

合理确定油箱容量是液压系统正常工作的重要条件，设计和选用时一般用经验公式估算。

在低压系统中，取

$$V=(2\sim4)q_0$$

在中压系统中，取

$$V=(5\sim7)q_0$$

在高压系统中，取

$$V=(6\sim12)q_0$$

式中　V——油箱的有效容积，L；

$\quad q_0$——液压泵的额定流量，L/min。

对于长期连续工作的液压系统，油箱的有效容积还要按系统的总发热量进行校核。

7.2　滤油器

滤油器的作用是将脏油、杂质等滤掉，使其不能进入液压系统，以防引起阀孔的堵塞及运动部件的拉伤或卡死。滤油器可装在泵的吸油管路和输出管路中，或装在重要元件（如节流阀和伺服阀）的前面。通常，在泵的吸油口前装粗滤油器，在泵的输出管路中及重要元件之前装精滤油器。

7.2.1　滤油器的结构

滤油器一般由滤芯（或滤网）和壳体构成。其通流面积由滤芯上无数个微小间隙或小孔构成。当混入油中的污物（杂质）大于微小间隙或小孔时，杂质被阻隔而滤清出来。

若滤芯使用磁性材料时，则可吸附油中能被磁化的铁粉杂质。

滤油器可以安装在油泵的吸油管路上或某些重要零件之前，也可安装在回油管路上。滤油器可分成液压管路中使用的和油箱中使用的两种。油箱内部使用的滤油器亦称为滤清器和粗滤器，是用来过滤掉一些太大的、容易造成泵损坏的杂质（在 $0.1mm^3$ 以上的）。如图 7-8 所示为壳装滤清器，装在泵和油箱吸油管路中。如图 7-9 所示为无外壳滤清器，安装在油箱内，拆装不方便，但价格便宜。

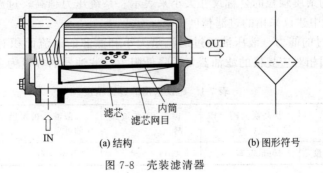

(a) 结构　　　　　　　(b) 图形符号

图 7-8　壳装滤清器

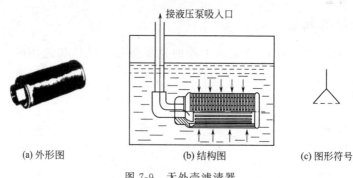

|(a) 外形图|(b) 结构图|(c) 图形符号|

图 7-9　无外壳滤清器

管用滤油器有压力管用滤油器及回油管用滤油器。如图 7-10 所示为压力管用滤油器，因要受压力管路中的高压力，所以耐压力问题必须考虑；回油管用滤油器是装在回油管路上的，压力低，只需注意冲击压力的发生即可。就价格而言，压力管用滤油器较回油管用滤油器贵出许多。

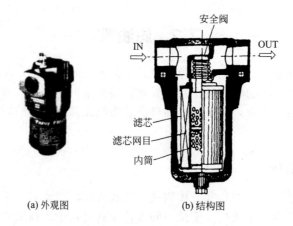

|(a) 外观图|(b) 结构图|

图 7-10　压力管用滤油器

7.2.2　滤油器的选用

选用滤油器时应考虑到如下问题。

① 过滤精度　原则上大于滤芯网目的污染物是不能通过滤芯的。滤油器上的过滤精度常用能被过滤掉的杂质颗粒的公称尺寸大小来表示。系统压力越高，过滤精度越低。如表 7-1 所示为液压系统中建议采用的过滤精度。

② 液压油通过的能力　液压油通过的流量大小和滤芯的通流面积有关。一般可根据要求通过的流量选用相对应规格的滤油器（为降低阻力，滤油器的容量为泵流量的 2 倍以上）。

表 7-1　建议采用的过滤精度

使用场所	提高换向阀操作的可靠度	保持微小流量控制	一般液压机器操作的可靠度	保持伺服阀的可靠度
建议采用的过滤精度	10μm 左右	10μm	25μm 左右	5～10μm

③ 耐压　选用滤油器时必须注意系统中冲击压力的发生。而滤油器的耐压包含滤芯的耐压和壳体的耐压。一般滤芯的耐压为 0.01～0.1MPa，这主要是由于滤芯有足够的通流面

积，降低了它的压降，可以避免滤芯被破坏。滤芯被堵塞时，压降便会增加。

必须注意：滤芯的耐压和滤油器的使用压力是不同的，当提高使用压力时，要考虑壳体是否承受得了，而与滤芯的耐压无关。

7.2.3　滤油器的安装位置

如图 7-11 所示为液压系统中滤油器的几种可能安装位置。

① 滤油器（滤清器）1　安装在泵的吸入口，其作用如前文所述。

② 滤油器 2　安装在泵的出口，属于压力管用滤油器，用来保护泵以外的其他元件。一般装在溢流阀下游的管路上或和安全阀并联，以防止滤油器被堵塞时泵形成过载。

③ 滤油器 3　安装在回油管路上，属于回油管用滤油器，此滤油器的壳体耐压性可较低。

④ 滤油器 4　安装在溢流阀的回油管上，因其只通泵的部分流量，故滤油器容量可较

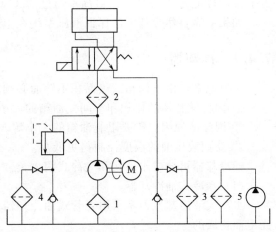

图 7-11　滤油器的安装位置

小。如滤油器 2、3 的容量相同，则通过流速降低，过滤效果会更好。

⑤ 滤油器 5　为独立的过滤系统，其作用是不断净化系统中的液压油，常用在大型的液压系统里。

7.3　空气滤清器

为防止灰尘进入油箱，通常在油箱的上方通气孔装有空气滤清器。有的油箱利用此通气孔当注油口，如图 7-12 所示为带注油口的空气滤清器。空气滤清器的容量必须能使液压系统达到最大负荷状态时，仍能保持大气压力的程度。

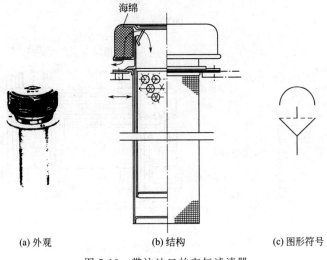

(a) 外观　　　　　(b) 结构　　　　　(c) 图形符号

图 7-12　带注油口的空气滤清器

7.4　热交换器

为了提高液压系统工作的稳定性，系统应在允许的温度环境中工作，以保持热平衡。最好的温度环境为 30～50℃，最高不超过 65℃，最低不小于 15℃。

如果依靠自然冷却无法保证液压系统在上述温度范围内，就必须安装冷却器和加热器。

7.4.1　冷却器

一般说来，由于油箱散热面积不够而必须采用油冷却器来抑制油温的情形有如下几种。

① 因机械整体的体积和空间使油箱的大小受到限制。

② 因经济原因，需要限制油箱的大小等。

③ 要把液压油的温度控制得更低。

油冷却器可分成水冷式和气冷式两大类。

（1）水冷式油冷却器

水冷式油冷却器通常采用壳管式油冷却器。它是把一束小管子（冷却管）装置在一个外壳里而构成的。

壳管式油冷却器有多种形式，但一般都采用直管形油冷却器，如图 7-13 所示。其构造是把直管形冷却管装在一外壳内，两端再用可移动的端盖（管帽）封闭，金属隔板装置在内，使液压油产生垂直于冷却管的流动以加强热的传导。

冷却管通常由小直径管子组成（Φ 为 $1/4''\sim1''$）。材料可用铝、钢、不锈钢等无缝钢管。但为了增加热传效果，一般采用铜管，并在铜管上滚牙以增进散热面积。冷却管的安装分为固定式安装和可移动式安装两种。可移动式冷却器可从外壳中抽出来清洗或修理；固定式冷却器被固定在内不能取出。

(a) 外观

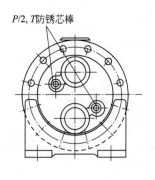
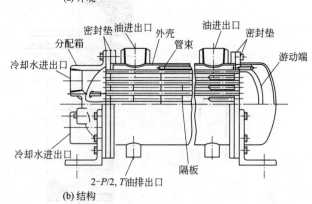

(b) 结构

图 7-13　水冷式直管型油冷却器

冷却器的外壳是由 2″～30″开口的管子构成的，材料可用铝、铜或不锈钢等。

冷却器一般安装在回油路或溢流阀的溢流管道上，这些地方的油温较高，冷却效果较好。冷却器也常与起保护作用的安全阀和起短路作用的截止阀并联使用。常见冷却器如表 7-2 所示。

表 7-2　常见冷却器

类型	图示	位置	特点
蛇形管冷却器	出水口 进水口	直接置于油箱中	冷却水在管内流动，带去油液的热量，但这种冷却器冷却效果差，水的消耗量大
对流多管式冷却器	3 4 5 6 2 1 7 1—出水口；2—壳体；3—出油口；4—隔板；5—进油口；6—散热器；7—进水口	单独制成一体，放在油箱外面	从系统来的热油从进油口 5 流入冷却器，将热量传给冷却水后从出油口 3 流出，再回到油箱，冷却水从进水口流入冷却器后，从管壁吸收油液的热量后从 1 处流出
翅片管式冷却器		在冷却水管（圆管或椭圆）的外面套上许多横向的翅片，使散热面积增大 8～10 倍，提高了散热效率	风冷式冷却器比较简单，通常由带散热片的管子组成的油散热器和风扇两部分组成，冷却效果一般，但噪声大，应用不广

（2）气冷式油冷却器

气冷式冷却器的构造如图 7-14 所示，由风扇和许多带散热片的管子所构成。油在冷却管中流动，风扇使空气穿过管子和散热片表面以冷却液压油。其冷却效率较水冷低，但如果在冷却水不易取得或水冷式油冷却器不易安装的场所，有时还必须采用气冷式，尤以行走机械的液压系统使用较多。

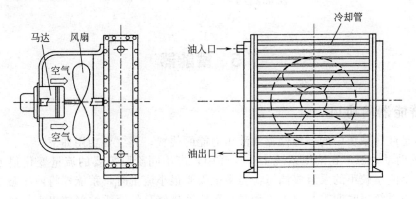

图 7-14　气冷式油冷却器

（3）油冷却器安装的场所

油冷却器安装在热发生体附近，且液压油流经油冷却器时，压力不得大于 1MPa。有时必须用安全阀来保护，以使它免受高压冲击而造成损坏。一般将油冷却器安装在如下一些场所：

① 热发生源，如溢流阀附近，如图 7-15 所示。

② 发热为配管的摩擦阻抗产生热以及外来的辐射热时，常把油冷却器装在配管的回油侧，如图 7-16 所示。图中切断阀作保养用，方便油冷却器拆装。单向阀在防止油冷却器受到来自机器的冲击力的破坏或在大流量时，仅让需要流量通过油冷却器。

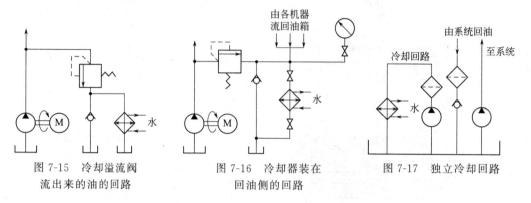

图 7-15　冷却溢流阀　　　　图 7-16　冷却器装在　　　　图 7-17　独立冷却回路
流出来的油的回路　　　　　　回油侧的回路

③ 当液压装置很大且运转的压力很高时，使用独立的冷却系统，如图 7-17 所示。

（4）油冷却器的冷却水

为防止冷却器累积过多的水垢而影响热交换效率，可在冷却器内装一滤油器。冷却水要采用清洁的软水。

7.4.2　加热器

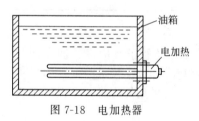

图 7-18　电加热器

当系统工作温度低于 15℃ 时，必须对液压油进行加热。如图 7-18 所示为结构简单且能按需要自动调节最高温度和最低温度的电加热器，它用法兰盘横装在油箱壁上，发热部分全部浸在油内。加热器应位于油箱内油液流动的最强烈处，以利于热交换。由于油液本身是热的不良导体，单个加热器的功率不能太大，如有必要，可安装多个加热器，使加热均匀。

7.5　蓄能器

7.5.1　蓄能器的功用

蓄能器是液压系统中的一种储存油液压力能的装置，其主要功用如下：

① 作辅助动力源　在液压系统工作循环中，当不同阶段需要的流量变化很大时，常将蓄能器和一个流量较小的泵组成油源：当系统需要很小流量时，蓄能器将液压泵多余的流量储存起来；当系统短时期需要较大流量时，蓄能器将储存的液压油释放出来与泵一起向系统供油。在某些特殊的场合，如驱动泵的原动机发生故障时，蓄能器可作应急能源使用；如现场要求防火、防爆时，也可用蓄能器作为独立油源。

② 保压和补充泄漏　有的液压系统需要在液压泵处于卸荷状态时较长时间保持压力，

此时可利用蓄能器释放所存储的液压油，补偿系统的泄漏以保持系统的压力。

③ 吸收压力冲击和消除压力脉动　由于液压阀的突然关闭或换向，系统可能产生压力冲击，此时在压力冲击处安装蓄能器可以起吸收作用，使压力冲击峰值降低。如在泵的出口处安装蓄能器，还可以吸收泵的压力脉动，提高系统工作的平稳性。

7.5.2　蓄能器的分类和选用

蓄能器有弹簧式、重锤式和充气式三类。常用的是充气式，它利用气体的压缩和膨胀储存、释放压力能。在蓄能器中，气体和油液被隔开。而根据隔离的方式不同，充气式蓄能器又分为活塞式、皮囊式和气瓶式等三种。下面主要介绍常用的活塞式和皮囊式两种蓄能器。

（1）活塞式蓄能器

如图 7-19（a）所示为活塞式蓄能器，用缸筒 2 内浮动的活塞 1 将气体与油液隔开，气体（一般为惰性气体氮气）经充气阀 3 进入上腔，活塞 1 的凹部面向充气阀，以增加气室的容积，蓄能器的下腔油口 a 充液压油。活塞式结构简单，安装和维修方便，寿命长，但由于活塞惯性和密封部件的摩擦力影响，其动态响应较慢。它适用于压力低于 20MPa 的系统储能或吸收压力脉动。

（2）皮囊式蓄能器

如图 7-19（b）所示为皮囊式蓄能器，采用耐油橡胶制成的气囊 2 内腔充入一定压力的惰性气体，气囊外部液压油经壳体 1 底部的限位阀 4 通入，限位阀还保护皮囊不被挤出容器之外。此蓄能器的气、液是完全隔开的，皮囊受压缩储存压力能的影响，其惯性小，动作灵敏，适用于储能和吸收压力冲击，工作压力可达 32MPa。如图 7-19（c）所示为蓄能器的图形符号。

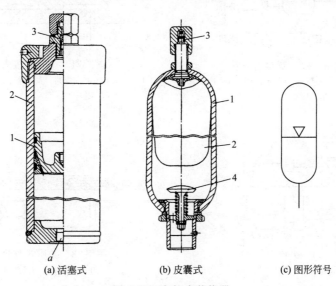

(a) 活塞式　　　　(b) 皮囊式　　　　(c) 图形符号

图 7-19　充气式蓄能器

1—壳体；2—气囊；3—充气阀；4—限位阀

7.6　油管与管接头

（1）油管

油管材料可用金属或橡胶，选用时由耐压、装配的难度来决定。吸油管路和回油管路一般用低压的有缝钢管，也可使用橡胶和塑料软管；但当控制油路中流量小时，多用小铜管；考虑配管和工艺方便，在中、低压油路中也常使用铜管；高压油路一般使用冷拔无缝钢管，必要时也采用价格较贵的高压软管。高压软管是通过在橡胶中间加一层或几层钢丝编织网制成的。高压软管比硬管安装方便，且可以吸收振动。

管路内径的选择主要考虑降低流动时的压力损失。对于高压管路，通常流速在 $3\sim4m/s$ 范围内；对于吸油管路，考虑泵的吸入和防止气穴，通常流速在 $0.6\sim1.5m/s$ 范围内。

在装配液压系统时，油管的弯曲半径不能太小，一般应为管道半径的 $3\sim5$ 倍。应尽量避免小于 $90°$ 弯管，平行或交叉的油管之间应有适当的间隔，并用管夹固定，以防振动和碰撞。

（2）管接头

管接头有焊接接头、卡套式接头、扩口接头、扣压式接头、快速接头等几种形式，如图 7-20～图 7-24 所示，一般由具体使用场合来决定采用何种连接方式。

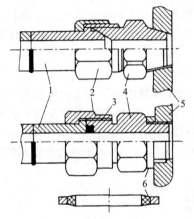

图 7-20　焊接管接头

1—接管；2—螺母；3—密封圈；4—接头体；
5—本体；6—密封圈

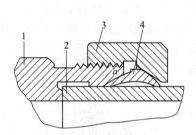

图 7-21　卡套管接头

1—接头体；2—管路；3—螺母；4—卡套

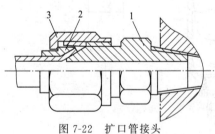

图 7-22　扩口管接头

1—接头体；2—管套；3—螺母

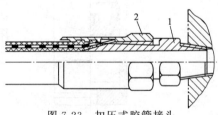

图 7-23　扣压式胶管接头

1—芯管；2—接头外套

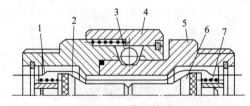

图 7-24　快速接头

1、7—弹簧；2、6—阀芯；3—钢球；4—外套；5—接头体

7.7　仪表附件

仪表附件主要包括压力表与压力表开关。

（1）压力表

液压系统中各工作点的压力可以通过压力表来观测。最常见的压力表是机械弹簧式压力表和数显式压力表。

压力表精度等级的数值是压力表最大误差占量程（压力表的测量范围）的百分数。一般机床上的压力表用 2.5～4 级精度即可。选用压力表时，一般取系统压力为量程的 2/3～3/4（系统最高压力不应超过压力表量程的 3/4）。压力表必须直立安装。为了防止因压力冲击而损坏压力表，常在压力表的通道上设置阻尼小孔。

（2）压力表开关

压力表开关用于接通或断开压力表与测量点的通路。开关中过油通道很小，对压力的波动和冲击起阻尼作用，防止压力表指针的剧烈摆动。

多点压力表开关可根据需要使一个压力表和系统中多个被测油路中的任一油路相通，以分别测量各个油路的压力。压力表开关按它所能测量点的数目不同可分为一点、三点、六点几种；按连接方式不同又可分为管式和板式两种。下面仅介绍 K-68 型压力表开关，如图 7-25 所示。

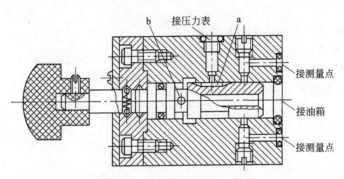

图 7-25　K-68 型压力表开关

这种 K 系列压力表开关为板式连接，有 6 个测压点。图示位置为非测量位置，此时压力表油管经沟槽 a、小孔 b 与油箱接通。若将手柄推进去，沟槽 a 将把测量点与压力表连通，并将压力表通往油箱的通路切断，这时便可测出一个点的压力。如将手柄转到另一位置，便可测出另一点的压力。依次转动，共有 6 个位置，可测量 6 个点的压力。

📚 **本章小结**

本章重点介绍了液压系统常用的蓄能器、过滤器、密封件、油箱、冷却器、加热器、油管及辅助元件的结构、种类和工作原理。

蓄能器在液压系统中可起到调节能量、均衡压力、减少设备容积、降低功能消耗及减少系统发热等作用，通常用于吸收脉动、冲击，并可作为液压系统的辅助油源。蓄能器在结构上分为重力式、弹簧式、活塞式和气囊式。

过滤器是液压系统最重要的保护元件，不同的液压系统对油的过滤精度要求不同。

在液压系统中，密封的作用不仅是防止液压油的泄漏，还要防止空气和尘埃进入液压系统。对密封件的要求是在一定压力、温度范围内具有良好的密封性能，能抗腐蚀，不易老化，工作寿命长，磨损后能自动补偿。

油箱作为非标准辅件，可根据不同要求进行设计。

热交换器包括加热器和冷却器，其功能是使液压传动介质处在设定的温度范围内。

管件包括油管、管接头和法兰等，其作用是保证油路的连通。

通过对本章内容的学习，要能在液压系统设计中正确选择上述元件。

 思考与练习题

7-1 液压系统中有哪些常用的辅助元件？

7-2 简述油箱以及油箱内隔板的功能。

7-3 油箱上装空气滤清器的目的是什么？

7-4 根据经验，开式油箱有效容积应为泵流量的多少倍？

7-5 液压系统中的过滤器有哪些类型？各起什么作用？

7-6 何谓油液过滤器的过滤精度？油液过滤器分为哪些种类？图形符号如何？

7-7 选择过滤器时要考虑哪些使用要求？油液过滤器一般安装在液压系统中的什么位置？

7-8 简述液压系统中安装冷却器的原因。

7-9 油冷却器依冷却方式分为哪两大类？

7-10 简述蓄能器的功能。

7-11 蓄能器有哪几类？常用的是哪一类？

第 8 章

液压基本回路

现在，采用液压技术的设备越来越多，液压传动系统也越来越复杂。但不论液压系统如何复杂，都可以将其分解成为一个个的液压基本回路。

所谓液压基本回路是指由若干液压元件组成的能完成某一特定功能的简单油路结构。液压基本回路按功用可分为方向控制、压力控制、速度控制、多缸工作控制等回路。

掌握典型液压基本回路的组成、工作原理和性能，可以为设计、分析、维护液压系统打下基础。下面介绍液压系统中常见的液压基本回路。

8.1 压力控制回路

压力控制回路是利用压力控制阀控制油液系统整体或某一部分的压力，以达到稳压、调压、减压、增压、多级压力的控制，满足执行元件对力或转矩的要求；或利用压力作为信号控制其他元件动作，以实现某些动作要求。

按照使用目的不同，压力控制回路主要有调压回路、减压回路、增压回路、保压回路、卸荷回路及平衡回路等几种类型。

8.1.1 调压回路

液压系统的工作压力取决于负载的大小。执行元件所受到的总负载，包括工作负载、执行元件由于自重和机械摩擦所产生的摩擦阻力以及油流的压力损失等。由于负载使油液产生一定的压力，负载越大则压力越高，但最高的工作压力必须有一定的限制。为使系统保持一定的工作压力，或在一定的压力范围内工作，就要调整和控制整个系统或其局部的压力。

通常，采用调压回路来满足系统的调压要求，使系统的工作压力不超过某一预先调好的数值，或者使工作机构运动过程的各个阶段具有不同的压力。在定量泵系统中，液压泵供油压力通过溢流阀来调节；在变量泵系统中，用安全阀来限制系统的最高压力，防止系统过载。若系统中需要两种以上的压力，则可采用多级调压回路。

(1) 单级调压回路

如图 8-1 所示，由一个溢流阀和定量泵组成的单级调压回路，只能给系统提供一种工作压力，系统压力由溢流阀设定，即所谓的"溢流定压"。同时，溢流阀还兼有安全阀的作用。

(2) 多级调压回路

许多液压系统在不同工作过程阶段（或不同的执行件）需要不同的工作压力，因而需要采用多级调压回路。

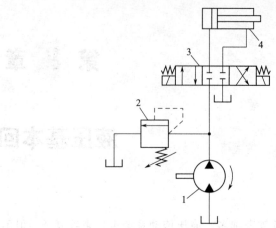

图 8-1 单级调压回路

1—液压泵；2—溢流阀；3—三位四通电磁换向阀；4—液压缸

（1）采用多个溢流阀的多级调压回路

如图 8-2 所示为采用 3 个溢流阀的多级调压回路，此调压回路可以为系统输出三级压力。在图示状态下，三位电磁换向阀处于中位时，系统压力由高压溢流阀调节，获得高压压力；当三位电磁换向阀左端得电时，系统压力由低压溢流阀Ⅰ调节，获得第 1 种低压压力；当三位电磁换向阀右端得电时，系统压力由低压溢流阀Ⅱ调节，获得第 2 种低压压力。这种调压回路控制系统简单，但在压力转换时会产生冲击。3 个溢流阀及电磁换向阀的规格都必须按液压泵的最大供油量和最高压力来选择。

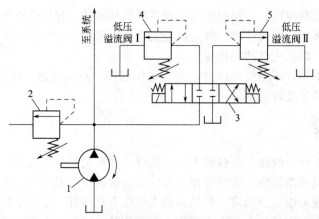

图 8-2 溢流阀式多级调压回路

1—液压泵；2—溢流阀；3—三位四通电磁换向阀；4—低压溢流阀Ⅰ；5—低压溢流阀Ⅱ

（2）采用电液比例溢流阀的多级调压回路

如图 8-3 所示为采用电液比例溢流阀的多级调压回路，调节电液比例溢流阀 2 的输入信号电流，就可以调节系统的供油压力，而不需要设置多个溢流阀和换向阀。这种多级调压回路所用的液压元件少，油路简单，可以方便地实现远距离控制或程序操作以及连续地按比例进行压力调节，压力上升和下降的时间均可以通过改变输入信号加以调节，因此，压力转换过程平稳，但控制系统复杂。

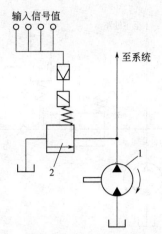

图 8-3 电液比例溢流阀式调压回路
1—液压泵；2—电液比例溢流阀

8.1.2 减压回路

在单泵供油的多个支路的液压系统中，不同的支路需要有不同的、稳定的、可以单独调节的较主油路低的压力，如液压系统中的控制油路、夹紧油路、润滑油路等压力较低的供油回路，因此要求液压系统中必须设置减压回路。常用的设置减压回路的方法是在需要减压的液压支路前串联减压阀。

（1）单级减压回路

如图 8-4 所示的是常用的单级减压回路，主油路的压力由溢流阀 2 设定，减压支路的压力根据负载由减压阀 3 调定。

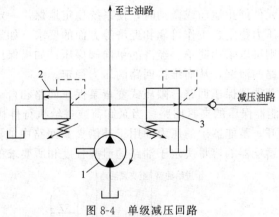

图 8-4 单级减压回路
1—液压泵；2—溢流阀；3—减压阀

减压回路设计时要注意避免因负载不同而可能造成的回路之间的相互干涉问题，例如当主油路负载减小时，有可能造成主油路的压力低于支路减压阀调定的压力，这时减压阀的开口处于全开状态，失去减压功能，造成油液倒流。为此，可在减压支路上（减压阀的后面）加装单向阀，以防止油液倒流，起到短时的保压作用。

（2）二级减压回路

如图 8-5 所示的为常用的二级减压回路。

图 8-5 中，将先导式减压阀的遥控口通过二位二通电磁阀与调压阀相接，通过调压阀的

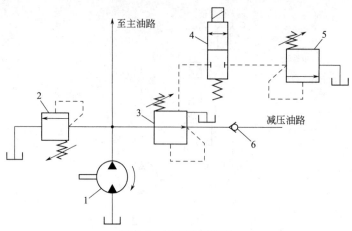

图 8-5　二级减压回路

1—液压泵；2—溢流阀；3—减压阀；4—电磁阀；5—调压阀；6—单向阀

压力调整获得预定的二次减压。当二位二通电磁阀断开时，减压支路输出减压阀的设定压力；当二位二通电磁阀接通时，减压支路输出调压阀设定的二次压力。调压阀设定的二次压力值必须小于减压阀的设定压力值。

为使减压阀稳定工作，最低调定压力一般应该不小于 0.5MPa，最高调整压力应至少比系统最高压力低 0.5MPa。当减压回路的执行元件需要调速时，调速元件应该放在减压阀的后面，这样可以避免减压阀对执行元件速度的影响。由于减压阀工作时存在阀口压力损失和泄漏口造成的容积损失，因此，这样的回路不应该用在压降或流量较大的场合。

8.1.3　保压回路

保压回路是当执行元件停止运动或微动时，使系统稳定地保持一定压力的回路。保压回路需要满足保压时间、压力稳定、工作可靠和经济等方面的要求。如果对保压性能要求不高和维持保压时间较短，则可以采用简单、经济的单向阀保压；如果保压性能要求高，则应该采用补油的办法弥补回路的泄漏，从而维持回路的压力稳定。

常用的保压方式有蓄能器保压回路、限压式变量泵保压回路和自动补油的保压回路。

如图 8-6 所示为蓄能器保压的夹紧回路。当泵卸荷或进给执行件快速运动时，单向阀把夹紧回路与进给回路隔开，蓄能器中的压力油用于补偿夹紧回路中油液的泄漏，使液压泵 1 的压力基本保持不变。蓄能器的容量决定于油路的泄漏程度和所要求的保压时间的长短。

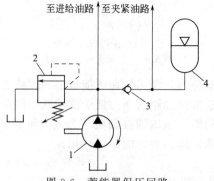

图 8-6　蓄能器保压回路

1—液压泵；2—溢流阀；3—单向阀；4—蓄能器

如图 8-7 所示为限压式变量泵的保压回路。当系统进入保压状态时，由限压式变量泵向系统供油，维持系统压力稳定。由于只需补充保压回路的泄漏量，因此配备的限压式变量泵输出的流量很小，功率消耗也非常小。

如图 8-8 所示为压力机液压系统中自动补油的保压回路。其工作原理是：当三位四通电磁换向阀 3 的左位工作时，液压泵 1 向液压缸 7 上腔供油，活塞前进；当接触工件后，液压缸 7 的上腔压力上升；当达到设定压力值时，电接触式压力表 6 发出信号，使三位四通电磁换向阀 3 进入中位机能，这时液压泵 1 卸荷，系统进入保压状态。当液压缸 7 的上腔压力降到某一压力值时，电接触式压力表 6 就发出信号，使三位四通电磁换向阀 3 又进入左位机能，液压泵 1 重新向液压缸 7 上腔供油，使压力上升。如此反复，实现自动补油保压。当三位四通电磁换向阀 3 的右位工作时，活塞便快速退回原位。这种回路的保压时间长，压力稳定性好，适合于保压性能要求高的高压系统，如液压机等。

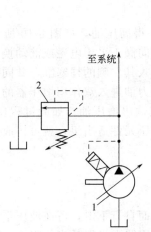

图 8-7　限压式变量泵保压回路
1—限压式变量泵；2—溢流阀

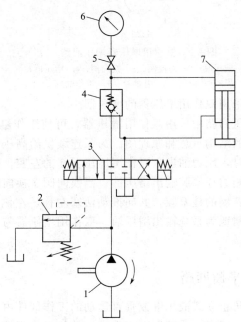

图 8-8　自动补油保压回路
1—液压泵；2—溢流阀；3—换向阀；4—单向阀；
5—压力表开关；6—压力表；7—液压缸

8.1.4　增压回路

在液压系统中，当为满足局部工作机构的需要，要求某一支路的工作压力高于主油路时，可以采用增压回路。增压回路采用的基本元件是能够实现油液压力放大的增压器，这时的主油路可以采用压力较低的液压泵，以降低主油路上的发热量。

（1）采用单作用增压器的增压回路

如图 8-9 所示，增压器 4 由一个活塞腔和一个柱塞腔串联组成，低压油进入活塞缸的左腔，推动活塞并带动柱塞右移，柱塞缸内排出的高压油进入工作油缸 7。换向阀 3 反向运动时，活塞带动柱塞退回，工作油缸 7 在弹簧的作用下复位，如果油路中有泄漏，则补油箱 6 的油液通过单向阀 5 向柱塞缸内补油。这种回路的增压倍数等于增压器中活塞面积和柱塞面积之比，缺点是不能提供连续的高压油。

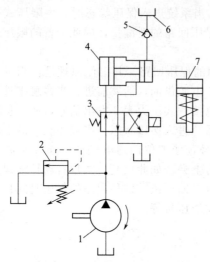
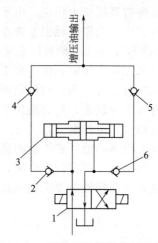

图 8-9　单作用增压器增压回路

1—液压泵；2—溢流阀；3—换向阀；4—增压器；
5—单向阀；6—补油箱；7—工作油缸

图 8-10　双作用增压器增压回路

1—换向阀；2、4、5、6—单向阀；3—双作用增压器

（2）采用双作用增压器的增压回路

在增压回路中采用双作用增压器，可使工作缸连续获得高压油，如图 8-10 所示为双作用增压器的结构示意和原理图。为了连续供给高压油，换向阀 1 采用电磁或液动换向阀，在图示位置时，压力油进入双作用增压器 3 的左腔，同时进入其左侧的柱塞缸，共同推动活塞右移，右侧的柱塞腔输出增压油；当换向阀 1 换向时，压力油进入双作用增压器的右腔，同时进入其右侧的柱塞腔，共同推动活塞左移，左侧柱塞腔输出增压油。如此过程反复进行，增压器不断地为系统输出增压油。双作用增压器与其他液压元件适当组合就可构成连续增压回路。

8.1.5　平衡回路

为了防止立式液压缸或垂直运动的工作部件由于自重而自行下滑，可在液压系统中设置平衡回路。即在立式液压缸或垂直运动的工作部件的下行回路上设置适当的阻力，使其回油腔产生一定的背压，以平衡其自重和负载并提高液压缸或垂直运动工作部件的运动稳定性。

（1）用单向顺序阀的平衡回路

如图 8-11 所示为由单向顺序阀组成的平衡回路，顺序阀 4 的调整压力应该稍微大于工作部件的重量在液压缸 5 下腔形成的压力。当换向阀位于中位时，液压缸 5 就停止运动，但由于顺序阀 4 的泄漏，运动部件仍然会缓慢下降，所以这种回路适合工作载荷固定且位置精度要求不高的场合。

（2）用液控单向阀的平衡回路

如图 8-12 所示为由液控单向阀组成的平衡回路，其将图 8-11 所示回路中的单向顺序阀 4 换成了液控单向阀。

当换向阀左位动作时，压力油进入液压缸上腔，

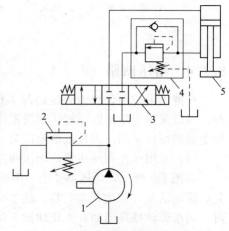

图 8-11　单向顺序阀平衡回路

1—液压泵；2—溢流阀；3—换向阀；
4—顺序阀；5—液压缸

同时打开液控单向阀，活塞和工作部件向下运动；当换向阀处于中位时，液压缸上腔失压，关闭液控单向阀，活塞和工作部件停止运动。液控单向阀的密封性好，可以很好地防止活塞和工作部件因泄漏而造成的缓慢下降。在活塞和工作部件向下运动时，回油油路的背压小，因此功率损耗小。

如图 8-11 所示回路中的单向顺序阀 4 的后面再串联一个液控单向阀，即可组成单向顺序阀加液控单向阀的平衡回路，如图 8-13 所示。

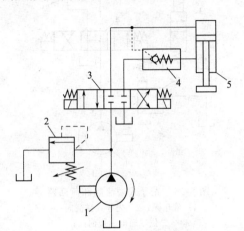

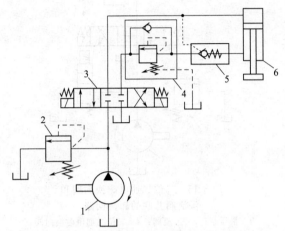

图 8-12　液控单向阀平衡回路
1—液压泵；2—溢流阀；3—换向阀；
4—液控单向阀；5—液压缸

图 8-13　单向顺序阀加液控单向阀的平衡回路
1—液压泵；2—溢流阀；3—换向阀；4—单向顺序阀；
5—液控单向阀；6—液压缸

液控单向阀可以防止因为单向顺序阀的泄漏而造成的工作部件缓慢下滑，而单向顺序阀可以提高回油腔的背压和油路的工作压力，使液控单向阀在工作部件下行时始终处于开启状态，提高工作部件的运动平稳性。

8.1.6　卸荷回路

当液压系统的执行元件在工作循环过程中短时间停止工作时，为了节省功耗，减少发热量，减轻液压泵和电动机的负荷及延长寿命，一般使电动机继续运转，液压泵在接近零油压状态回油。通常，电动机功率在 3kW 以上的液压系统都应该设有卸荷回路。卸荷回路有两大类，即压力卸荷回路（泵的全部或绝大部分流量在接近于零压下流回油箱）和流量卸荷回路（泵维持原有压力，而流量在近于零的情况下运转）。

（1）不需要保压的卸荷回路

不需要保压的卸荷回路一般直接采用液压元件实现卸荷，具有 M、H、K 型中位机能的三位换向阀都能实现卸荷功能。

如图 8-14 所示为采用 H 型中位机能的三位四通电磁换向阀的卸荷回路。当换向阀处于中位时，工作部件停止运动，液压泵输出的油液通过三位换向阀的中位通道直接流回油箱，泵的出口压力仅为油液流经管路和换向阀所引起的压力损失。这种回路适用于低压小流量的液压系统。

如图 8-15 所示为采用二位二通电磁换向阀和溢流阀并联组成的卸荷回路。卸荷时，二位二通电磁换向阀通电，液压泵输

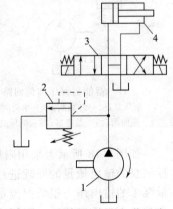

图 8-14　三位换向阀的卸荷回路
1—液压泵；2—溢流阀；
3—H 型三位四通电磁换向阀；
4—液压缸

出的油液通过电磁换向阀直接流回油箱。二位二通电磁换向阀的规格要和泵的排量相适应。这种回路不适用于大流量的液压系统。

如图 8-16 所示为将二位二通电磁换向阀串接在先导式溢流阀的外控油路上组成的卸荷回路。卸荷时，二位二通电磁换向阀通电，液压泵输出的油液通过溢流阀直接流回油箱。

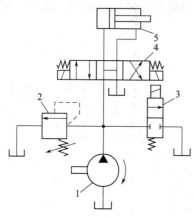

图 8-15　二位二通电磁换向阀和
溢流阀并联的卸荷回路
1—液压泵；2—溢流阀；3—二位二通电磁换向阀；
4—三位四通电磁换向阀；5—液压缸

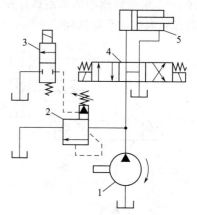

图 8-16　先导式溢流阀卸荷回路
1—液压泵；2—先导式溢流阀；
3—二位二通电磁换向阀；
4—三位四通电磁换向阀；5—液压缸

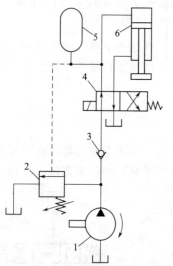

图 8-17　蓄能器保压卸荷回路
1—液压泵；2—卸荷阀；3—单向阀；
4—换向阀；5—蓄能器；6—液压缸

二位二通电磁换向阀用在控制油路上，因此只需要较小通径的电磁阀。卸荷时溢流阀处于全开状态，其规格与液压泵的排量相适应。这种回路适用于高压大流量的液压系统。

还可以在系统中直接采用具有卸荷和溢流组合功能的电磁卸荷溢流阀（如力士乐的 DAW 系列）进行卸荷。由卸荷溢流阀组成的卸荷回路具有回路简单的优点。

（2）需要保压的卸荷回路

有些液压系统在执行元件短时间停止工作时，整个系统或部分系统（如控制系统）的压力不允许为零，这时可以采用能够保压的卸荷回路。

如图 8-17 所示为采用蓄能器保压的卸荷回路。开始时，液压泵 1 向蓄能器 5 和液压缸 6 供油，液压缸 6 的活塞杆压头接触工件后，系统压力升高达到卸荷阀 2 的设定值时，卸荷阀 2 动作，液压泵 1 卸荷；然后由蓄能器 5 维持液压缸 6 的工作压力，保压时间由蓄能器 5 的容量和系统的泄漏等因素决定。当压力降低到一定数值后，卸荷阀 2 关闭，液压泵 1 继续向系统供油。

如图 8-18 所示为采用限压式变量泵保压的卸荷回路，利用限压式变量泵的输出压力可控制泵的输出流量的原理进行卸荷。当液压缸 4 活塞杆压头快速运动趋向工件时，限压式变量泵 1 的输出压力很低但流量最大，压头接触工件后，系统压力随负荷的增大而增大，当压力超过预先设定值后，限压式变量泵 1 的流量自动减少，最后泵的输出流量减少到只需要维持回路的泄漏为止。这时，液压缸 4 上腔的压力由限压式变量泵 1 保持基本不变，系统进入了保压状态。

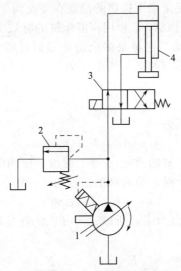

图 8-18 限压式变量泵保压卸荷回路

1—限压式变量泵；2—溢流阀；3—换向阀；4—液压缸

8.2 速度控制回路

在液压系统中，速度控制回路是液压回路的核心内容，是调节和变换液压执行元件速度的基本液压回路。几乎所有的执行元件都有运动速度的要求，执行机构运动速度的调节是通过调节输入到执行机构的油液的流量来实现的。以工作原理分类，速度控制回路可分为节流调速回路、容积调速回路和容积节流调速回路；以油液在油路中的循环方式分类，可分为开式调速回路和闭式调速回路。

调速回路是以调速范围来表征其主要工作特性的，调速范围定义为回路所驱动的执行元件在规定负载下可得到的最大速度与最小速度之比。因此要求速度控制回路能在规定的速度范围内调节执行元件的速度，满足最大速比的要求，并且调速特性不随负载变化，具有足够的速度刚度和功率损失最小的特点。

8.2.1 节流调速回路

节流调速回路由定量泵供油，通过改变回路中流量控制阀的流通面积的大小来控制流入或流出执行元件的流量，达到调节执行元件速度的目的。根据所采用的流量控制阀的种类不同，有普通节流阀的节流调速回路和可调节流阀的节流调速回路；按节流阀在液压系统中安装位置的不同，分为进口节流、出口节流和旁路节流三种基本的调速回路。进口节流和出口节流调速回路属于定压式调速回路，旁路节流属于变压式调速回路。

（1）采用节流阀的调速回路

① 进口节流调速回路 进口节流调速回路如图 8-19 所示，节流阀装在执行元件的进口油路上，主要由定量泵 1、溢流阀 2、节流阀 3 和液压缸 4 组成。

其工作原理如图 8-19 所示，系统的最大压力经过溢流阀设

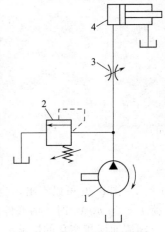

图 8-19 进口节流调速回路

1—定量泵；2—溢流阀；
3—节流阀；4—液压缸

定后，基本上保持恒定不变，定量泵 1 提供的油液在溢流阀 2 的设定压力下，经过节流阀 3 后，以流量 q_1 和压力 p_1 进入液压缸 4，作用在液压缸的有效工作面积 A 上，克服负载力 F，推动液压缸的活塞以速度 v 运动。定量泵多余的流量通过溢流阀流回油箱。如果忽略摩擦力和管路损失以及回油压力，活塞的运动速度 v 为

$$v = \frac{q_1}{A_1} \tag{8-1}$$

液压缸活塞力的平衡方程式为

$$p_1 A_1 = F + p_2 A_2 \tag{8-2}$$

忽略油路的泄漏，进入液压缸的流量 q_1 等于通过节流阀的流量 q_T，根据流量连续性原理，当节流阀前后的压力差为 0 时，节流阀的流量为

$$q_T = K_T A_T (\Delta p_T)^\varphi \tag{8-3}$$

液压缸回油腔的压力 p_2 近似为零，所以 $p_1 = F/A_1$ 就是负载压力，联立式（8-1）和式（8-2），可得

$$v = \frac{K_T A_T}{A_1} \left(p_p - \frac{F}{A_1} \right)^\varphi \tag{8-4}$$

式中 K_T——与节流孔口形状、液体流态、油液性质等因素有关的系数；

A_T——节流阀的流通面积。

由此可见，当其他条件不变时，活塞的运动速度 v 与节流阀的流通面积 A_T 成正比。因此可以通过调节节流阀的流通面积 A_T 调节液压缸的速度。

进口节流调速回路的调速性能包括速度-负载特性、功率特性、最大承载能力、调速范围等指标。

a. 速度-负载特性 速度-负载特性是指执行元件速度随负载变化的性能。可以用速度-负载特性曲线来描述。

在液压传动系统中，通过控制阀口的流量是按薄壁小孔流量公式计算的，此时，式（8-4）中的指数 $\varphi = 0.5$，活塞运动速度为

$$v = \frac{K_T A_T}{A_1} \left(p_p - \frac{F}{A_1} \right)^{0.5} \tag{8-5}$$

选取不同的流通面积 A_T 可以得到不同的速度-负载特性曲线，如图 8-20 所示。

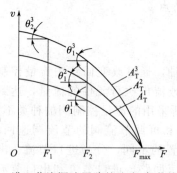

图 8-20 进口节流调速回路的速度-负载特性曲线

由图 8-20 可以看出，当 p_p 和 A_T 设定后，活塞的速度随负载的增大而减小，当最大载荷 $F_{max} = p_p A_1$ 时，活塞停止运动，速度为零。由此看出，这种调速回路的承载能力不受节流阀流通面积变化的影响。

通常定义负载对速度的变化率为速度刚度，用 k_v 表示，即

$$k_v = \frac{\partial F}{\partial v} \tag{8-6}$$

$$k_v = -\frac{1}{\tan\theta} \tag{8-7}$$

速度刚度 k_v 是速度-负载特性曲线上某点切线斜率的倒数，斜率越小，速度刚度越大，说明设定的速度受负载波动的影响就越小，其速度的稳定性也越好。

由式（8-5）和式（8-6）可得

$$k_v = \frac{2A_1^{\frac{3}{2}}}{K_T A_T}(p_P A_1 - F)^{0.5} = \frac{2(p_P A_1 - F)}{v} \tag{8-8}$$

从式（8-8）和图 8-20 可以得出以下结论：

·当节流阀流通面积 A_T 一定时，负载 F 越小，θ 就越小（$\theta_2^3 < \theta_1^3$），所以速度刚度 k_v 就越大。

·当执行元件负载一定时，节流阀流通面积 A_T 越小（图 8-20 中 $A_T^1 < A_T^2 < A_T^3$），速度刚度 k_v 也越大。

·增大液压缸的有效工作面积，提高液压泵的供油压力，可以提高速度刚度。

b. 功率特性 液压泵的输出功率 P_P 为

$$P_P = p_P q_P = 恒定 \tag{8-9}$$

液压缸输出的有效功率 P_1 为

$$P_1 = Fv = F\frac{q_1}{A} = p_1 q_1 \tag{8-10}$$

回路的功率损失（忽略液压缸、管路和液压泵上的功率损失）ΔP 为

$$\Delta P = P_P - P_1 = p_P q_P - p_1 q_1 = p_P \Delta q + \Delta p_T q_1 \tag{8-11}$$

式中　Δq——通过溢流阀的流量；

　　　ΔP——节流阀前后的压差。

这种调速回路的功率损失由溢流损失和节流损失两部分组成。由此可以得出回路的效率为

$$\eta_c = \frac{P_1}{P_P} = \frac{p_1 q_1}{p_P q_P} \tag{8-12}$$

由于有两种功率损失，因此这种调速回路的效率不高，特别是在低速小负载的情况下，虽然速度刚度大，但效率很低。在液压缸要实现快速和慢速两种运动、并且速度差别较大时，采用一个定量泵供油是不合适的。

c. 最大承载能力和运动平稳性 当泵的出口压力设定好后，不管节流阀的开口面积如何变化，液压缸的最大输出力是有限的，$F_{max} = p_P A_1$。

由于出口管路上没有背压，因此，进口节流调速回路不能承受大负载。

在活塞运动时，如果负载突然变小，活塞将会产生突然前冲现象，调速回路的运动平稳性差。另外，油液通过节流阀时会发热，这对液压缸的泄漏有一定的影响，也影响到液压缸的运动速度。

d. 调速范围 调速范围是被驱动的液压缸在一定负载下最大工作速度与最小工作速度之比，由式（8-5）可得出进口节流调速回路的。

$$R_C = \frac{v_{max}}{v_{min}} = \frac{A_{Tmax}}{A_{Tmin}} = R_T$$

式中　A_{Tmax}——节流阀的最大流通面积；

　　　A_{Tmin}——节流阀的最小流通面积；

R_T——节流阀的调速范围。

由此可知，进口节流调速回路的调速范围只受流量控制元件、节流阀调速范围的限制。

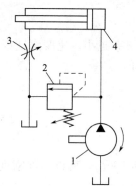

图 8-21　出口节流调速回路
1—定量泵；2—溢流阀；
3—节流阀；4—液压缸

② 出口节流调速回路　出口节流调速回路的原理如图 8-21 所示。其与进口节流调速回路的主要区别是节流阀串接在执行件（液压缸）的回油路上，通过控制液压缸的排油（流）量实现对液压缸的速度调节，通过节流阀的流量等于进入液压缸的流量，定量泵多余的流量通过溢流阀流回油箱。

与进口节流调速回路的速度-负载特性、功率特性、承载能力特性相比较，可以得出它们在这几方面是相同的。该回路一般适合于小功率、负载变化不大的液压系统。

出口节流调速回路的特点如下。

a. 运动平稳性较好。由于经过节流阀发热的油不再进入执行机构，再加上回路上有背压，因此执行元件的运动平稳性好，特别是低速运动时比较平稳。

b. 可以承受负载荷。由于回油节流调速回路有背压，因此可以承受负载荷。

c. 在出口节流调速回路中，如果停车时间较长，液压缸回油腔的油液会漏掉一部分，形成空隙；重新启动时，会使液压缸的活塞产生前冲，直到消除回油腔内的空隙并形成背压为止。

d. 效率低。这是因为出口节流调速回路有背压存在，使得液压缸两腔的压力都比进口节流调速回路高。因此在同样的负载情况下，降低了有效功率。

出口节流调速回路一般适合于功率不大的低压、小流量、负载变化不大、运动平稳性要求比较高的液压系统。

③ 旁路节流调速回路　将流量阀设置在与执行元件并联的旁油路上，即构成了旁油路节流调速回路，如图 8-22 所示。该回路采用定量泵供油，流量阀的出口接油箱，因而调节节流阀的开口就调节了执行件的运动速度，同时也调节了液压泵流回油箱流量的多少，从而起到溢流的作用。这种回路不需要溢流阀"常开"溢流，因此其溢流阀实为安全阀，它在系统正常工作时关闭，过载时才打开，其调定压力为液压缸最大工作压力的 1.1～1.2 倍。液压泵出口的压力与液压缸的工作压力相等，直接随负载的变化而改变。流量阀进、出油口的压差也等于液压缸进油腔的压力（流量阀出口压力可视为零）。

图 8-23 为旁油路节流调速-负载特性曲线，分析可知，该回路有以下特点。

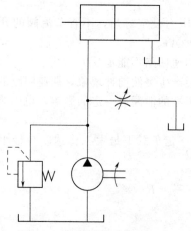

图 8-22　旁油路节流调速回路

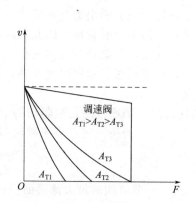

图 8-23　旁油路节流调速速度-负载特性曲线

a. 节流阀开口越大，进入液压缸中的流量越小，活塞运动速度则越低；反之，开口关小，其速度升高。

b. 当节流阀开口一定时，活塞运动的速度也随负载的增大而减小，而且其速度刚性比进、回油路节流调速回路更软。

c. 当节流阀开口一定时，负载较小的区段曲线较陡，速度刚性差；负载较大的区段曲线较平缓，速度刚性较好。

d. 在相同负载下工作时，节流阀开口越小，曲线越平缓，速度刚性越好。

e. 节流阀开口不同的各特性曲线，在负载坐标轴上不相交。这说明它们的最大承载能力不同。速度高时承载能力大，速度越低其承载能力越小。

f. 旁油路节流调速回路有节流损失，但无溢流损失，发热较少，其效率比进、回油路节流调速回路高一些。

根据以上分析可知，采用节流阀的旁油路节流调速回路宜用于负载大一些、速度高一些且速度的平稳性要求不高的中等功率的液压系统，例如牛头刨床的主传动系统等。若采用调速阀代替节流阀，旁油路节流调速回路的速度刚性会有明显的提高，见图 8-23。

（2）采用调速阀的调速回路

前面所介绍的几种节流调速回路，都不能满足负载变化较大或速度稳定性要求较高的应用场合。为了克服上述的缺点，可用调速阀代替上述调速回路中的节流阀，回路的负载特性将大为改善。

节流阀调速回路在变载情况下速度稳定性差的主要原因是，节流阀两端压差的变化要影响到节流阀流通流量的变化，从而影响液压缸活塞运动速度的变化。而调速阀内节流阀两端的压差基本不受负载变化的影响，其流量只取决于调速阀开口面积的大小。因此，采用调速阀可以提高回路的速度刚度，改善速度-负载特性，提高速度的稳定性。节流阀调速回路分定压式和变压式两大类，进口调速回路和出口调速回路属于定压式调速回路，旁路调速回路属于变压式调速回路。

调速阀定压式调速回路（进口调速回路和出口调速回路）的速度-负载特性曲线如图 8-24 所示。如果忽略液压系统的泄漏，可以认为其速度不受负载变化的影响。

调速阀定压式调速回路的功率特性曲线如图 8-25 所示，调速阀调速回路的输入功率 η 和溢流损失功率都不随负载变化；输出功率 P 随负载的增加而线性上升，节流损失则随负载的增加而线性下降。

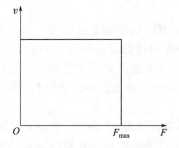

图 8-24　调速阀定压式调速回路的
速度-负载特性曲线

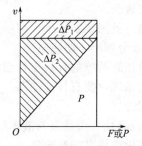

图 8-25　调速阀定压式调速回路的
功率特性曲线

调速阀变压式调速回路（旁路调速回路）的速度-负载特性曲线如图 8-26 所示。该回路可以基本保证速度不受负载的影响。

调速阀变压式调速回路的功率特性曲线如图 8-27 所示，节流阀调速回路的输入功率 P_0 和输出功率 P 以及节流损失 ΔP 都随负载的增减而增减。

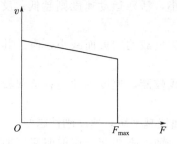

图 8-26 调速阀变压式调速回路的
速度-负载特性曲线

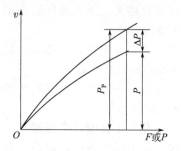

图 8-27 调速阀变压式调速回路的
功率特性曲线

以上所介绍的各种节流调速回路有节流损失和溢流损失，所以只适合用于小功率的液压系统。需要指出的是，为了保证调速回路中的减压阀起到压力补偿作用，调速阀两端的压差必须大于一定数值，否则调速阀和节流阀调速回路的负载特性将区别不大。一般中、低压调速阀的压差为 0.5MPa，高压调速阀为 1MPa。由于调速阀的最小压差比节流阀大，因此其调速回路的功率损失比节流阀调速回路要大一些。

8.2.2 容积调速回路

容积调速回路是通过改变泵或马达的排量来进行调速的。这种调速方式从原理上来讲没有节流和溢流损失。因此，与节流调速回路相比它的效率高，产生的热量少，适合用于大功率或对发热有严格限制的液压系统。其缺点是要采用变量泵或变量马达，变量泵或变量马达的结构要比定量泵和定量马达复杂得多，而且油路也相对复杂，一般需要有补油油路及设备和散热回路及设备。因此容积调速回路的成本比节流调速回路的高。

容积调速回路的形式有变量泵与定量执行元件（液压缸或液压马达）、变量泵与变量液压马达以及定量泵与变量液压马达等几种组合形式。

（1）变量泵与液压缸的容积调速回路

① 回路结构和工作原理　变量泵与液压缸的调速回路有开式回路和闭式回路两种，通过改变变量泵的排量就可以达到调节液压缸运动速度的目的。在开式回路（见图 8-28）中，回油管与液压泵的吸油管是不连通的，溢流阀 2 处于常闭状态，起到安全阀的作用，用于防止系统过载；溢流阀 3 用作背压阀，可以增加换向时液压缸运动的平稳性；液压缸的换向采用换向阀 4 来实现。

在闭式回路（见图 8-29）中，回油管与液压泵的进油管是连通的，形成了封闭的循环系统。安全阀 4、5 分别用于防止系统正、反两个方向过载，液压缸的换向依靠变量泵的换向来实现。由于液压缸两腔的有效工作面积有时不等于液压缸、管路的泄漏等原因，对于采用闭式回路结构的系统，要有补油油路。在图 8-29 中，就设有补油油路和油箱。

② 性能特点。

a. 速度-负载特性　变量泵与液压缸调速回路的速度稳定性受变量泵、液压缸以及油路泄漏的影响，其中变量泵的影响最大，其他的可以忽略。液压系统泄漏量的大小与系统的工作压力成正比，若泵的理论流量为 q_t，泄漏系数为 k_l，则可以求得回路（以开式回路为例）中活塞的运动速度为

$$v = \frac{q_P}{A_1} = \frac{1}{A_1} \left[q_t - k_l \left(\frac{F}{A_1} \right) \right] \qquad (8\text{-}13)$$

根据式（8-13）变换不同的 q_t 值，就能得到一系列的平行直线，即变量泵与液压缸调速回路的速度-负载特性曲线，如图 8-30 所示。

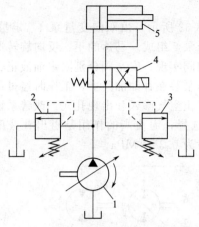

图 8-28　变量泵-液压缸开式容积调速回路
1—液压泵；2、3—溢流阀；
4—换向阀；5—液压缸

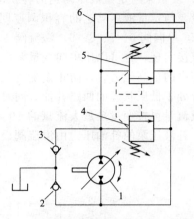

图 8-29　变量泵-液压缸闭式容积调速回路
1—双向变量泵；2、3—补油单向阀；
4、5—安全阀；6—液压缸

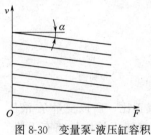

图 8-30　变量泵-液压缸容积
调速回路的速度-负载
特性曲线

在图 8-30 中，直线向下倾斜表明活塞运动的速度随着负载的增加而减小，这是由液压泵泄漏造成的。当活塞速度调低到一定程度、负载增加到某个数值时，活塞就会停止运动，这时液压泵的理论流量就全部弥补了泄漏。由此可见，这种调速回路在低速运动的工况下承载能力是很差的。

变量泵与液压缸调速回路的速度刚度为

$$k_v = \frac{\partial F}{\partial v} = \frac{A_1^2}{k_l} \tag{8-14}$$

由式（8-14）可知，泄漏系数与负载压力成正比，要想提高回路的速度刚度，可以加大液压缸的有效工作面积或选用质量高、泄漏小的变量泵。

b. 调速范围　变量泵与液压缸调速回路的最大速度由泵的最大流量所决定。如果忽略了泵的泄漏，最低速度可以调到零，因此这种调速回路的调速范围很大，可以实现无级调速。调速范围可以用下式计算

$$R_C = 1 + \frac{R_P - 1}{1 - \dfrac{k_l F R_P}{A_1 q_{t\max}}} \tag{8-15}$$

式中　R_P——变量泵变量机构的调节范围；
$q_{t\max}$——变量泵的最大理论流量。

c. 输出负载特性　在变量泵与液压缸调速回路中，系统的最大工作压力 P_P 是由安全阀（溢流阀）设定的，液压缸的最大推力为

$$P_{\max} = \eta_m \eta_P A_1 \tag{8-16}$$

式中，η_m 是液压缸的机械效率。假定安全阀的设定压力和液压缸的机械效率不变时，在调速范围内液压缸的最大推力保持恒定，所以这种回路的输出负载特性是恒推力特性，而其最大输出功率 $P_{\max}$ 随着速度（泵的流量）的增加而线性增加，如图 8-31 所示。

这种回路适合用于负载功率大、运动速度高的场合。

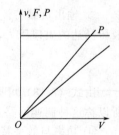

图 8-31　变量泵-液压缸
容积调速的功率、
力输出特性曲线

（2）变量泵与定量液压马达的容积调速回路

变量泵与定量液压马达的容积调速回路如图 8-32 所示，由双向变量泵 4，定量马达 5，安全阀 3，单向阀 6、7、8、9，溢流阀 1 和补液压泵 2 组成。马达的正、反向旋转通过双向变量泵直接实现，也可以用单向变量泵再加装换向阀实现；安全阀分别限定油液正、反流动方向油路中的最高压力，以防止系统过载；补液压泵装在补油油路上，工作时经过单向阀分别向系统处于低压状态的回路补油，同时还可以防止空气渗入和出现孔穴，改善系统内的热交换，其流量可按变量泵最大流量的 10%～15%选择；溢流阀的作用是溢出补液压泵的多余油液，补液压泵的补油压力由溢流阀设定，一般为 0.3～1MPa。

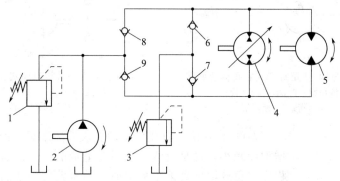

图 8-32　变量泵-定量马达容积调速回路
1—溢流阀；2—补液压泵；3—安全阀；4—双向变量泵；5—马达；6、7、8、9—单向阀

① 速度-负载特性　因为变量泵、液压马达泄漏量与负载压力成正比，所以变量泵-液压马达调速回路的速度稳定性受变量泵、液压马达泄漏的影响，随负载转矩的增加略有下降。减少泵和马达的泄漏量，或增大液压马达排量都可以提高调速回路的速度刚度。

② 调速范围　若泵的理论流量为 q_t、排量为 V_P、转速为 n_P，液压马达的排量为 V_M，忽略泵和马达的泄漏，则可以求得回路中液压马达的转速为

$$n_M = \frac{q_t}{V_M} = \frac{V_P n_P}{V_M} \tag{8-17}$$

由式（8-17）可以看出，因为泵的转速 n 和马达的排量 V_M 都为常数，所以调节变量泵的排量 V_P 就可以调节马达的转速，两者之间的关系如图 8-33 所示。由于泵的排量 V_P 可以调得较小，因此这种调速回路有较大的调速范围，可以实现连续的无级调速。当回路中的液压泵改变供油方向时，液压马达就能实现平稳换向。

③ 输出负载特性　在图 8-33 中，液压马达的最高输入压力 P_{Mmax} 由安全阀设定，忽略液压马达的出口压力，液压马达的机械效率为 η_{mM}，可得到液压马达最大输出转矩 T_{Mmax} 为

$$T_{Mmax} = \eta_{mM} \frac{p_{Mmax} V_M}{2\pi} = \text{const} \tag{8-18}$$

由式（8-18）可见，液压马达的最大输出转矩是不变的，即 T_{Mmax} 与泵的排量 V_P 无关，所以称这种调速回路为恒转矩调速回路。

④ 功率与效率特性　忽略泵和马达的泄漏，液压马达的最大输出功率为

$$P_{Mmax} = V_P n_P p_{Mmax} \tag{8-19}$$

从式（8-19）中得出，液压马达的最大输出功率随变量泵的排量线性变化，两者之间的关系如图 8-33 所示。

正常情况下，变量泵与定量液压马达的容积调速回路没有溢流损失和节流损失，所以回路的效率较高。忽略管路的压力损失，回路的总效率等于变量泵与液压马达的效率之积。

由上面分析可以看出，变量泵与定量液压马达的容积调速回路的效率较高，有一定的调速范围和恒转矩特性，在工程机械、起重机械、锻压机械等功率较大的液压系统中可获得广泛应用。

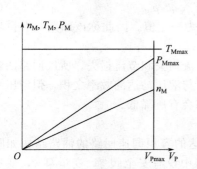

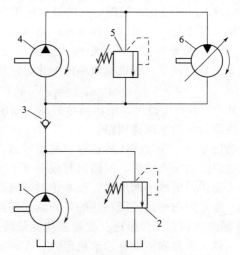

图 8-33　变量泵-定量马达容积调速回路中
马达转速、转矩、功率与泵排量关系曲线

图 8-34　定量泵-变量液压马达容积式调速回路
1—补液压泵；2—溢流阀；3—单向阀；
4—定量泵；5—安全阀；6—变量马达

（3）定量泵与变量液压马达的容积调速回路

① 回路结构和工作原理　定量泵与变量液压马达的容积调速回路的油路结构如图 8-34 所示。其由调速回路和辅助补油油路组成，在调速回路中有安全阀、定量泵和变量马达，辅助补油油路中有补液压泵、溢流阀和单向阀。

在不考虑泄漏的前提下，液压马达的转速 n_M 为

$$n_M = \frac{q_P}{V_M} = \frac{n_P V_P}{V_M} \qquad (8\text{-}20)$$

由式（8-20）可以看出，由于液压泵的排量 V_P 为常数，因此改变变量马达的排量 V_M 就可以实现调速功能，液压马达的转速与排量 V_M 成反比。

② 性能特点。

a. 速度-负载特性　定量泵-变量液压马达调速回路的速度稳定性受定量泵、变量液压马达泄漏的影响，随负载转矩的增加而下降。减少泵和马达的泄漏量，或增大液压马达排量都可以提高调速回路的速度刚度。

b. 调速范围　由式（8-20）可以看出，因为泵的转速 n_P 和排量 V_P 都为常数，所以减少变量马达的排量 V_M 就可以提高马达的转速，但马达的输出转矩会减小。当排量小到一定程度时，马达会因为输出转矩过小、不足以克服负载而停止转动。转速与排量之间的关系如图 8-35 所示。所以液压马达的转速不能调得太高。同时受马达变量结构最大行程的限制，其排量也不能调得过大，转速不能过低。因此这种调速回路的调速范围较小，一般不大于 4。

c. 输出负载特性　在图 8-35 中，液压马达的最高输入压力 P_{Mmax} 由安全阀设定，忽略液压马达的泄漏，液压马达的机械效率为 η_{Vm}，可以得到液压马达的最大输出转矩

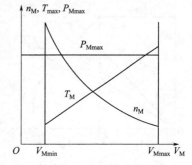

图 8-35　定量泵-变量液压马达容积
调速回路中马达转速、转矩、
功率与泵排量的关系曲线

T_{Mmax} 为

$$T_{Mmax} = \eta_{Mm} \frac{p_{Mmax} V_{Mmax}}{2\pi} \qquad (8\text{-}21)$$

由式（8-21）可见，液压马达的最大输出转矩 T_{Mmax} 与排量 V_{Mmax} 有关。液压马达的最大输出转矩是变化的，所以这种调速回路输出转矩与液压马达排量 V_M 成正比。

d. 功率与效率特性　当安全阀的设定压力 p_{Mmax} 一定时，忽略液压马达的泄漏（马达的流量等于泵的流量）和机械效率的变化，液压马达的最大输出功率 P_{Mmax} 为

$$P_{Mmax} = \eta_M V_P n_P p_{Mmax} = \eta_M q_M p_{Mmax} \qquad (8\text{-}22)$$

从式（8-22）中得出，液压马达的最大输出功率为一定值。因此称该回路具有恒功率的特性，也称为恒功率调速回路。

因为定量泵与变量液压马达容积调速回路没有溢流损失和节流损失，所以回路的效率较高。忽略管路的压力损失，回路的总效率等于变量泵与液压马达的效率之积，但液压马达的机械效率随排量的减小而降低，在高速时回路的效率会有所降低。

（4）变量泵与变量液压马达的容积调速回路

① 回路结构和工作原理　变量泵与变量液压马达的容积调速回路的油路结构如图 8-36 所示，由调速回路和辅助补油油路组成，在调速回路中设有安全阀 3，变量泵 4，变量液压马达 9 和 4 个单向阀 5、6、7、8；辅助补油油路由溢流阀 1 和补液压泵 2 组成。改变变量泵或变量液压马达的排量都可以实现液压马达的调速。

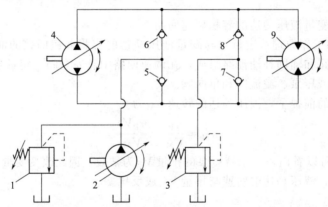

图 8-36　变量泵-变量马达容积调速回路
1—溢流阀；2—液压泵；3—安全阀；4—变量泵；5、6、7、8—单向阀；9—变量马达

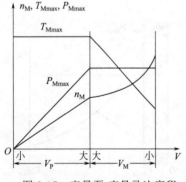

图 8-37　变量泵-变量马达容积
调速回路中转速、转矩、
功率与排量的关系曲线

② 调速特性　这种调速回路实际上是相当于恒转矩调速回路与恒功率调速回路的组合。其调速方法是：首先将液压马达的排量置于最大位置，然后由小到大调节变量泵的排量，直到泵的排量被调到最大位置为止。这一阶段是恒转矩调速阶段，回路的特性与恒转矩回路相似，液压马达的输出转矩 T_{Mmax}、转速 n_M、功率 P_{Mmax} 与泵排量 V_P 的关系如图 8-37 的左半部分所示。随后，变量泵保持最大排量状态，将液压马达的排量由大向小调节，直到液压马达的排量减小到最小允许值为止。这一阶段是恒功率调速阶段，回路的特性与恒功率回路相似，液压马达的输出转矩、转速、功率与泵排量的关系如图 8-37 的右半部分所示。

综上所述，变量泵与变量液压马达的容积调速回路兼

有恒转矩调速回路与恒功率调速回路两种回路的性能，扩大了回路的调速范围，其调速范围是变量泵排量的调节范围与变量马达排量的调节范围之积，最大可以达到 100。恒转矩调速阶段属于低速调速阶段，保持了最大输出转矩不变；而恒功率调速阶段属于高速调速阶段，提供了较大的输出功率。这一特点非常适合机器的动力要求，因此应用广泛，已经在金属切削机床、工程机械、矿山机械、行走机械等行业获得了广泛的应用。

8.2.3　容积节流调速回路

容积调速虽然效率高、发热小，但仍存在速度负载特性软的问题。尤其在低速时，泄漏在总流量中所占的比例增加，问题就更突出。在低速稳定性要求高的场合（如机床进给系统中），常采用容积节流调速回路，即利用变量泵和流量控制阀联合调节执行元件的速度。

容积节流调速回路的特点是：变量泵的供油量能自动接受流量阀的调节并与之吻合，故无溢流损失，效率较高；进入执行元件的流量与负载变化无关，且能自动补偿泵的泄漏，故速度稳定性高。但回路有节流损失，故效率较容积调速回路要低一些。此外，回路与其他元件配合容易实现"快进—工进—快退"的动作循环。

（1）限压式变量泵与调速阀的容积节流调速回路

如图 8-38(a) 所示为由限压式变量泵和调速阀组成的容积节流调速回路。该系统由限压式变量泵 1 供油，压力油经调速阀 3 进入液压缸工作腔，回油经背压阀 4 返回油箱，液压缸运动速度由调速阀中的节流阀的通流面 A_T 来控制。设泵的流量为 q_P，则稳态工作时 $q_P = q_1$，可是在关小调速阀的一瞬间，q_1 减小，而此时液压泵的输油量还没来得及改变，使得 $q_P > q_1$，因回路中没有溢流阀（阀 2 为安全阀），多余的油液使泵和调速阀间的油路压力升高，也就是泵的出口压力升高，从而使限压式变量泵输出流量减小，直至 $q_P = q_1$。反之，开大调速阀的瞬间，$q_P < q_1$，从而会使限压式变量泵出口压力降低，输出流量自动增加，直至 $q_P = q_1$。由此可见，调速阀不仅能保证进入液压缸的流量稳定，而且可以使泵的供油流量自动和液压缸所需的流量相适应，因而也可使泵的供油压力基本恒定（该调速回路也称为定压式容积节流调速回路）。这种回路中的调速阀也可装在回油路上，它的承载能力、运动平稳性、速度刚度等与对应的节流调速回路相同。

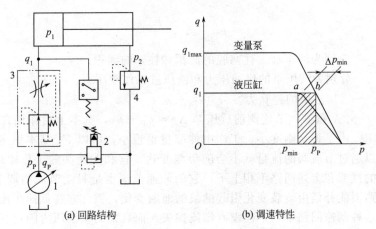

(a) 回路结构　　　　　　　　　　(b) 调速特性

图 8-38　限压式变量泵与调速阀的容积节流调速回路

图 8-38(b) 所示为调速回路的调速特性。这种回路虽无溢流损失，但仍有节流损失，其大小与液压缸工作腔压力 p_1 有关。当进入液压缸的工作流量为 q_1 时，泵的供油流量 $q_P = q_1$，供油压力为 p_P，此时液压缸工作腔压力的正常工作范围是

$$p_2 \frac{A_2}{A_1} \leqslant p \leqslant (p_P - \Delta p) \qquad (8\text{-}23)$$

式中　Δp——保持调速阀正常工作所需的压差，一般应在 0.5MPa 以上；

其他符号意义同前。

当 $p_1 = p_{1\max}$ 时，回路中的节流损失为最小，此时液压泵工作点为 a，液压缸的工作点为 b；若 p_1 减小（即点向左移动），节流损失加大。这种调速回路的效率为

$$\eta_c = \frac{\left(p_1 - p_2 \dfrac{A_2}{A_1}\right) q_1}{p_P q_P} = \frac{p_1 - p_2 \dfrac{A_2}{A_1}}{p_P} \qquad (8\text{-}24)$$

式（8-24）中没有考虑泵的泄漏损失。当限压式变量叶片泵达到最高压力时，其泄漏量为 8% 左右。泵的输出流量愈小，泵的压力就愈高；负载愈小，则式（8-30）中的压力 p_1 便愈小。因而在速度（v）小、负载（p_1）小的场合下，这种调速回路效率就很低。

（2）差压式变量泵和节流阀的容积节流调速回路

如图 8-39 所示为差压式变量泵和节流阀组成的容积节流调速回路。该回路的工作原理与上述回路基本相似，节流阀控制进入液压缸的流量 q_1，并使变量泵输出流量 q_P 自动与 q_1 相适应。当 $q_P > q_1$ 时，泵的供油压力上升，泵内左、右两个控制柱塞便进一步压缩弹簧，推动定子向右移动，减小泵的偏心距，使泵的供油量下降到 $q_P = q_1$。反之，当时 $q_P < q_1$ 时，泵的供油压力下降，弹簧推动定子和左、右柱塞向左移动，加大泵的偏心距，使泵的供油量增大至 $q_P = q_1$。

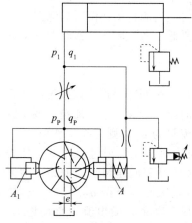

图 8-39　差压式变量泵和节流阀
组成的容积节流调速回路

在这种调速回路中，作用在液压泵定子上的力的平衡方程为

$$p_P A_1 + p_P (A - A_1) = p_1 A + F_s$$

即

$$p_P - A_1 = \frac{F_s}{A} \qquad (8\text{-}25)$$

式中　A、A_1——分别为液压缸无柱塞腔的面积和柱塞的面积；

p_P、p_1——分别为液压泵的供油压力和液压缸工作腔压力；

F_s——液压缸中的弹簧力。

由式 $F_{\max} = p_P A_1$ 可知，节流阀前后压差 $\Delta p = p_P - p_1$，基本上由作用在泵控制柱塞上的弹簧力来确定。由于弹簧刚度小，工作中伸缩量也很小，所以 F_s 基本恒定，则 Δp 也近似为常数，所以通过节流阀的流量就不会随负载变化，这和调速阀的工作原理相似。因此，这种调速回路的性能和上述回路不相上下，它的调速范围也是只受节流阀调节范围的限制。此外，这种回路因能补偿由负载变化引起的泵的泄漏变化，因此它在低速小流量场合的使用性能尤佳。在这种调速回路中，不但没有溢流损失，而且泵的供油压力随负载变化，回路中的功率损失也只有节流处压降 Δp 所造成的节流损失一项，因而它的效率较限压式变量泵和调速回路要高，且发热少。这种回路的效率表达式为

$$\eta_c = \frac{p_1 q_1}{p_P q_P} = \frac{p_1}{p_1 + \Delta p} \qquad (8\text{-}26)$$

由式（8-26）可知，只要适当控制 Δp（一般 $\Delta p \approx 0.3$MPa），就可以获得较高的效率。

这种回路宜用在负载变化大，速度较低的中、小功率场合，如某些组合机床的进给系统中。

8.2.4　快速运动回路

快速运动回路又称为增速回路，其功用在于使液压执行元件获得所需的高速，以提高系统的工作效率或充分利用功率。实现快速运动视方法不同有多种方案，下面介绍几种常用的快速运动回路。

（1）液压缸差动连接快速回路

如图 8-40 所示为利用液压缸差动连接获得快速运动的回路。在前面所述液压缸一节中，当液压缸差动连接时，相当于减小了液压缸的有效工作面积，即有效工作面积仅为活塞杠的面积。这样，当相同流量进入液压缸时，其运动速度将明显提高。当然，此时活塞上的有效推力相应减小，因此它一般适用于空载。

图 8-40 中通过二位三通电磁阀 2 左位使压力油与液压缸左、右两腔同时相通，实现差动连接，使活塞实现快速运动；同时还可通过阀 2 右位使缸右腔回油路经调速阀，实现活塞慢速运动。这种回路简单、经济，但快、慢速的转换不够平稳。

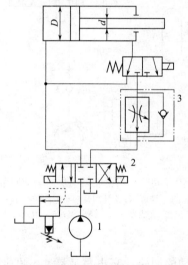

图 8-40　液压缸差动连接回路
1—液压泵；2—二位三通电磁阀；3—换向阀

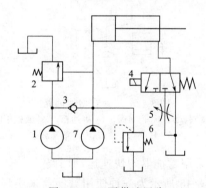

图 8-41　双泵供油回路
1—大流量泵；2—卸荷阀；3—单向阀；4—换向阀；
5—节流阀；6—溢流阀；7—小流量泵

（2）双泵供油回路

如图 8-41 所示为通过双泵供油来实现快速运动的回路。图中小流量泵 7 的压力按系统最大所需工作压力由溢流阀 6 调定；大流量泵 1 的压力按大于快速运动时系统所需的压力由卸荷阀 2 调定（此压力小于溢流阀的调整压力）。当换向阀 4 右位接入回路时，两个泵同时向液压缸左腔供油，活塞快速向右运动。当换向阀左位接入回路时，因节流阀 5 接入，液压缸右腔出现较大的背压，系统压力升高，打开卸荷阀 2 使大流量泵 1 卸荷，单向阀 3 自动关闭，小流量泵 7 在溢流阀 6 的调定压力下单独向液压缸左腔供油，使活塞向右慢速移动。这种回路的效率较高，且能实现比最大工进速度大得多的快速运动，因此，它的应用较为广泛。

（3）用增速缸来实现快速运动回路

如图 8-42 所示为通过增速缸来实现快速运动的回路。其工作原理如下：在活塞缸 7 中装有柱塞式增速缸 6，增速缸的外壳与活塞缸的活塞部件做成一体。当换向阀 2 和 3 都以左位接入回路时，压力油进入增速缸6，推动活塞快速向右移动；活塞缸7右腔的油经换向阀2流回油箱，活塞缸左腔则经液控单向阀5自副油箱4吸油。这时如换向阀3改用右位接入回路，则单向阀5关闭，压力油同时进入活塞缸左腔和增速缸，活塞慢速向右移动。当换向阀2右位接入回路时，压力油进入活塞缸右腔，增速缸接通油箱，液控单向阀打开，活塞缸左腔的油除通过液控单向阀流入副油箱外，也可以经换向阀3的右位接通油箱，这时活塞快速向左返回。溢流阀1是用于控制活塞缸工作进给的工作压力的。

这种回路可以在不增加液压泵流量的情况下获得较快的速度（因为增速缸的柱塞有效面积比活塞缸活塞面积小得多），使功率利用比较合理，缺点是结构比较复杂。它大多用在空行程速度要求较快的卧式液压注射机上。

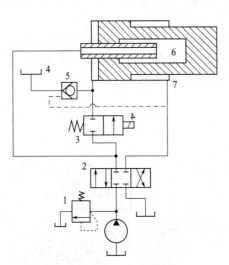

图 8-42 增速缸增速回路
1—溢流阀；2、3—换向阀；4—副油箱；5—液控单向阀；
6—柱塞式增速缸；7—活塞缸

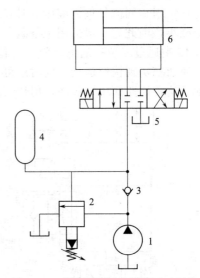

图 8-43 采用蓄能器的快速运动回路
1—溢流阀；2—卸荷阀；3—单向阀；
4—蓄能器；5—换向阀；6—增速缸

（4）采用蓄能器的快速运动回路

如图8-43所示为一种使用蓄能器来实现快速运动的回路，它由蓄能器4、卸荷阀2、单向阀3和换向阀5等元件组成。其工作原理如下：当换向阀5处于中位时，液压缸不动，液压泵通过单向阀3向蓄能器4充油，使蓄能器储存能量。当蓄能器压力升高到调定值时，卸荷阀2打开，液压泵卸荷，蓄能器压力由单向阀3保持。当换向阀切换成左位或右位时，液压泵和蓄能器同时向液压缸供油，使它快速运动。在这里，卸荷阀的调整压力须调得高于系统快速运动的工作压力，以便保证液压泵的流量在工作行程期间能全部进入系统。

8.2.5 速度换接回路

速度换接回路的功用是使液压执行机构在一个工作循环中从一种运动速度变换成另一种运动速度（例如，由快进变换成工进等）。常见的形式有以下几种。

（1）快速与慢速换接回路

快速与慢速换接回路主要用于快进与工进的速度换接。如图8-44所示为用行程阀来实现快、慢速换接的回路。当换向阀右位和行程阀下位接入回路时，节流阀被短路，流入液压缸左腔的压力油使活塞快速向右运动。当活塞移动到挡块压下行程阀的位置时，行程阀关闭，液压缸右腔的油液必须通过节流阀才能流回油箱，活塞运动转变为慢速工进。当换向阀左位接入回路时，压力油经单向阀进入液压缸右腔，活塞快速向左返回。这种回路的快慢速换接过程比较平稳，换接点位置较易控制（换接精度高）；缺点是行程阀的安装位置不能任意布置，管路连接较为复杂。这种回路在机床液压系统中较为常见，有的厂家甚至将图 8-44 所示回路中的件 2、3 和 4 做成一个组合阀，称之为单向行程调速阀。

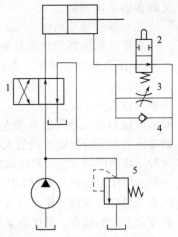

图 8-44　基于行程阀的速度
换接回路
1—换向阀；2—行程阀；
3—节流阀；4—单向阀；
5—溢流阀

若将图 8-44 中的行程阀改用电磁阀，并通过挡块压下电气行程开关来操纵，也可以实现上述的快慢速自动换接。这样虽可以灵活地布置电磁阀的安装位置，但换接平稳性、换接精度和换向可靠性都没有采用行程阀时好。

（2）两种不同慢速运动的换接回路

两种不同慢速运动的换接回路主要用于工进与工进（即两种不同工作进给）的速度换接。如图 8-45 所示为用两个调速阀来实现不同工进速度的换接回路。图 8-45（a）中两个调速阀 A 和 B 并联，由换向阀实现换接。两个调速阀可以独立调节各自的流量，互不影响；但是，这种换接回路一个调速阀工作时另一个调速阀内无油通过，它的减压阀处于最大开口位置，速度换接时大量油液通过该处，将使工作部件产生突然前冲现象。因此它不宜用于在加工过程中实现速度换接，只可用在速度预选的场合。但若改为如图 8-45（b）所示的回路，由于两个调速阀始终处于工作状态，故可避免工作部件的前冲现象。如图 8-45（c）所示为两个调速阀 A 和 B 串联的速度换接回路。在图示位置时，调速阀 B 被换向阀短接，输入液压缸的流量由调速阀 A 控制。当换向阀右位接入回路时，由于通过调速阀 B 的流量调得比调速阀 A 的小，所以输入液压缸的流量由调速阀 B 控制。这种回路中的调速阀 A 一直处于工作状态，它在速度换接时限制着进入调速阀 B 的流量，因此这种回路的速度换接平稳性比较好。

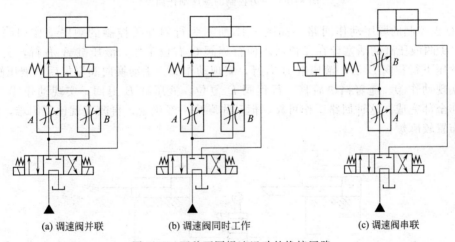

(a) 调速阀并联　　　　　(b) 调速阀同时工作　　　　　(c) 调速阀串联

图 8-45　两种不同慢速运动的换接回路

8.2.6　多缸动作回路

在液压系统中，如果由一个油源给多个液压缸输送压力油，且多个液压缸的动作往往有不同的要求，如顺序动作、同步动作等，这时各液压缸可能会因压力和流量的彼此影响而在动作上相互牵制，因此必须使用一些特殊的回路才能实现预定的动作要求，这里介绍几种常见的多缸动作回路。

（1）顺序动作回路

顺序动作回路的功用是使多缸液压系统中的各个液压缸严格地按规定的顺序动作。

① 压力控制的顺序动作回路　如图 8-46 所示为一种使用顺序阀的压力控制顺序动作回路。当换向阀左位接入回路且顺序阀 D 的调定压力大于液压缸 A 的最大前进工作压力时，压力油先进入液压缸 A 的左腔，实现动作①。当这项动作完成后，系统中压力升高，压力油打开顺序阀 D 进入液压缸 B 的左腔，实现动作②。同样，当换向阀右位接入回路且顺序阀 C 的调定压力大于液压缸 B 的最大返回工作压力时，两液压缸按③和④的顺序向左返回。很明显，这种回路顺序动作的可靠性取决于顺序阀的性能及其压力调定值：后一个动作的压力必须比前一个动作压力高出 0.8～1MPa。顺序阀打开和关闭的压力差值不能过大，否则顺序阀会在系统压力波动时造成误动作，引起事故。由此可见，这种回路只适用于系统中液压缸数目不多、负载变化不大的场合。其优点是动作灵敏，安装连接较方便；缺点是可靠性不高，位置精度低。

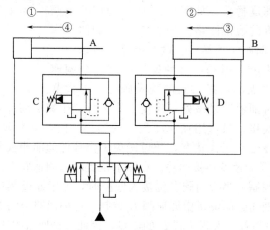

图 8-46　压力控制的顺序动作回路

② 行程控制的顺序动作回路　如图 8-47 所示为行程开关控制的顺序动作回路。在图中，A、B 两液压缸的活塞皆在左位时，使行程阀 C 右位工作，液压缸 A 右行，实现动作①。挡块压下行程阀 D 后，液压缸 B 右行，实现动作②。手动换向阀复位后，液压缸 A 先复位，实现动作③。随着挡块后移，行程阀 D 复位，液压缸 B 退回，实现动作④。至此，顺序动作全部完成。这种回路工作可靠，但动作顺序一经确定，再改变就比较困难，同时管路长，布置较麻烦。

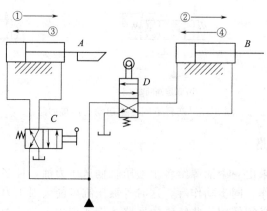

图 8-47　行程控制的顺序动作回路

③ 行程开关与电磁阀控制的顺序动作回路　如图 8-48 所示是一种采用行程开关和电磁换向阀配合的顺序动作回路。操作时首先按下启动按钮，使电磁铁 1YA 得电，压力油进入液压缸 3 的左腔，使活塞按箭头①所示方向向右运动。当活塞杆上的挡块压下行程开关 6S 后，通过电气上的联锁使 1YA 断电、3YA 得电，液压缸 3 的活塞停止运动，压力油进入液压缸 4 的左腔，使其按箭头②所示的方向向右运动。当活塞杆上的挡块压下行程开关 8S 时 3YA 断电、2YA 得电，压力油进入液压缸 3 的右腔，使其活塞按箭头③所示的方向向左运动；当活塞杆上的挡块压下行程开关 5S 时 2YA 断电、4YA 得电，压力油进入液压缸 4 右腔，使其活塞按箭头④的方向返回。当挡块压下行程开关 7S 时 4YA 断电，活塞停止运动，完成一个工作循环。这种顺序动作回路的优点是调整行程比较方便，改变电气控制线路就可以改变油缸的动作顺序，利用电气互锁，可以保证顺序动作的可靠性。

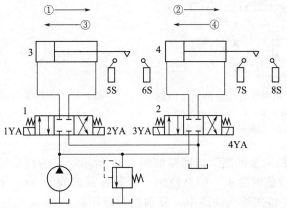

图 8-48　行程开关与电磁阀控制的顺序动作回路
1、2—电磁换向阀；3、4—液压缸

(2) 同步回路

同步回路的功用是保证系统中的多个液压缸在运动中的位移量相同或以相同的速度运动。在多缸液压系统中，影响同步精度的因素是很多的，如液压缸外负载、泄漏、摩擦阻力、制造精度、结构弹性变形以及油液中的含气量等，都会使运动不同步。同步回路要尽量克服或减少这些因素的影响。

① 用串联液压缸的同步回路　如图 8-49 所示为带有补偿装置的两个液压缸串联的同步回路。当两液压缸同时下行时，若液压缸 5 活塞先到达行程端点，则挡块压下行程开关 1S，电磁铁 3YA 得电，换向阀 3 左位投入工作，压力油经换向阀 3 和液控单向阀 4 进入液压缸 6 上腔，进行补油，使其活塞继续下行到达行程端点。如里液压缸 6 活塞先到达端点，行程开关 2S 使电磁铁 4YA 得电，换向阀 3 右位投入工作，压力油进入液控单向阀控制腔，打开液控单向阀 4，液压缸 5 下腔与油箱接通，使其活塞继续下行达到行程端点，从而消除累积误差。这种回路允许较大偏载，偏载所造成的压差不影响流量的改变，只会导致微小的压缩和泄漏，因此同步精度较高，回路效率也较高。需要注意的是，这种回路中泵的供油压力至少是两个液压缸工作压力之和。

② 用同步马达的同步回路　如图 8-50 所示为采用相同结构、相同排量的两个液压马达作为等流量分流装置的同步回路。两个马达轴刚性连接，把等量的油分别输入两个尺寸相同的液压缸中，使两液压缸实现同步。图中的节流阀是用于消除行程端点两缸的位置误差的。影响这种回路同步精度的主要因素有：两个马达由于制造上的误差而引起的排量上的差别；作用于液压缸活塞上的负载不同引起的漏油以及摩擦阻力的不同等。

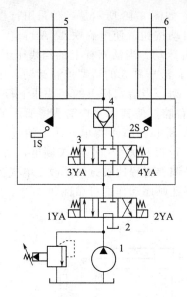

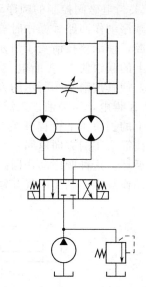

图 8-49　用串联液压缸的同步回路
1—液压泵；2、3—换向阀；
4—液控单向阀；5、6—液压缸

图 8-50　用同步马达的同步回路

③ 用比例调速阀的同步回路　该回路如图 8-51 所示，它的同步精度较高，绝对精度达 0.5mm，已足够一般设备的要求。回路使用一个普通调速阀 C 和一个比例调速阀 D，各装在一个由单向阀组成的桥式整流油路中，分别控制液压缸 A 和液压缸 B 的正反向运动。当两液压缸出现位置误差时，检测装置发出信号，调整比例调速阀的开口，修正误差，即可保证同步。

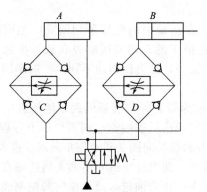

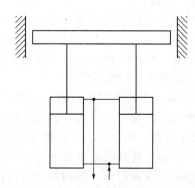

图 8-51　用比例调速阀的同步回路

图 8-52　液压缸机械连接的同步回路

④ 液压缸机械连接的同步回路　这种同步回路是用刚性梁、齿轮、齿条等机械零件在两个液压缸的活塞杆间实现刚性连接以实现位移的同步。如图 8-52 所示为液压缸机械连接的同步回路，这种同步方法比较简单经济，能基本上保证位置同步的要求。但由于机械零件在制造、安装上的误差，同步精度不高。同时，两个液压缸的负载差异不宜过大，否则会造成卡死现象。

（3）多缸快慢速互不干扰回路

多缸快慢速互不干扰回路的功用是防止液压系统中的几个液压缸因速度快慢的不同（因而使工作压力不同）而在动作上相互干扰。

　　如图 8-53 所示为一种通过双泵供油来实现多缸快慢速互不干扰的回路。图中的液压缸 6 和液压缸 7 各自要完成 "快进—工进—快退" 的自动工作循环。其作用情况如下：当电磁铁 3YA、4YA 通电且 1YA、2YA 断电时，两个缸都做差动连接，由大流量泵 12 供油，使活塞快速向右运动。这时如某一个液压缸，例如液压缸 6，先完成了快进运动，通过挡块和行程开关实现了快慢速换接（1YA 通电、3YA 断电），这个液压缸就改由小流量泵 1 来供油，经调速阀 3 获得慢速工进运动，不受液压缸 7 的运动影响。当两液压缸都转换成工进，且都由小流量泵 1 供油之后，若某一个液压缸，例如液压缸 6，先完成了工进运动，通过挡块和行程开关实现了反向换接（1YA 和 3YA 都通电），这个液压缸就改由大流量泵 12 来供油，使活塞快速向左返回，这时液压缸 7 仍由小流量泵 1 供油继续进行工进，不受液压缸 6 运动的影响。当所有电磁铁都断电时，两液压缸才都停止运动。由此可见，这个回路之所以能够防止多缸的快慢运动互不干扰，是由于快速和慢速各由一个液压泵来分别供油，再通过相应电磁阀进行控制的缘故。

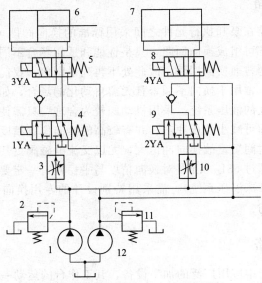

图 8-53　双泵供油式互不干扰回路

1—小流量泵；2,11—溢流阀；3、10—调速阀；4、5、8、9—换向阀；6、7—液压缸；12—大流量泵

（4）多缸卸荷回路

　　多缸卸荷回路的功用在于使液压泵在各个执行元件都处于停止位置时自动卸荷，而当任一执行元件要求工作时又立即由卸荷状态转换成工作状态，如图 8-54 所示。这种回路是一

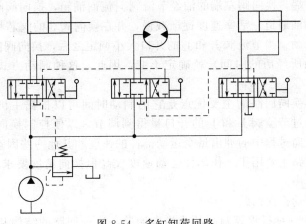

图 8-54　多缸卸荷回路

种串联式结构。由图可见，液压泵的卸荷油路只有在各换向阀都处于中位时才能接通油箱，任一换向阀不在中位时液压泵都会立即恢复压力油的供应。

这种回路对液压泵卸荷的控制十分可靠。但当执行元件数目较多时，卸荷油路较长，使泵的卸荷压力增大，影响卸荷效果。这种回路常用于工程机械上。

8.3　方向控制回路

在液压系统中，工作机构的启动、停止或变换运动方向等都是通过控制进入元件液流的通、断及改变流动方向来实现的。实现这些功能的回路称为方向控制回路。

8.3.1　普通换向回路

普通换向回路，只需在泵和执行元件之间采用标准的换向阀即可组成。各种操纵方式、中位机能不同的换向阀都可组成换向回路，只是性能和适用场合不同。熟悉和掌握第 4 章中介绍的换向阀有助于理解普通换向回路，故此处不再列举图例，仅简单分析一下。手动换向阀的精度和平稳性不高，常用于换向不频繁且无需自动化的场合，如一般机床夹具、工程机械等。对速度和惯性较大的液压系统，采用机动阀较为合理，只需使运动部件上的挡块有合适的迎角或轮廓曲线，即可减小液压冲击，并有较高的换向位置精度。电磁阀使用方便，易于实现自动化，但换向时间短，故换向冲击大，尤以交流电磁阀更甚，只适用于小流量、平稳性要求不高处。流量超过 63L/min、对换向精度与平稳性有一定要求的液压系统，以及对换向有特殊要求处（如磨床液压系统），需采用特别设计的专用换向回路。双向变量泵本身便可用来使执行元件换向。

8.3.2　专用换向回路

磨床是机械制造生产中应用广泛的加工设备，其工作台的运动一般采用液压缸实现。平面磨床和内、外圆磨床由于其加工特点的不同，对换向的要求也不相同。前者追求的是换向的平稳性，而后者追求的是换向精度，它们分别可用以下两种换向回路实现。

（1）时间控制制动式换向回路

如图 8-55 所示为一种比较简单的时间控制制动式换向回路。这个回路中的主油路只受换向阀 3 控制。在换向过程中，当图中先导阀 2 在左端位置时，控制油路中的压力油经单向阀 2 通向换向阀 3 右端，换向阀左端的油经节流阀 J_1 流回油箱，换向阀阀芯向左移动，阀芯上的锥面逐渐关小回油通道，活塞速度逐渐减慢，并在换向阀 3 的阀芯移过 l 距离后将通道闭死，使活塞停止运动。当节流阀 J_1 和 J_2 的开口大小调定之后，换向阀阀芯移过距离 l 所需的时间（使活塞制动所经历的时间）就确定不变，因此，这种制动方式被称为时间控制制动式。

时间控制制动式换向回路的主要优点是它的制动时间可以根据主机部件运动速度的快慢、惯性的大小及通过节流阀 J_1 和 J_2 的开口量得到调节，以便控制换向冲击，提高工作效率；其主要缺点是换向过程中的冲出量受运动部件的速度和其他一些因素的影响，故精度不高。所以这种换向回路主要用于工作部件运动速度较高但换向精度要求不高的场合，例如，平面磨床的液压系统中。

（2）行程控制制动换向回路

如图 8-56 所示为一种行程控制制动式换向回路。这种回路的结构和工作情况与时间控

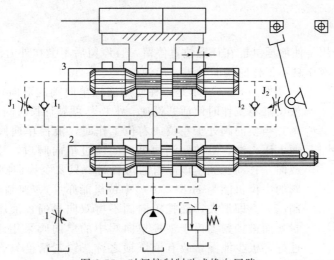

图 8-55　时间控制制动式换向回路
1—节流阀；2—先导阀；3—换向阀；4—溢流阀

制制动式的主要差别在于，这里的主油路除了受换向阀 3 控制外，还要受先导阀 2 控制。当图示位置的先导阀 2 在换向过程中向左移动时，先导阀阀芯的右制动锥将液压缸右腔的回油通道逐渐关小，使活塞速度逐渐减慢，对活塞进行预制动。当回油通道被关得很小、活塞速度变得很慢时，换向阀 3 的控制油路才开始切换，换向阀阀芯向左移动，切断主油路通道，使活塞停止运动，并随即使它在相反的方向启动。这里，不论运动部件原来的速度快慢如何，先导阀总是要先移动一段固定的行程 l，将工作部件先进行预制动后，再由换向阀来使它换向。这种制动方式被称为行程控制制动式。

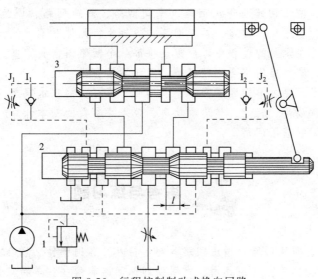

图 8-56　行程控制制动式换向回路
1—节流阀；2—先导阀；3—换向阀

行程控制制动式换向回路的换向精度较高，冲出量较小；但是由于先导阀的制动行程恒定不变，制动时间的长短和换向冲击的大小就将受运动部件速度快慢的影响。所以这种换向回路宜用在主机工作部件运动速度不大但换向精度要求较高的场合，例如内、外圆磨床的液压系统中。

8.3.3 锁紧回路

锁紧回路的功用是使液压缸能在任意位置停留，且停留后不会在外力作用下移动位置的回路。其实质是在液压缸不工作时切断其进、出油路。

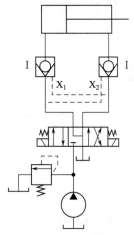

如图 8-57 所示是一种使用液控单向阀的双向锁紧回路，它能在液压缸不工作时使活塞迅速、平稳、可靠且长时间地被锁住。

当换向阀处于左位或右位工作时，液控单向阀控制口 X_1 或 X_2 通入压力油，缸的回油便可反向流过单向阀口，故此时活塞可向右或向左移动。到了该停留的位置时，只要令换向阀处于中位，因该阀的中位机能为 H 型（Y 型中位机能亦可），控制油直通油箱，故控制压力立即消失，液控单向阀不再双向导通，液压缸因两腔油液被封死而被锁紧。由于液控单向阀中的单向阀采用座阀式结构，密封性好，极少泄漏，故有液压锁之称。锁紧精度只受液压缸本身的泄漏影响。

当换向阀的中位机能为 O 型或 M 型时，几乎无需液控单向阀也能使液压缸锁紧。其实由于换向阀存在较大的泄漏，锁紧功能较差，只能用于锁紧时间短且要求不高处。

图 8-57 锁紧回路

本章小结

本章所介绍的是一些比较典型和比较常用的基本回路，包括调压回路、减压回路、增压回路、保压回路、平衡回路、卸荷回路、调速回路、快速运动回路、速度换接回路、顺序动作回路、同步回路、多缸执行元件互不干扰回路、锁紧回路、换向回路等基本回路。在学习的过程中，应重点将每一个回路图彻底掌握。本章所介绍的回路皆为最基本的回路，实际应用将会比较复杂，因此要学会举一反三。

通过本章的学习，要求掌握调压回路、调速回路等有关的基本概念、特点、应用场合和压力、流量、速度、载荷、转矩、转速、功率、效率等参数的基本计算。并能根据使用要求计算和设计常用类型的液压回路。

思考与练习题

8-1 什么叫基本回路？其与液压系统有何关系？

8-2 调压回路、减压回路及增压回路各有何特点？各用于什么场合？

8-3 什么叫卸荷回路？有何作用？常用的卸荷回路有哪些？其特点如何？

8-4 平衡回路有何作用？液压系统中是如何实现平衡的？

8-5 什么叫液压锁？它的工作原理如何？

8-6 什么叫快速运动回路？其作用是什么？

8-7 双泵供油式快速运动回路的特点是什么？

8-8 什么叫速度换接回路？主要用于什么场合？

8-9 时间控制制动式和行程控制制动式换向回路各有何特点？主要用于什么场合？

8-10　什么叫顺序动作回路？实现多缸顺序动作回路的控制方式有哪些？各有何特点？

8-11　试解释节流调速、容积调速、容积节流调速的概念。

8-12　试分析进口节流调速回路的机械特性、功率特性，并说明它为什么适用于低速、轻载小功率的中、低压液压系统。

8-13　何谓容积调速回路？试给出三种泵-马达式容积调速回路的工作特性曲线，并解释何谓恒功率和恒转矩调速回路。

8-14　试分析限压式变量叶片泵与调速阀组成的容积节流调速回路的工作原理，并解释为何适用于负载变化不大的中小功率场合。

第 **9** 章

典型液压系统

前面几章我们已将液压传动的一些基本理论、液压元件及基本回路等做了详细的介绍，在此基础上，本章将介绍具体的机床设备液压回路，并分析其工作原理。

通常，在阅读较复杂的液压回路图时，应按如下步骤进行：

① 了解机械设备对液压系统的动作要求。

② 逐步浏览整个液压系统，了解液压系统（回路）由哪些元件组成，再以各个执行元件为中心，将系统分成若干个子系统。

③ 对每一执行元件及与其相关联的阀件等组成的子系统进行分析，并了解此子系统包含哪些基本回路。然后再根据执行元件的动作要求，参照电磁线圈的动作顺序表阅读此子系统。

④ 根据机械设备中各执行元件间互锁、同步和防干扰等要求，分析各子系统之间的关系，并进一步阅读系统是如何实现这些要求的。

⑤ 在全面读懂整个系统之后，归纳总结整个系统有哪些特点，以加深对液压回路的理解。

9.1 组合机床动力滑台液压系统

9.1.1 概述

组合机床是由一些通用和专用零部件组合而成的专用机床，广泛应用于大批量的生产中。组合机床上的主要通用部件——动力滑台是用来实现进给运动的，只要配以不同用途的主轴头，即可实现钻、扩、铰、镗、铣、刮端面、倒角及攻螺纹等加工。动力滑台有机械滑台和液压滑台之分。液压动力滑台是利用液压缸将泵站所提供的液压能转变成滑台运动所需的机械能的机构。它对液压系统性能的主要要求是速度换接平稳，进给速度稳定，功率利用合理，效率高，发热少。

现以 YT4543 型液压动力滑台为例分析组合机床动力滑台液压系统的工作原理和特点。该动力滑台要求进给速度范围为 $6.6\sim600\text{mm/min}$，最大进给力为 $4.5\times10^4\text{N}$。如图 9-1 所示为 YT4543 型动力滑台的液压系统原理图，该系统用限压式变量泵供油、电液换向阀换向、液压缸差动连接来实现快进，用行程阀实现快进与工进的转换，用二位二通电磁换向阀进行两个工进速度之间的转换。此外，为了保证进给的尺寸精度，用止挡块停留来限位。通常实现的工作循环为"快进→第一次工作进给→第二次工作进给→止挡块停留→快退→原位停止"。

9.1.2　YT4543 型动力滑台液压系统的工作原理

(1) 快进

如图 9-1 所示，按下启动按钮后电磁铁 1YA 得电，电液换向阀 6 的先导阀阀芯向右移动，从而引起主阀芯向右移，使其左位接入系统，形成差动连接，其主油路如下。

① 进油路　泵 1→单向阀 2→换向阀 6 左位→行程阀 11 下位→液压缸左腔。

② 回油路　液压缸的右腔→换向阀 6 左位→单向阀 5→行程阀 11 下位→液压缸左腔。

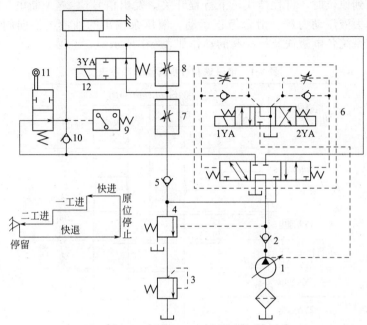

图 9-1　YT4543 型动力滑台液压系统原理图

1—泵；2，5，10—单向阀；3—背压阀；4—顺序阀；6，12—换向阀；
7，8—调速阀；9—压力继电器；10—行程阀；11—行程阀

(2) 第一次工作进给

当滑台快速运动到预定位置时，滑台上的行程挡块压下了行程阀 11 的阀芯，切断了该通道，压力油须经调速阀 7 进入液压缸的左腔。由于油液流经调速阀，因此系统压力上升，打开液控顺序阀 4，此时单向阀 5 的上部压力大于下部压力，所以单向阀 5 关闭，切断了液压缸的差动回路，回油经液控顺序阀 4 和背压阀 3 流回油箱，从而使滑台转换为第一次工作进给。其主油路如下。

① 进油路　泵 1→单向阀 2→换向阀 6 左位→调速阀 7→换向阀 12 右位→液压缸左腔。

② 回油路　液压缸的右腔→换向阀 6 左位→顺序阀 4→背压阀 3→油箱。

因为工作进给时，系统压力升高，所以变量泵 1 的输油量便自动减小，以适应工作进给的需要。其中，进给量大小由调速阀 7 调节。

(3) 第二次工作进给

第一次工作进给结束后，行程挡块压下行程开关，使 3YA 通电，二位二通换向阀将通路切断，进油必须经调速阀 7 和调速阀 8 才能进入液压缸。此时，由于调速阀 8 的开口量小于调速阀 7 的，所以进给速度再次降低，其他油路情况和第一次工作进给相同。

(4) 止挡块停留

当滑台工作进给完毕之后，碰上止挡块的滑台不再前进，停留在止挡块处。同时，系统

压力持续升高，当升高到压力继电器 9 的调整值时，压力继电器动作，经过时间继电器的延时，再发出信号使滑台返回。滑台的停留时间可由时间继电器在一定范围内调整。

（5）快退

时间继电器经延时发出信号后 2YA 通电，1YA、3YA 断电。其主油路如下。

① 进油路：泵 1→单向阀 2→换向阀 6 右位→液压缸右腔。

② 回油路　液压缸左腔→单向阀 10→换向阀 6 右位→油箱。

（6）原位停止

当滑台退回到原位时，行程挡块压下行程开关，发出信号使 2YA 断电，换向阀 6 处于中位，液压缸失去液压动力源，滑台停止运动。液压泵输出的油液经换向阀 6 直接回到油箱，泵卸荷。该系统各电磁铁及行程阀的动作如表 9-1 所示。

表 9-1　电磁铁和行程阀动作顺序表

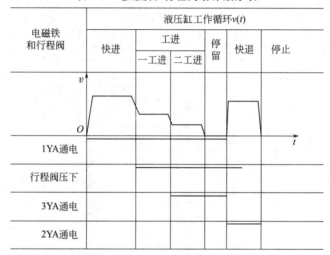

9.1.3　YT4543 型动力滑台液压系统的特点

YT4543 型动力滑台液压系统具有如下特点：

① 系统采用了限压式变量叶片泵——调速阀（一背压阀式）的调速回路，能保证稳定的低速运动（进给速度最小可达 6.6mm/min），较好的速度刚性和较大的调速范围。

② 系统采用了限压式变量泵和差动连接式液压缸来实现快进，能源利用比较合理。当滑台停止运动时，换向阀使液压泵在低压下卸荷，减少了能量损耗。

③ 系统采用了行程阀和顺序阀实现快进与工进的换接，不仅简化了电气回路，而且使动作可靠，换接精度亦比电气控制高。至于两个工进之间的换接，由于两者速度都比较低，因此采用电磁阀完全能保证换接精度。

9.2　压力机液压系统

9.2.1　概述

压力机是一种用静压来加工金属、塑料、橡胶、粉末制品的机械设备，在许多工业部门得到了广泛的应用。

压力机的类型很多，其中四柱式液压机最为典型，应用也最广泛。它可以进行冲剪、弯曲、翻边、拉伸、冷挤、成型等多种加工。为完成上述工作，压力机应能产生较大的压制力，因此其液压系统工作压力高，液压缸的尺寸大，流量也大，是较为典型的高压大流量系统。压力机在压制工件时系统压力高但速度低，而空行程时速度快、流量大、压力低，因此各工作阶段的转接要平稳，功率的利用应合理。为满足不同工艺需要，系统的压力要能方便地变换和调节。

现以 YB32-200 型四柱式液压机为例，分析其液压系统的工作原理及特点。该压力机在四个立柱之间安装有上、下两个液压缸，上液压缸为主缸，驱动上滑块实现"快速下行→慢速加压→保压延时→卸压换向→快速退回→原位停止"的工作循环；下液压缸为顶出缸，驱动下滑块实现"向上顶出→停留→向下退回→原位停止"的工作循环。

YB32-200 型四柱式液压机主缸最大压制力为 2000kN，其液压系统的最高工作压力为 32MPa。如表 9-2 所示为 YB32-200 型四柱式液压机的动作循环表，其液压系统图如图 9-2 所示。

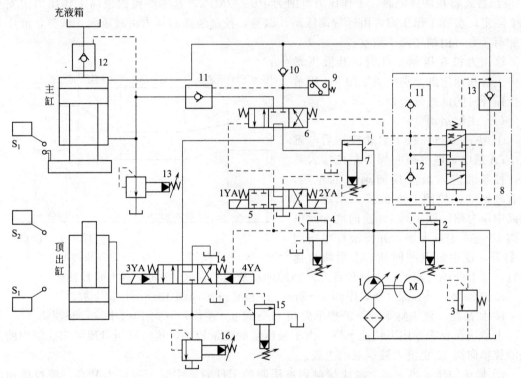

图 9-2 YB32-200 型四柱式液压机的液压系统图

1—变量泵；2、13、16—安全阀；3—远程调压阀；4—减压阀；5—电磁换向阀；6—液动换向阀；7—顺序阀；8—预泄换向阀；9—压力继电器；10—单向阀；11、12—液控单向阀；14—电液换向阀；15,16—背压阀

表 9-2 电磁铁动作顺序表

工作循环液压缸		信号来源	电磁铁			
			1YA	2YA	3YA	4YA
主缸	快速下行	按启动按钮	+	−	−	−
	慢速加压	上滑块压住工件	+	−	−	−
	保压延时	压力继电器发信号	−	−	−	−
	卸压换向	时间继电器发信号	−	+	−	−
	快速退回	预泄阀换为下位	−	+	−	−
	原位停止	行程开关				

续表

工作循环液压缸		信号来源	电磁铁			
			1YA	2YA	3YA	4YA
顶出缸	向上顶出	行程开关或按钮	−	−	−	+
	向下退回	时间继电器发信号	−	−	+	−
	原位停止	终点开关	−	−	−	−

注："＋"表示电磁铁通电；"−"表示电磁铁断电。

9.2.2 YB32-200 型四柱式液压机液压系统工作原理

YB32-200 型四柱式液压机的液压系统由主缸、顶出缸、轴向柱塞式变量泵 1、安全阀 2、远程调压阀 3、减压阀 4、电磁换向阀 5、液动换向阀 6、顺序阀 7、预泄换向阀 8、主缸安全阀 13、顶出缸电液换向阀 14、下缸背压阀 15 及下缸安全阀 16 组成。该系统采用变量泵-液压缸式容积调速回路，工作压力范围为 10～32MPa，其主油路的最高工作压力由安全阀 2 限定，实际工作压力可由远程调压阀 3 调整，控制油路的压力由减压阀 4 调整，液压泵的卸荷压力可由顺序阀 7 调整。

该压力机在压制工件时，其液压系统中主缸和顶出缸分别完成如图 9-3 所示工作循环时的油路分析如下。

(1) 主缸运动

① 快速下行 按下启动按钮后电磁铁 1YA 通电，电磁换向阀 5 左位接入系统，控制油进入液动换向阀 6 的左端，阀右端回油，故阀 6 左位接入系统。主油路中压力油经顺序阀 7、换向阀 6 及单向阀 10 进入主缸上腔，并将液控单向阀 11 打开，使主缸下腔回油，上滑块快速

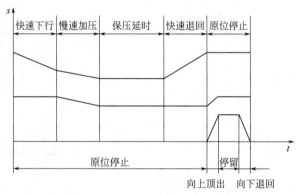

图 9-3 YB32-200 型四柱式液压机的工作循环

下行，缸上腔压力降低，主缸顶部充液箱的油经液控单向阀 12 向主缸上腔补油。

a. 进油路 液压泵 1→顺序阀 7→阀 6（左位）→单向阀 10→液压缸上腔。

b. 回油路 液压缸下腔→液控单向阀 11→阀 6（左位）→阀 14（中位）→油箱。

上滑块在自重作用下快速下降，由于液压泵的流量较小，这时液压机顶部充油箱中的油经液控单向阀 12 也流入液压缸的上腔。

② 慢速加压 当主缸上滑块接触到被压制的工件时，主缸上腔压力升高，液控单向阀 12 关闭，且液压泵流量自动减小，滑块下移速度降低，慢速压制工件。这时除充液箱不再向液压缸上腔供油外，其余油路与快速下行油路完全相同。

③ 保压延时 保压延时是当系统中压力升高到使压力继电器 9 开启的压力时，压力继电器发出信号，使电磁铁 1YA 断电，阀 5 换为中位，这时阀 6 两端油路均通油箱，因而阀 6 也换为中位，主缸上下腔油路均被封闭保压。液压泵经阀 6 中位、阀 14 中位卸荷。同时，压力继电器还向时间继电器发送信号，使时间继电器开始延时，保压时间可在 0～24min 内调节。保压时除了液压泵在较低压力下卸荷外，系统中没有油液流动。这时油液流动情况为：液压泵 1→顺序阀 7→阀 6（中位）→阀 14（中位）→油箱。

该系统也可利用行程控制使系统由慢速加压阶段转为保压延时阶段，即当慢速加压、上滑块下移至预定的位置时，由与上滑块相连的运动件上的挡块压下行程开关发出信号，使阀 5、阀 6 换为中位停止状态，同时向时间继电器发出信号，使系统进入保压延时阶段。

④ 卸压换向　保压延时结束后，时间继电器发出信号，使电磁铁 2YA 通电，阀 5 换为右位，控制油路经阀 5 进入液控单向阀 1 的控制油腔，顶开其卸荷阀芯，使主缸上腔油路的高压油经 1、卸压阀芯上的槽口及预泄换向阀 8 上位的孔道与油箱连通，从而使主缸上腔油卸压。

⑤ 快速退回　主缸上腔卸压后，在控制油压作用下，阀 8 换为下位，控制油经阀 8 进入阀 6 右端，阀 6 左端回油，因此阀 6 右位接入系统。主油路中，压力油经阀 6、阀 11 进入主缸下腔，同时将液控单向阀 12 打开，使主缸上腔油返回充液箱，上滑块则快速上升，退回至原位。油液流动情况如下。

a. 进油路　液压泵→顺序阀 7→阀 6（右位）→阀 11→主缸下腔。

b. 回油路　主缸上腔→阀 12→充液箱。

当充油箱内液面超过预定位置时，多余油液经溢流管流回主油箱。

⑥ 原位停止　当上滑块返回至原始位置并压下行程开关时，电磁铁 2YA 断电，阀 5 和阀 6 换为中位，主缸上下腔封闭，上滑块停止运动。阀 13 为上缸安全阀，起平衡上滑块重量作用，可防止与上滑块相连的运动部件在上位时因自重而下滑。

（2）顶出缸运动

① 向上顶出　当主缸返回原位压下行程开关时，除使电磁铁 2YA 断电、主缸原位停止外，还使电磁铁 4YA 通电，阀 14 换为右位。压力油经阀 14 进入顶出缸下腔，其上腔回油，下滑块上移，将压制好的工件从模具中顶出。这时系统的最高工作压力可由溢流阀 15 调整。其油路情况如下。

a. 进油路　液压泵 1→阀 7→阀 6（中位）→液压缸下腔。

b. 回油路　液压缸上腔→阀 14（右位）→油箱。

② 停留　当下滑块上移到其活塞碰到缸盖时，便可停留在这个位置上，同时碰到上位开关，使时间继电器动作，停留时间可由时间继电器调整。

③ 向下退回　当停留结束时，时间继电器发出信号，使电磁铁 3YA 通电，阀 14 换为左位。压力油进入顶出缸上腔，其下腔回油，下滑块下移。油路情况如下。

a. 进油路　液压泵→阀 7→阀 6（中位）→阀 14（左位）→液压缸上腔。

b. 回油路　液压缸下腔→阀 14（左位）→油箱。

④ 原位停止　当下滑块退至原位时，挡块压下下位开关 S_1，使电磁铁 3YA 断电，阀 14 换为中位，运动停止。

9.2.3　YB32-200 型液压机液压系统的特点

① 采用了变量泵-液压缸式容积调速回路。所用液压泵为轴向柱塞式高压变量泵，系统压力由泵站溢流阀调定。

② 系统中的顺序阀规定了液压泵须在 2.5MPa 的压力下卸荷，从而使操纵油路能确保具有 2MPa 左右的压力。

③ 系统中采用了专用的 QF1 型阀来实现上滑块快速返回时上缸换向阀的换向，保证液压机动作平稳，不会在换向时产生液压冲击和噪声。

④ 系统利用管道和油液的弹性变形来实现保压，方法简单，但对液控单向阀和液压缸等元件的密封性能要求较高。

⑤ 系统中上下两缸的动作协调是由两个换向阀互锁来保证的：一个缸必须在另一个缸静止不动时才能动作。但是，在拉伸操作中，为了实现"压边"这个工步，上液压缸活塞必须推着下液压缸活塞移动；这时上液压缸下腔的油进入下液压缸的上腔，而下液压缸下腔中

的油则经下缸溢流阀排回油箱，这时虽两缸同时动作，但不存在动作不协调的问题。

⑥ 系统中的两个液压缸各有一个安全阀进行过载保护。

9.3 钣金冲床液压系统

9.3.1 概述

钣金冲床可以改变上、下模的形状，即可进行压形、剪断、冲穿等工作。如图 9-4 所示为 180t 钣金冲床液压系统回路，如图 9-5 所示为其控制动作顺序图。动作循环为"压缸快速下降→压缸慢速下降（加压成型）→压缸暂停（降压）→压缸快速上升"。

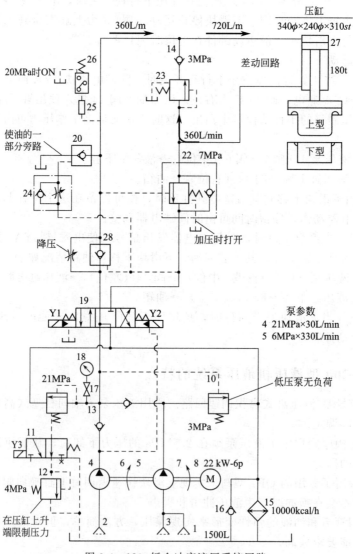

图 9-4 180t 钣金冲床液压系统回路

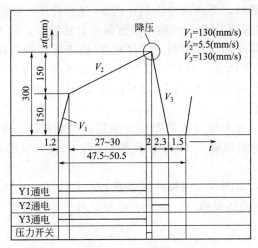

图 9-5　动作顺序图

9.3.2　180t 钣金冲床液压系统的工作原理

参考图 9-5、图 9-6 对 180t 钣金冲床液压系统的油路进行分析。

（1）压缸快速下降

按下启动按钮，Y1、Y3 通电，进油路线为"泵 4、泵 5→电磁阀 19 左位→液控单向阀 28→压缸上腔"。回进油路线为"压缸下腔→顺序阀 23→单向阀 14→压缸上腔"。压缸快速下降时，进油管路压力低，未达到顺序阀 22 所设定的压力，故压缸下腔压力油再回压缸上腔，形成一差动回路。

（2）压缸慢速下降

当压缸上模碰到工件进行加压成型时，进油管路压力升高，使顺序阀 22 打开，进油路线为"泵 4→电磁阀 19 左位→液控单向阀 28→压缸上腔"。回油路线为"压缸下腔→顺序阀 22→电磁阀 19 左位→油箱"。此时，回油为一般油路，卸载阀 10 被打开，泵 5 的压油以低压状态流回油箱，送到压缸上腔的油仅由泵 4 供给，故压缸速度减慢。

（3）压缸暂停（降压）

当上模加压成型时，进油管路压力达到 20MPa，压力开关 26 动作，Y1、Y3 断电，电磁阀 19、电磁阀 11 恢复正常位置。此时，液压缸上腔压油经节流阀 21、电磁阀 19 中位流回油箱，如此就可使液压缸上腔压油压力下降，防止了液压缸在上升时上腔油压由高压变成低压而发生的冲击、振动等现象。

（4）压缸快速上升

当降压完成时（通常为 0.5～7s，视阀的容量而定），Y2 通电，进油路线如下为"泵 4、泵 5→电磁阀 19 右位→顺序阀 22→压缸下腔"。回油路线为

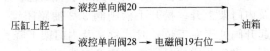

因泵 4、泵 5 的液压油一起送往压缸下腔，故压缸快速上升。

9.3.3　180t 钣金冲床液压回路图的特点

180t 钣金冲床液压系统包含差动回路、平衡回路（或顺序回路）、降压回路、二段压力控制回路、高压和低压泵回路等基本回路。该系统有以下几个特点：

① 当液压缸快速下降时，下腔回油由顺序阀 23 建立背压，以防止因液压缸自重而产生失速等现象。同时，系统又采用差动回路，泵流量可以比较少，亦为一节约能源的回路。

② 当液压缸慢速下降做加压成型时，顺序阀 22 由于外部引压被打开，液压缸下腔压油几乎毫无阻力地流回油箱，因此，在加压成型时，上型模重量可完全加在工件上。

③ 在上升之前做短暂时间的降压，如此可防止液压缸上升时产生振动、冲击现象，100t 以上的冲床尤其需要降压。

④ 当液压缸上升时，有大量液压油要流回油箱，回油时，一部分液压油经液控单向阀 20 流回油箱，剩余液压油经电磁阀 19 中位流回油箱。如此，电磁阀 19 可选用额定流量较小的阀件。

⑤ 当液压缸下降时，系统压力由溢流阀 9 控制；上升时，系统压力由遥控溢流阀 12 控制。如此，可使系统产生的热量减少，防止了油温上升。

9.4　叉式装卸车液压系统

叉车是一种由自行轮式底盘和能垂直升降并可前后倾斜的工作装置组成的物流装卸搬运车辆。叉车按其动力分为内燃叉车和电瓶叉车两种。电瓶叉车主要用于室内作业。如图 9-6 所示为内燃平衡重式叉车的外形图。在结构上，叉车由工作装置（包括货叉、门架等）和底盘（包括车架、行走及动力装置等）组成。为保持起升货物时车辆的整体稳定性，在底盘后部配有足够的平衡重物。叉车的货叉起升、门架倾斜和转向均采用液压传动。

如图 9-7 所示为某内燃平衡重式叉车的典型液压系统原理图。该系统由工作液压回路及转向液压回路组成。

齿轮泵 1 在内燃机带动下输出压力油，经优先流量控制阀 2 优先进入转向液压回路，司机操纵与全液压转向器 9 相连接的方向盘，使油液进入转向液压缸 8 推动叉车后轮转向。优先流量控制阀 2 的另一个功能是与全液压转向器共同作用，保证进入转向液压系统的流量不受转向负载的影

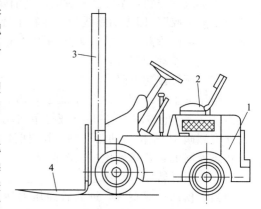

图 9-6　内燃平衡重式叉车的外形图
1—平衡重物；2—内燃机；3—门架；4—货叉

响。最大转向负载受阀 2.1 限定。当加大油门使液压泵供油超过转向液压系统所需（设定）流量时，多余的流量进入工作液压回路。当全液压转向器停止转向时，阀 2.2 在控制压差的作用下处在左工位，液压泵供油全部进入工作液压回路。

推动多路换向阀 3 中起升阀 3.2 的控制手柄使其处于右工位，压力油进入起升缸 6 无杆腔，通过链条带动货叉及内门架上升。松开手柄则阀 3.2 油路闭锁（处于中位），货叉停止上升。当拉回手柄（使起升阀处于左工位）时，货叉及内门架下降。节流限速阀 5 为节流口可自动调节的单向节流阀（当负载增加时，其节流开口自动减少），它和单向节流阀 4 一起防止起升缸及货叉下降过快，并保证货叉下降速度不受负载变化的影响。

当操纵倾斜阀 3.3 的控制手柄时，压力油进入倾斜缸 7 使门架前倾或后倾。液压锁 10 的作用是当发动机熄火或液压泵发生故障时将叉架锁紧，使叉架不会倾翻。工作液压回路的最大工作压力由阀 3.1 调定。

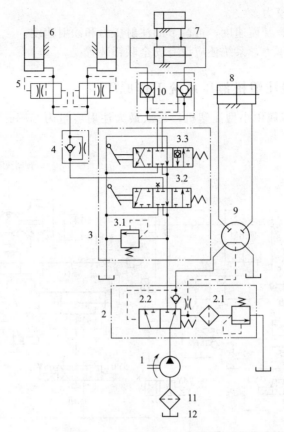

图 9-7　叉车液压系统原理图
1—齿轮泵；2—优先流量控制阀；3—多路换向阀；4—单向节流阀；5—节流限速阀；
6—起升液压缸；7—倾斜液压缸；8—转向液压缸；9—全液压转向器（带负载传感）；
10—液压锁；11—滤油器；12—油箱

*9.5　注塑机液压系统

9.5.1　概述

　　注塑机是将颗粒状塑料加热至流动状态后，以高压、快速注入模具内腔，保压一定时间后冷却凝固，成型为塑料制品的塑料注塑成型设备。其注塑工作程序如图 9-8 所示。

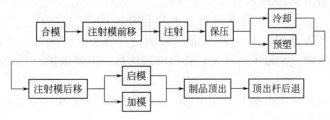

图 9-8　注塑机工作程序

　　根据注塑成型工艺的需要，注塑机液压系统应满足如下要求：

① 要有足够的合模力。

② 可调节的合模、开模速度，可调节的注射压力和注射速度。

③ 可调节的保压压力，系统还应设有安全联锁装置。

9.5.2 SZ-250A 型注塑机液压系统工作原理

SZ-250A 型注塑机属中小型注塑机，每次最大注射容量为 $250cm^3$。其液压系统图如图 9-9 所示。

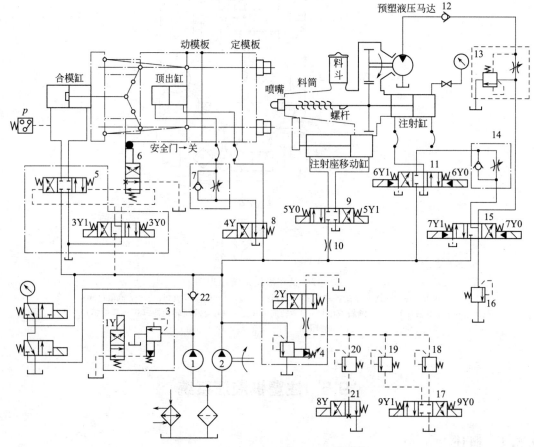

图 9-9 SZ-250A 型注塑机液压系统图

各执行元件的动作循环主要依靠行程开关切换电磁换向阀来实现，各液压缸及电磁铁通、断电动作顺序如图 9-10 所示。

图 9-10 中，a_0、a_1、a_2、a_3 为合模缸的行程开关；b_0、b_1 为注射座的行程开关；c_0、c_1、c_2 为注射缸的行程开关；d_0、d_1 为顶出缸的行程开关；t_1 为控制慢速注射的时间；t_2 为控制合模保压的时间；p 为压力开关，合模缸到达高压值时该压力开关动作。

（1）关安全门

为保证操作安全，注塑机都装有安全门。关安全门后行程阀 6 恢复常位，合模缸才能动作，系统开始整个动作循环。

（2）合模

动模板慢速启动、快速前移，当接近定模板时，液压系统转为低压、慢速控制。在确认

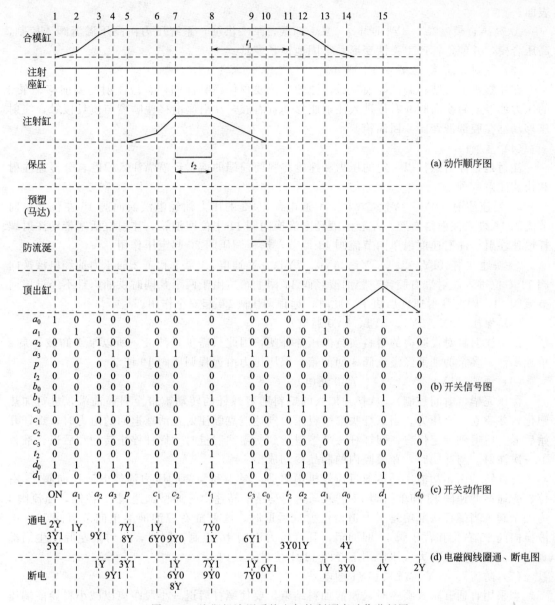

图 9-10　注塑机液压系统电气控制顺序动作分析图

模具内没有异物存在后，系统转为高压，使模具闭合。这里采用了液压-机械式合模机构，合模缸通过对称五连杆结构推动模板进行开模和合模，连杆机构具有增力和自锁作用。

①慢速合模（2Y、3Y1 通电）　大流量泵 1 通过电磁溢流阀 3 卸载，小流量泵 2 的压力由阀 4 调定，泵 2 的压力油经电液换向阀 5 右位进入合模缸左腔，推动活塞以带动连杆慢速合模，合模缸右腔油液经阀 5 和冷却器回油箱。

②快速合模（1Y、2Y、3Y1 通电）　慢速合模转快速合模时，由行程开关发令使相应线圈得电，泵 1 不再卸载，其压力油经单向阀 22 与泵 2 的供油汇合，同时向合模缸供油，实现快速合模，最高压力由阀 3 限定。

③低压合模（2Y、3Y1、9Y1 通电）　泵 1 卸载，泵 2 的压力由远程调压阀 18 控制。因阀 18 所调压力较低，合模缸推力较小，故即使两个模板间有硬质异物，也不致损坏模具

表面。

④ 高压合模（2Y、3Y1 通电） 泵 1 卸载，泵 2 供油，系统压力由高压溢流阀 4 控制，高压合模，并使连杆产生弹性变形，牢固地锁紧模具。

（3）注射座前移（2Y、5Y1 通电）

在注塑机上安装、调试好模具后，注塑喷枪要顶住模具注塑口，故注射座要前移。泵 2 的压力油经电磁换向阀 9 右位进入注射座移动缸右腔，注射座前移使喷嘴与模具接触，注射座移动缸左腔油液经阀 9 回油箱。

（4）注射

注射是指注射螺杆以一定的压力和速度将料筒前端的熔料经喷嘴注入模腔，分慢速注射和快速注射两种。

① 慢速注射（2Y、5Y1、7Y1、8Y 通电） 泵 2 的压力油经电液换向阀 15 左位和单向节流阀 14 进入注射缸右腔，左腔油液经电液换向阀 11 中位回油箱，注射缸活塞带动注射螺杆慢速注射。注射速度由单向节流阀 14 调节，远程调压阁 20 起定压作用。

② 快速注射（1Y、2Y、5Y1、6Y0、7Y1、8Y 通电） 泵 1 和泵 2 的压力油经电液换向阀 11 右位进入注射缸右腔，左腔油液经阀 11 回油箱。由于两个泵同时供油，且不经过单向节流阀 14，因此注射速度加快了。此时，远程调压阀 20 起安全作用。

（5）保压（2Y、5Y1、7Y1、9Y0 通电）

由于注射缸对模腔内的熔料实行保压并补塑，因此只需少量油液，所以泵 1 卸载，泵 2 单独供油，多余的油液经溢流阀 4 回油箱，保压压力由远程调压阀 19 调节。

（6）预塑（1Y、2Y、5Y1、7Y0 通电）

保压完毕（时间控制），从料斗加入的熔料随着螺杆的转动被带至料筒前端，进行加热塑化，并建立一定压力。当螺杆头部熔料压力到达能克服注射缸活塞退回的阻力时，螺杆开始后退。后退到预定位置，即螺杆头部熔料达到所需注射量时，螺杆停止转动和后退，准备下一次注射。与此同时，在模腔内的制品冷却成型。

螺杆转动由预塑液压马达通过齿轮机构驱动。泵 1 和泵 2 的压力油经电液换向阀 15 右位、旁通型调速阀 13 和单向阀 12 进入马达，马达的转速由旁通型调速阀 13 控制，溢流阀 4 为安全阀。当螺杆头部熔料压力迫使注射缸后退时，注射缸右腔油液经单向节流阀 14、电液换向阀 15 右位和背压阀 16 回油箱，其背压力由阀 16 控制。同时，注射缸左腔产生局部真空，油箱的油液在大气压作用下经阀 11 中位进入其内。

（7）防流涎（2Y、5Y1、6Y1 通电）

当采用直通开敞式喷嘴时，旗馥加料结束，要使螺杆后退一小段距离以减小料筒前端压力，防止喷嘴端部熔料流出。泵 1 卸载，泵 2 压力油一方面经阀 9 右位进入注射座移动缸右腔，使喷嘴与模具保持接触；另一方面经阀 11 左位进入注射缸左腔，使螺杆强制后退。注射座移动缸左腔和注射缸右腔的油液分别经阀 9 和阀 11 回油箱。

（8）注射座后退（2Y、5Y1 通电）

在安装调试模具或模具注塑口堵塞需清理时，注射座要离开注塑机的定模座后退。

泵 1 卸载，泵 2 压力油经阀 9 左位回油箱，使注射座后退。

（9）开模

开模速度一般为"慢—快—慢"，由行程控制。

① 慢速开模（2Y、3Y0 通电） 泵 1（或泵 2）卸载，泵 2（或泵 1）压力油经电液换向阀 5 左位进入合模缸右腔，左腔油液经阀 5 回油箱。

② 快速开模（1Y、2Y、3Y0 通电） 泵 1 和泵 2 合流向合模缸右腔供油，开模速度加快。

③ 慢速开模（2Y、3Y0 通电）　泵 1（或泵 2）卸载，泵 2（或泵 1）压力油经电液换向阀 5 左位进入合模缸右腔，左腔油液经阀 5 回油箱。

（10）顶出

① 顶出缸前进（2Y、4Y 通电）　泵 1 卸载，泵 2 压力油经电磁换向阀 8 左位、单向节流阀 7 进入顶出缸左腔，推动顶出杆顶出制品。其运动速度由单向节流阀 7 调节，溢流阀 4 为定压阀。

② 顶出缸后退（2Y 通电）　泵 2 的压力油经阀 8 常位使顶出缸后退。

9.6　注塑机液压系统的特点

注塑机液压系统一般具有以下特点：

① 因注射缸液压力直接作用在螺杆上，所以注射压力 P_z 与注射缸的油压 P 的比值为 D^2/d^2（D 为注射缸活塞直径，d 为螺杆直径）。为满足加工不同塑料对注射压力的要求，一般注塑机都配备三种不同直径的螺杆，在系统压力为 14MPa 时，获得的注射压力为 40～150 MPa。

② 为保证足够的合模力，防止高压注射时模具开缝产生塑料溢边，该注塑机采用了液压-机械增力合模机构，还可采用增压缸合模装置。

③ 根据塑料注射成型工艺，模具的启闭过程和塑料注射的各阶段速度不一样，而且快慢速之比可达 50～100，为此，该注塑机采用了双泵供油系统，快速时双泵合流，慢速时泵 2（流量为 48L/min）供油、泵 1（流量为 194L/min）卸载，系统功率利用比较合理。有时在多泵分级调速系统中，还兼用差动增速或充液增速等方法。

④ 系统所需多级压力可由多个并联的远程调压阀控制。如果采用电液比例压力阀来实现多级压力调节，再加上电液比例流量阀调速，不仅减少了元件，降低了压力及速度变换过程中的冲击和噪声，还为实现计算机控制创造了条件。

⑤ 注塑机的多个执行元件的循环动作主要依靠行程开关按事先编程的顺序完成。这种方式较为灵活和方便。

*9.7　液压系统设计简介

液压传动系统是机械设备的一种动力传动装置，因此，它的设计是整个机械设备设计的一部分，必须与主机设计联系在一起同时进行。一般在分析主机的工作循环、性能要求、动作特点等的基础上，经过认真分析比较，在确定全部或局部采用液压传动方案之后，才会提出液压传动系统的设计任务。

液压系统设计必须从实际出发，注重调查研究，吸收国内外先进技术，采用现代设计思想，在满足工作性能要求、工作可靠的前提下，力求系统结构简单、成本低、效率高、操作维护方便及使用寿命长。

液压系统设计步骤大体如下：

① 明确液压系统的设计要求及工况分析。

② 主要参数的确定。

③ 拟定液压系统原理图，进行系统方案论证。

④ 设计、计算、选择液压元件。

⑤ 对液压系统主要性能进行验算。

⑥ 设计液压装置，编制液压系统技术文件。

液压系统设计是一种经验设计。因此，上述设计步骤只说明一般设计的过程，这些步骤互相联系、互相影响。在设计实践中，各步骤往往交错进行，有时需多次反复才能完成。

9.7.1 液压系统的设计依据

设计要求是进行工程设计的主要依据。设计前，必须把主机对液压系统的设计要求和与设计相关的情况了解清楚，一般要明确下列主要问题：

① 主机用途，总体布局与结构，主要技术参数和性能要求，工艺流程或工作循环，作业环境与条件等。

② 液压系统应完成哪些动作，各个动作的工作循环及循环时间；负载大小及性质、运动形式及速度快慢；各动作的顺序要求及互锁关系，各动作的同步要求及同步精度；液压系统的工作性能要求，如运动平稳性、调速范围、定位精度、转换精度、自动化程度、效率与温升、振动与噪声、安全性与可靠性等。

③ 液压系统的工作温度及其变化范围，湿度大小，风沙与粉尘情况，防火与防爆要求，外廓尺寸与质量限制等。

④ 经济性与成本等方面的要求。

9.7.2 液压系统的工况分析

工况分析的目的是明确在工作循环中执行元件的负载和运动的变化规律，它包括运动分析和负载分析。

（1）运动分析

运动分析，就是要研究工作机构根据工艺要求应以什么样的运动规律完成工作循环、运动速度的大小、加速度是恒定的还是变化的、行程大小及循环时间长短等问题。为此必须确定执行元件的类型，并绘制位移-时间循环图或速度-时间循环图。

液压执行元件的类型可按表 9-3 进行选择。

表 9-3　液压执行元件的类型

名称	特点	应用场合
双杆活塞缸	双向输出力、输出速度一样，杆受力状态一样	双向工作的往复运动
单杆活塞缸	双向输出力、输出速度不一样，杆受力状态不同。差动连接时可实现快速运动	往复不对称直线运动
柱塞缸	结构简单	长行程、单向工作
摆动缸	单叶片缸转角小于 300°，双叶片缸转角小于 150°	往复摆动运动
齿轮、叶片马达	结构简单、体积小、惯性小	高速小转矩回转运动
轴向柱塞马达	运动平稳、转矩大、转速范围宽	大转矩回转运动
径向柱塞马达	结构复杂、转矩大、转速低	低速大转矩回转运动

（2）负载分析

负载分析，就是通过计算确定各液压执行元件的负载大小和方向，并分析各执行元件运动过程中的振动、冲击及过载能力等情况。

作用在执行元件上的负载有约束性负载和动力性负载两类。

约束性负载的特征是其方向与执行元件运动方向永远相反，对执行元件起阻止作用，而不会起驱动作用。例如库仑固体摩擦阻力、黏性摩擦阻力就是约束性负载。

动力性负载的特征是其方向与执行元件的运动方向无关，其数值由外界规律所决定。执行元件承受动力性负载时可能会出现两种情况：一种情况是动力性负载方向与执行元件运动方向相反，起着阻止执行元件运动的作用，称为阻力负载（正负载）；另一种情况是动力性负载方向与执行元件运动方向一致，称为超越负载（负负载）。超越负载会为执行元件提供驱动力，要使执行元件维持匀速运动，其中的流体要产生阻力功，形成足够的阻力来平衡超越负载产生的驱动力，这就要求系统应具有平衡和制动功能。重力是一种动力性负载，重力与执行元件运动方向相反时是阻力负载；与执行元件运动方向一致时是超越负载。

对于负载变化规律复杂的系统必须画出负载循环图。不同工作目的的系统，负载分析的着重点不同。例如，对于工程机械的作业机构而言，着重点为重力在各个位置上的情况，负载图以位置为变量；而机床工作台的着重点则为负载与各工序的时间关系。

① 液压缸的负载计算　一般说来，液压缸承受的动力性负载有工作负载 F_w、惯性负载 F_m 和重力负载 F_g，约束性负载有摩擦阻力 F_f、背压负载 F_b 和液压缸自身的密封阻力 F_{sf}。即作用在液压缸上的外负载为

$$F = \pm F_w \pm F_m + F_f \pm F_g + F_b + F_{sf} \tag{9-1}$$

a. 工作负载 F_w　工作负载与主机的工作性质有关，它可能是定值，也可能是变值。一般工作负载是时间的函数，即 $F_w = f(t)$，需根据具体情况分析决定。

b. 惯性负载 F_m　工作部件在启动加速和制动过程中会产生惯性力，可按牛顿第二定律求出

$$F_m = ma = m\frac{\Delta v}{\Delta t} \tag{9-2}$$

式中　m——运动部件总质量；

a——加（减）速度；

Δv——Δt 时间内速度的变化量；

Δt——启动或制动时间，启动加速时，取正值；减速制动时，取负值。一般机械系统中 Δt 取 $0.1 \sim 0.5\text{s}$；行走机械系统中 Δt 取 $0.5 \sim 1.5\text{s}$；机床运动系统中 Δt 取 $0.25 \sim 0.5\text{s}$；机床进给系统中 Δt 取 $0.05 \sim 0.2\text{s}$。工作部件较轻或运动速度较低时取小值。

c. 摩擦阻力 F_f　摩擦阻力是指液压缸驱动工作机构所需克服的机械摩擦力。对机床来说，该摩擦阻力与导轨形状、安放位置和工作部件的运动状态有关。

对于平导轨，有

$$F_f = f(mg + F_N) \tag{9-3}$$

对于 V 形导轨，有

$$F_f = \frac{f(mg + F_N)}{\sin(\alpha/2)} \tag{9-4}$$

式中　F_N——作用在导轨上的垂直载荷；

α——V 形导轨夹角（°），通常取 $\alpha = 90°$；

f——导轨摩擦系数，其值可参阅相关设计手册。

d. 重力负载 F_g　当工作部件垂直或倾斜放置时，自重也是一种负载，当工作部件水平放置时，$F_g = 0$。

e. 背压负载 F_b　液压缸运动时还必须克服回油路压力形成的背压阻力 F_b，其值为

$$F_b = p_b A_2 \tag{9-5}$$

式中　A_2——液压缸回油腔有效工作面积；

　　　　p_b——液压缸背压。在液压缸结构参数尚未确定之前，一般按经验数据估计一个数值。系统背压的一般经验数据为：中低压系统或轻载节流调速系统取 $0.2 \sim 0.5 \mathrm{MPa}$；回油路有调速阀或背压阀的系统取 $0.5 \sim 1.5 \mathrm{MPa}$；采用补油泵补油的闭式系统取 $1.0 \sim 1.5 \mathrm{MPa}$；采用多路阀的复杂的中高压工程机械系统取 $1.2 \sim 3.0 \mathrm{MPa}$。

　　f. 液压缸自身的密封阻力 F_{sf}　液压缸工作时还必须克服其内部密封装置产生的摩擦阻力 F_{sf}，其值与密封装置的类型、油液工作压力，特别是液压缸的制造质量有关，计算比较烦琐。一般将它计入液压缸的机械效率 η 中考虑，通常取 $\eta = 0.90 \sim 0.95$。

　　② 液压缸运动循环各阶段的负载　液压缸的运动分为启动、加速、恒速、减速制动等阶段，不同阶段的负载计算是不同的。启动时，有

$$F = (F_f \pm F_g + F_{sf}) / \eta_m \tag{9-6}$$

加速时为

$$F = (F_m + F_f \pm F_g + F_b + F_{sf}) / \eta_m \tag{9-7}$$

恒速运动时为

$$F = (\pm F_w + F_f \pm F_g + F_b + F_{sf}) / \eta_m \tag{9-8}$$

减速制动时为

$$F = (\pm F_w - F_m + F_f \pm F_g + F_b + F_{sf}) / \eta_m \tag{9-9}$$

　　③ 工作负载图　对复杂的液压系统，如有若干个执行元件同时或分别完成不同的工作循环，则有必要对上述各阶段计算总负载力，并根据上述各阶段的总负载力和它所经历的工作时间 t（或位移 s），按相同的坐标绘制液压缸的负载时间（F-t）或负载位移（F-s）图。如图 9-11 所示为某机床主液压缸的速度图和负载图。

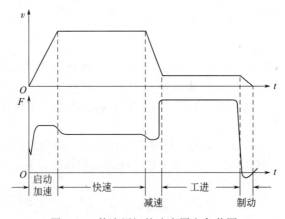

图 9-11　某液压缸的速度图和负载图

　　最大负载值是初步确定执行元件工作压力和结构尺寸的依据。

　　液压马达的负载力矩分析与液压缸的负载分析相同，只需将上述负载力的计算变换为负载力矩即可。

9.7.3　液压系统主要参数的确定

　　执行元件的工作压力和流量是液压系统最主要的参数。这两个参数是计算和选择元件、辅件和原动机的规格型号的依据。要确定液压系统的压力和流量，首先必须根据各液压执行元件的负载循环图，选定系统工作压力；系统压力一经确定，液压缸有效工作面积 A 或液

压马达的排量 V_M 即可确定；然后，根据位移-时间循环图（或速度-时间循环图）即可确定其流量。

（1）系统工作压力的确定

根据液压执行元件的负载循环图，可以确定系统的最大载荷点，在充分考虑系统所需流量、系统效率和性能等因素后，可参照表 9-4 或表 9-5 选择系统工作压力。

当系统功率一定时，选用较高工作压力，则元件尺寸小、质量轻、经济性好；但是若工作压力选得过高，泵体、阀体及缸壁都要增厚，材料和制造精度要求升高，反而达不到经济效果，而且会降低元件的容积效率，增加系统发热，降低元件寿命和系统可靠性。

表 9-4　按负载选择系统工作压力

负载/kN	<5	5～10	10～20	20～30	30～50	>50
系统压力/MPa	<0.8～1	1.6～2	2.5～3	3～4	4～5	>5～7

表 9-5　按主机类型选择系统工作压力

设备类型	机床				农业机械汽车工业小型工程机械及辅助机械	工程机械重型机械锻压设备液压支架	船用系统
	磨床	组合机床牛头刨床插床齿轮加工机床	车床铣床镗床	珩磨机床	拉床龙门刨床			
压力/MPa	≤2.5	<6.3	2.5～6.3		<10	10～16	16～32	14～25

（2）执行元件参数的确定

前面初步选定的工作压力可以认为就是执行元件的输入压力 P_1，然后再初步选定执行元件的回油压力 P_2（背压），这样就可以确定执行元件的参数。液压缸有效工作面积 A 和液压马达的排量 V_M 的计算详见前面几章相应计算公式。

（3）执行元件流量的确定

液压缸（液压马达）所需最大流量 q_{max} 可根据其实际有效工作面积 A（或液压马达的排量 V_M）及所要求的最大速度 v_{max}（或马达最大转速 n_{max}）来计算，即

$$q_{max} = Av_{max}/\eta_V（或 = V_M n_{max}/\eta_V）\tag{9-10}$$

式中　η_V——执行元件的容积效率。

当单杆液压缸作差动连接时，实际有效工作面积 $A = A_1 - A_2$。

液压缸所需最小流量 q_{min} 可按其实际有效工作面积 A 和所要求的最小速度 v_{min} 来计算，即

$$q_{min} = Av_{min}/\eta_V\tag{9-11}$$

上面所求得的液压缸最小流量应该等于或大于流量控制阀或变量泵的最小稳定流量。

同样，液压马达最小流量按其排量和所要求的最小转速来计算。

（4）执行元件的工况图

工况图包括压力图、流量图和功率图。压力图、流量图是执行元件在运动循环中各阶段的压力与时间或压力与位移、流量与时间或流量与位移的关系图；功率图则是根据压力 P 与流量 q 计算出各循环阶段所需功率后，画出的功率与时间或功率与位移的关系图。当系统中有多个同时工作的执行元件时，必须把这些执行元件的流量图按系统总的动作循环组合成总流量图。如图 9-12 所示为某液压缸的工况图。

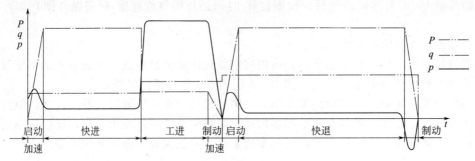

图 9-12 　液压缸的压力图、流量图和功率图示例

工况图是选择液压泵和计算电动机功率等的依据。利用工况图，可验算各工作阶段所确定的参数的合理性。例如，当多个执行元件按各工作阶段的流量或功率叠加，其最大流量或功率重合而使流量或功率分布很不均衡时，可在整机设计要求允许的条件下，适当调整有关执行元件的动作时间和速度，避开或减小流量或功率最大值，提高整个系统的效率。

9.7.4　液压系统原理图的拟定

拟定系统原理图是从工作原理和结构组成上具体体现设计任务中的各项要求，不需精确计算和选择元件规格，只需选择功能合适的元件、原理合理的基本回路组合成系统。

一般的方法是选择一种与本系统类似的成熟系统作为基础，对它进行适应性调整或改进，使其成为具有继承性的新系统。如果没有合适的相似系统可借鉴，可参阅设计手册和参考书中有关的基本回路加以综合完善，构成自己设计的系统原理图。

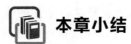 **本章小结**

本章以典型的液压系统为例，介绍了实际的液压系统以及如何分析实际液压系统的工作原理和特点等内容。具体介绍了 YT4543 型动力滑台液压系统、180t 钣金冲床液压系统、YA32-200 液压压力机液压系统、叉式装卸车液压系统和 SZ-250A 型注塑机液压系统五个典型液压系统的工作原理及组成。通过分析，归纳出了各系统的特点。通过学习，要掌握阅读液压系统原理图的方法，学会和掌握分析液压系统的方法和技巧。

本章最后对液压系统设计做了简介。

 思考与练习题

9-1　了解和掌握液压系统分析方法的意义何在？

9-2　液压传动系统的分析主要有哪些内容？其方法要点如何？

9-3　何谓液压传动系统和液压控制系统？

9-4　按工况特点的不同，液压传动系统分哪些主要类型？

9-5　YT4543 型动力滑台液压系统，快进运动速度快的原因是什么？

*9-6　试对叉式装卸车液压系统进行简要分析。

9-7　简述塑料注射成型机的功能结构、工况特点及其液压系统采用电液比例控制或电液伺服控制的优越性。

9-8　分析 XS-ZY-250A 型塑料注射成型机电液比例控制系统的原理和特点。

*9-9　何谓液压系统设计？

*9-10　设计液压系统的依据和出发点是什么？有哪些要求？

*9-11　液压传动系统的设计应满足哪些要求并符合哪些原则？

下篇

气压传动

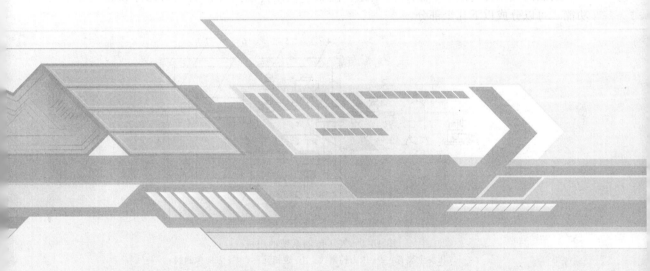

　　气压传动是指以压缩空气为工作介质传递动力和控制信号的技术，包含传动技术和控制技术两方面的内容。本篇结合现代工业特点，主要介绍传动技术。由于气压传动具有防火、防爆、节能、高效和无污染等优点，因此在国内外工业生产中得到了普遍的应用。

　　气压传动与液压传动一样，都是利用流体作为工作介质而传动，在工作原理、系统组成、元件结构与图形符号等方面有非常相似之处，因此在学习气压传动部分时，主要应注意区分两者的不同之处。

第10章

气压传动技术概述

10.1 气压传动系统的基本构成

气压传动（简称气动）系统是一种能量转换系统，其工作原理是将原动机输出的机械能转变为空气的压力能，利用管路、各种控制阀及辅助元件将压力能传送到执行元件，再转换成机械能，从而完成直线运动或回转运动，并对外做功。

典型的气压传动系统如图10-1所示。通常，气压传动系统根据气动元件和装置的不同功能，可以分成以下几个部分。

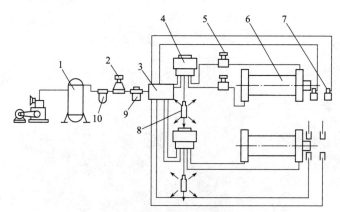

图 10-1　气压传动系统的组成

1—气压发生装置；2—压力控制阀；3—逻辑元件；4—方向控制阀；
5—流量控制阀；6—气缸；7—行程开关；8—消声器；9—油雾器；10—过滤器

（1）气源装置

气源装置是指获得压缩空气的装置和设备，还包括储气罐等辅助设备。它将原动机输出的机械能转变为空气的压力能，其主要设备是空气压缩机。

（2）控制元件

控制元件用于控制压缩空气的压力、流量和流动方向，以保证执行元件具有一定的输出力和速度，并按设计的程序正常工作，如压力控制阀、流量控制阀、方向控制阀和逻辑阀等。

（3）执行元件

执行元件是将空气的压力能转变为机械能的能量转换装置，如气缸和气马达。

（4）辅助元件

辅助元件是用于辅助保证气动系统正常工作的一些装置，如消声器、油雾器等。

10.2　气动技术的应用

气动技术用于简单的机械操作中已有相当长的时间了，尤其是最近几年随着气动自动化技术的发展，气动技术起到了越来越重要的作用。

气动自动化控制技术是利用压缩空气作为传递动力或信号的工作介质，配合气动控制系统的主要气动元件，与机械、液压、电气、电子（包括 PLC 控制器和微机）等部分或全部综合构成的控制回路，使气动元件按工艺要求的工作状况，自动按设定的顺序或条件动作的一种自动化技术。用气动自动化控制技术实现生产过程自动化，是工业自动化的一种重要技术手段，也是一种低成本自动化技术。

10.3　气动技术的特点和应用准则

（1）气压传动的特点

气压传动的显著优点如表 10-1 所示。

表 10-1　气压传动的优点

获取	空气是取之不尽用之不竭的
输送	空气通过管道容易传输，可集中供气，远距离输送
存储	压缩空气可以存储在储气罐中
温度	压缩空气对温度的变化不敏感，从而保证运行稳定
防爆	压缩空气没有爆炸及着火的危险
洁净	无油润滑的排出气体干净，通过管路和元件排出的气体不会污染空气
元件	气动元件结构简单，价格相对较低
过载安全	气动工具和执行元件超载时可达到停止不动，而无其他危害

为准确定义气动技术的应用场合，表 10-2 列出了该技术的缺点。

表 10-2　气压传动的缺点

处理	压缩空气需要良好的处理，不能有灰尘及湿气
可压缩性	由于压缩空气的可压缩性，执行机构不易获得均匀恒定的运动速度
出力要求	只有在一定的推力要求下，采用气动技术才比较经济，在正常工作压力下（6~7bar）按照一定的行程和速度，输出力为 40000~50000N
噪声	排气噪声较大，但随着噪声吸收材料及消声器的发展，此问题已大大得到改善

（2）应用准则

空气的可压缩性既是一种优点也是一种不足。空气可压缩性这种物理上的局限性大大限制了气动技术的应用，当需要很大力或连续大量消耗压缩空气时，成本也是制约气动技术应用的一个因素。因此，在研究气动技术的实际应用时，应首先将其与其他形式的传动技术进行比较，如表 10-3 所示。

表 10-3　气动技术与其他传动技术在应用中的比较

项目	气动	液压	电气
能量的产生	静止和可移动的空气压缩机，由电动机或内燃机驱动。根据所需压力和容量来选择压缩机类型。用于压缩的空气取之不尽	静止和可移动的泵，由电动机驱动，很少用内燃机驱动，最小功率液压装置也可用手动操作。根据所需压力和容量来选择泵的类型	主要是水力、火力和核能发电站
能量的存储	可存储大量能量，是较经济的能量存储方式。存储的能量可以传递（用于驱动气缸）	能量存储能力有限，需要压缩气体作为辅助介质。仅在存储少量能量时比较经济	能量存储很困难，且很复杂。大多数情况下只能存储很少量的能量（电池，蓄电池）
能量输送	较容易通过管道输送，输送距离可达 1000m（有压力损失）	可通过管道输送，输送距离可达 1000m（有压力损失）	很容易实现远距离的能量传送
泄漏	除了能量损失外无其他害处。压缩空气可以排放在空气中	能量有损失，液压油泄漏会造成危险事故和环境污染	导电体与其他导电物体接触时，有能量损失（高压时有致命危险）
产生能量的成本	与电气和液压动力相比，产生气动能量的成本最高，且随压缩机类型和使用效率而变化		成本最低
环境影响	压缩空气对温度变化是不敏感的，因此无隔离保护措施也不会有着火和爆炸的危险，在湿度大、流速快和环境温度较低时，气体中的冷凝水易结冰	温度变化敏感的泄漏油液易燃	一般情况下（绝缘性能良好时），对温度变化不敏感。在易燃和易爆区，应附加保护措施
直线运动	用气缸可以很方便地实现直线运动，工作行程可达 2000mm，具有较好的加速和减速性能，速度约为 10～1500mm/s	用液压缸可很方便地实现直线运动，低速时也很容易控制	用电磁线圈或直线电动机可作短距离直线移动；但通过机械机构可以将旋转运动变为直线运动
摆动运动	用气缸、齿条和齿轮可以很容易地实现摆动运动，摆动气缸性能参数与直线气缸相同，摆动角度很容易达到 360°	用液压缸或摆动执行元件可以很容易地实现摆动运动。摆动角度可达 360°或更大	通过机械机构可以将旋转运动转化为摆动运动
旋转运动	用各种类型的气马达可以很容易地实现旋转运动，转速范围宽，可达 500000r/min 或更高，实现反转方便	用各种类型的液压马达可以很容易地实现旋转运动，与气马达相比，液压马达转速范围窄，但在低速时很容易控制	对于旋转运动的驱动方式，其效率最高
推力	因为工作压力低，所以推力范围窄，保持力（气缸停止不动）时无能量消耗。推力取决于工作压力和气缸缸径，当推力为1N～50kN 时，采用气动技术最经济	因为工作压力高，所以推力范围宽，超载时的压力由安全限定值（由溢流阀设定）限定。保持力时有持续的能量消耗	因为推力需通过机械机构来传递，所以效率低，超载能力差，空载时能量消耗大
力矩	超载时可以达到停止不动，而无其他危害；力矩范围窄，空载时能量消耗大	在停止时也为全力矩，但能量消耗大，超负载能力由安全限定值（由溢流阀设定）限定，力矩范围宽	过载能力差，力矩范围窄
控制能力	根据负载大小，在 1∶10 的范围内，推力可以很方便通过压力（减压阀）来控制。用节流阀或快速排气阀可以很方便地实现速度控制，但低速时实现速度控制较难	在较宽范围内，推力可以很方便地通过压力来控制。低速时，可以很好地实现速度控制，且控制精度较高	控制方式较复杂

续表

项目	气动	液压	电气
操作难易性	无需很多专业知识就能很好地操作；便于构造和运行开环控制系统	与气动系统相比，液压系统更复杂。高压时要考虑安全性，存在泄漏和密封等问题	需要专业知识；有偶然事故和短路的危险；错误连接很容易损坏设备和控制系统
噪声	有干扰人的排气噪声，但通过安装消声器，排气噪声可以被大大地降低	高压时泵的噪声很大，且可通过硬管道传播	存在较大电磁线圈和触点的激励噪声，但均在车间噪声范围内

在应用气动技术时，应考虑从信号输入到最后动力输出的整个系统，尽管其中某个环节采用某项技术更合适，但最终决定选择哪项技术完全是基于所有相关因素的总体考虑的。例如，虽然产生压缩空气的成本较高，但在最后分析论证技术方案时，其并不是主要的决定因素，有时对于要完成的任务来说，力和速度的无级控制才是更重要的因素。另外，系统掌握容易、结构简单和操作方便以及整个系统的可靠性和安全性有时是更重要的决定因素。除此之外，系统维护保养也是绝不可忽视的决定因素。

（3）气动技术在工业中的应用范围

① 物料输送装置　夹紧、传送、定位、定向和物料流分配。

② 一般应用　包装、填充、测量、锁紧、轴的驱动、物料输送、零件转向及翻转、零件分拣、元件堆垛、元件冲压或模压标记和门控制。

③ 物料加工　钻削、车削、铣削、锯削、磨削和光整。

气动系统用于自动装卸生产及气动机械手的例子如图 10-2 和图 10-3 所示。

图 10-2　货物自动装卸　　　　图 10-3　气动机械手

（4）气动技术的应用现状

人们利用空气的能量完成各种工作的历史可以追溯到远古，但作为气动技术应用的雏形，大约开始于 19 世纪 70 年代——人们第一次利用气缸做成气动刹车装置，将它成功地用到火车的制动上。20 世纪 30 年代初，气动技术成功地应用于自动门的开闭及各种机械的辅助动作上。进入到 60 年代尤其是 70 年代初，随着工业机械化和自动化的发展，气动技术才广泛应用在生产自动化的各个领域，形成现代气动技术。

下面简要介绍一些生产技术领域应用气动技术的例子。

① 汽车制造行业　现代汽车制造工厂的生产线，尤其是主要工艺的焊接生产线，几乎无一例外地采用了气动技术。如车身在每个工序的移动，车身外壳被真空吸盘吸起和放下、在指定工位的夹紧和定位，点焊机焊头的快速接近、减速软着陆后的变压控制点焊，都采用了各种特殊功能的气缸及相应的气动控制系统。高频率的点焊、力控的准确性及完成整个工序过程的高度自动化，堪称是最有代表性的气动技术应用之一。另外，搬运装置中使用的高速气缸（最大速度达 3m/s）、复合控制阀的比例控制技术都代表了当今气动技术的新发展。

② 电子、半导体制造行业　在彩电、冰箱等家用电器产品的装配生产线上，在半导体芯片、印制电路等各种电子产品的装配流水线上，不仅可以看到各种大小不一、形状不同的气缸、气爪，还可以看到许多灵巧的真空吸盘将一般气爪很难抓起的显像管、纸箱等物品牢牢地吸住并运送到指定位置上。对加速度限制十分严格的芯片搬运系统，采用了平稳加速的SIN 气缸。这种气缸具有特殊的加减速机构，可以平稳地将盛满水的水杯从 A 点送到 B 点，并保证水不溢出。为了提高试验效率和追求准确的试验结果，摩托罗拉采用了由 SMC 小型气缸和控制阀构成的携带式电话的性能寿命试验装置，不仅可以随意地改变按键频度，还可以根据需要，随时改变按键的力度。对环境洁净度要求高的场所，可以选用洁净系列的气动元件，这种系列的气缸、气阀及其他元件有特殊的密封措施。

③ 生产自动化的实现　20 世纪 60 年代，气动技术主要用于比较繁重的作业领域以辅助传动。现在，在工业生产的各个领域，为了保证产品质量的均一性，为了能减轻单调或繁重的体力劳动、提高生产效率，为了降低成本，都已广泛使用了气动技术。在缝纫机、自行车、手表、洗衣机、自动和半自动机床等许多行业的零件加工和组装生产线上，工件的搬运、转位、定位、夹紧、进给、装卸、装配、清洗、检测等许多工序中都使用了气动技术。气动木工机械可完成挂胶、压合、切割、刨光、开槽、打榫、组装等许多作业。自动喷气织布机、自动清洗机、冶金机械、印刷机械、建筑机械、农业机械、制鞋机械、塑料制品生产线、人造革生产线、玻璃制品加工线等许多场合，都大量使用了气动技术。

④ 包装自动化的实现　气动技术还广泛应用于化肥、化工、粮食、食品、药品等许多行业，实现粉状、粒状、块状物料的自动计量包装；用于烟草工业的自动卷烟和自动包装等许多工序；用于对黏稠液体（如油漆、油墨、化妆品、牙膏等）和有毒气体（如煤气等）的自动计量灌装。

由上面所举例子可见，气动技术在各行各业均已得到广泛的应用。

（5）气动技术的发展趋势

① 模块化和集成化　气动系统的最大优点之一是单独元件的组合能力，无论是各种不同大小的控制器还是不同功率的控制元件，在一定应用条件下，都具有随意组合性。随着气动技术的发展，元件正从单元功能性向多功能系统、通用化模块方向发展，并将具有向上或向下的兼容性。

② 功能增强及体积缩小　小型化气动元件，如气缸及阀类正应用于许多工业领域。微型气动元件不仅可用于精密机械加工及电子制造业，还可用于制药业、医疗技术、包装技术等。在这些领域中，已经出现活塞直径小于 2.5mm 的气缸、宽度为 10mm 的气阀及相关的辅助元件，并正在向微型化和系列化方向发展。

③ 智能气动　智能气动是指具有集成微处理器，并具有处理指令和程序控制功能的元件或单元。最典型的智能气动是内置可编程控制器的阀岛，以阀岛和现场总线技术的结合实现的气电一体化是目前气动技术的一个发展方向。

 思考与练习题

10-1　气动技术的特点如何？

10-2　试对气动技术与其他传动方式进行综合比较。

10-3　气动技术的应用状况怎样？

10-4　液压技术的发展概况和趋势如何？

10-5　我国液压气动工业目前的状况和水平怎样？

第 11 章

气源装置及压缩空气净化系统

气动技术以压缩空气作为工作介质,向气动系统提供压缩空气的气源装置的主体是空气压缩机。由空气压缩机产生的压缩空气因为含有较高的杂质,不能直接使用,所以必须经过降温(除去水分)、除尘、除油、过滤等一系列处理后才能用于气动系统。因此,在气动系统工作时,压缩空气中水分和固体杂质粒子等的含量是决定系统能否正常工作的重要因素。如果不除去这些污染物,将导致机器和控制装置发生故障,损害产品的质量,增加气动设备和系统的维护成本。本章主要介绍气源系统及压缩空气净化处理装置。

11.1 空气的物理性质

(1) 空气的湿度与露点

自然界的空气是由很多种气体混合而成的。其主要成分有氮(N_2)和氧(O_2),其他气体占的比例极小,此外,空气中常含有一定量的水蒸气。水蒸气的含量取决于大气的湿度和温度。把含有水蒸气的空气称为湿空气,大气中的空气基本上都是湿空气;把不含水蒸气的空气称为干空气。标准状态下(即温度为 0℃、压力为 $p=0.1013MPa$)干空气的组成如表 11-1 所示。

表 11-1 干空气的组成

成分	氮气 N_2	氧气 O_2	氩 Ar	二氧化碳 CO_2	其他气体
体积分数/%	78.03	20.93	0.932	0.03	0.078
质量分数/%	75.50	23.10	1.28	0.045	0.075

湿空气的压力称为全压力 p,是干空气的分压力 p_g 和水蒸气的分压力 p_s 之和,即

$$p = p_s + p_g \tag{11-1}$$

分压力是指湿空气的各个组成气体,在相同温度下独占湿空气总容积时所具有的压力。平常所说的大气压力就是指湿空气的全压力。

露点是指在规定的空气压力下,当温度一直下降到使空气成为饱和状态、水蒸气开始凝结的那一刹那的温度。露点又可分为大气压露点和压力露点两种。大气压露点是指在大气压下水分的凝结温度,而压力露点是指气压系统中的水分在某一高压下的凝结温度。以空气压缩机为例,其吸入口为大气压露点,输出口为压力露点。图 11-1 给出了温度在 −30~+80℃范围内每立方米大气所含有水分的克数。如图 11-2 所示为大气压露点与压力露点之间的换算表。如要求大气压露点为 −22℃的气体,在压力为 7bar 状况下的压力露点,则可在

图 11-2 中查到其压力露点为 4℃，意为在压力为 7bar 时，当空气冷却到 4℃（若将其减压成大气压，则水分在 −22℃ 以下会凝结）便有水滴析出。用降温法清除湿空气中的水分利用的就是此原理。相对湿度因空气湿度和气候状况而异。常把相对湿度定义为

$$相对湿度 = 100\% \times 绝对湿度 / 饱和水含量 \tag{11-2}$$

式中，绝对湿度是指单位立方米空气中所含的水分的量；饱和水含量是指单位立方米空气在所述温度下能够吸收水分的量。

空气在不同温度下的饱和水含量可由图 11-1 查得。

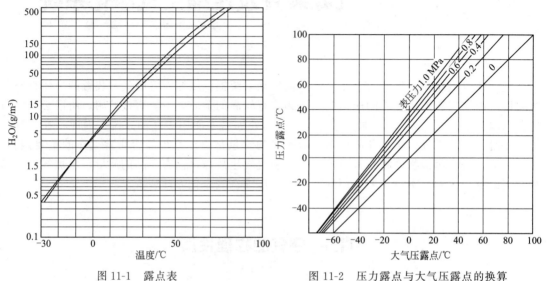

图 11-1　露点表　　　　　　　　　图 11-2　压力露点与大气压露点的换算

（2）空气的密度

空气具有一定质量，其密度是指单位体积内空气的质量，用 ρ 表示，即

$$\rho = \frac{m}{V} \tag{11-3}$$

式中，m 表示空气的质量（kg）；V 表示空气的体积（m³）。

空气的密度与温度、压力有关，三者满足气体状态方程式。

气体的三个状态参数是压力 p、温度 T 和体积 V。气体状态方程用于描述气体处于某一平衡状态时，这三个参数之间的关系。本节介绍几种常见的状态变化过程。

（1）理想气体的状态方程

所谓理想气体，是指没有黏性的气体。一定质量的理想气体在状态变化的某一稳定瞬时，有以下气体状态方程成立

$$\frac{p_1 V_1}{T_1} = \frac{p_2 V_2}{T_2} \tag{11-4}$$

$$p = \rho R T \tag{11-5}$$

式中，p_1、p_2 分别为气体在 1、2 两状态下的绝对压力（Pa）；V_1、V_2 分别为气体在 1、2 两状态下的体积（m³）；T_1、T_2 分别为气体在 1、2 两状态下的热力学温度（K）；ρ 为气体的密度（kg/m³）；R 为气体常数 [J/(kg·K)]，其中，干空气 $R_g = 287.1$J/(kg·K)，湿空气 $R_s = 462.05$J/(kg·K)。

由于实际气体具有黏性，因而严格地讲它并不完全符合理想气体方程式。实验证明：理想气体状态方程适用于绝对压力不超过 20MPa、温度不低于 20℃ 的空气、O_2、N_2、CO_2 等，不适用于高压状态和低温状态下的气体。p、V、T 的变化决定了气体的不同状态，在

状态变化过程中加上限制条件时，理想气体状态方程将有以下几种形式。

（2）理想气体的状态变化过程

① 等容过程（查理定律）　一定质量的气体，在体积不变的条件下所进行的状态变化过程称为等容过程。等容过程的状态方程为

$$\frac{p_1}{T_1} = \frac{p_2}{T_2} \tag{11-6}$$

式（11-6）表明：当体积不变时，压力上升，气体的温度随之上升；压力下降，气体的温度随之下降。

② 等压过程（盖-吕萨克定律）　一定质量的气体，在压力不变的条件下所进行的状态变化过程称为等压过程。等压过程的状态方程为

$$\frac{V_1}{V_2} = \frac{T_1}{T_2} \tag{11-7}$$

式（11-7）表明：当压力不变时，温度上升，气体的体积增大（气体膨胀）；温度下降，气体的体积缩小。

③ 等温过程（波意耳定律）　一定质量的气体，在温度保持不变的条件下所进行的状态变化过程称为等温过程。气体状态变化很慢时，可视为等温过程，如气动系统中的气缸运动、管道送气过程等。等温过程的状态方程为

$$p_1 V_1 = p_2 V_2 \tag{11-8}$$

式（11-8）表明：在温度不变的条件下，气体压力上升时，气体体积被压缩；气体压力下降时，气体体积膨胀。

④ 绝热过程　一定质量的气体，在其状态变化过程中和外界没有热量交换的过程称为绝热过程。当气体状态变化很快时，如气动系统的快速充、排气过程，可视为绝热过程。其状态方程式为

$$p_1 V_1^k = p_2 V_2^k = 常数 \tag{11-9}$$

由式（11-4）和式（11-9）可得

$$\frac{p_2}{p_1} = \left(\frac{T_2}{T_1}\right)^{\frac{k}{k-1}} \tag{11-10}$$

上式中，k 为绝热指数，对于干空气 $k=1.4$，对于饱和水蒸气 $k=1.3$。

在绝热过程中，系统靠消耗自身内能对外做功。

例 11-1　由空气压缩机往储气罐内充入压缩空气，使罐内压力由 0.1MPa（绝对）升到 0.25MPa（绝对），气罐温度从室温 20℃升到 t。充气结束后，气罐温度又逐渐降至室温，此时罐内压力为 P。求 P 和 t 各为多少。（提示：气源温度也为 20℃。）

解： 此过程是一个复杂的充气过程，可看成是简单的绝热充气过程。

已知：$p_1 = 0.1$MPa，$p_2 = 0.25$MPa，$T_1 = (20+273)\text{K} = 293\text{K}$

由式（11-10）得

$$T_2 = T_1 \cdot \left(\frac{p_1}{p_2}\right)^{\frac{k-1}{k}} = \left[293 \times \left(\frac{0.25}{0.1}\right)^{\frac{1.4-1}{1.4}}\right](\text{K}) = 380.7(\text{K})$$

所以有

$$t = T - 273 = (380.7 - 273)(℃) = 107.7(℃)$$

充气结束后为等容过程，根据式（11-6）得

$$p_1 = \frac{T_1}{T_2} p_2 = \frac{293}{380.7} \times 0.25(\text{MPa}) = 0.192(\text{MPa})$$

11.2　气源系统及空气净化处理装置

在气动控制系统中，压缩空气是工作介质。压缩空气在气动系统中的主要作用有如下几点。

① 决定传感器的状态。

② 处理信号。

③ 通过控制元件控制执行机构。

④ 实现动作（执行元件）。

气源系统为气动设备提供满足要求的压缩空气动力源，一般由气压发生装置、压缩空气的净化处理装置和传输管路系统组成。典型的气源及空气净化处理系统如图 11-3 所示。

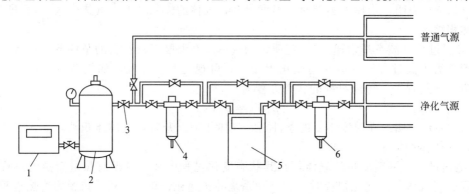

图 11-3　气源及空气净化处理系统

1—空压机；2—储气罐；3—阀门；4—主管过滤器（Ⅰ）；5—干燥机，6—主管过滤器（Ⅱ）

11.2.1　空气压缩机

空气压缩机简称空压机，是气压发生装置。空压机将电动机或内燃机输出的机械能转化为压缩空气的压力能。

（1）分类

空压机的种类很多，可按工作原理、结构形式及性能参数分类。

① 按工作原理分类　按工作原理，空压机可分为容积式空压机和速度式空压机。容积式空压机的工作原理是使单位体积内空气分子的密度增加以提高压缩空气的压力。速度式空压机的工作原理是提高气体分子的运动速度以增加气体的动能，然后将气体分子的动能转化为压力能以提高压缩空气的压力。

② 按结构形式分类　按结构形式空压机的分类如图 11-4 所示。

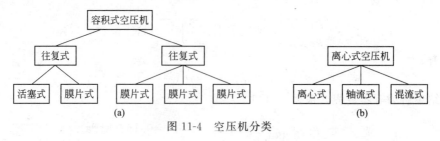

图 11-4　空压机分类

③ 按空压机输出压力大小分类　按空压机输出压力大小，可将其分为如下几类。

a. 低压空压机　输出压力在 0.2～1.0MPa 范围内。

b. 中压空压机　输出压力在 1.0～10MPa 范围内。

c. 高压空压机　输出压力在 10～100MPa 范围内。

d. 超高压空压机　输出压力大于 100MPa。

④ 按空压机输出流量（排量）分类　按空压机输出流量（排量）可分为如下几类。

a. 微型空压机　其输出流量小于 1m³/min。

b. 小型空压机　其输出流量在 1～10m³/min 范围内。

c. 中型空压机　其输出流量在 10～100m³/min 范围内。

d. 大型空压机　其输出流量大于 100m³/min。

（2）工作原理

常见的空压机有活塞式空压机、叶片式空压机和螺杆式空压机三种。下面将分别介绍它们的工作原理。

① 活塞式空压机　活塞式空压机的工作原理如图 11-5 所示。当活塞下移时，气体体积增加，气缸内压力小于大气压，空气便从进气阀门进入缸内。在冲程末端，活塞向上运动，排气阀门被打开，输出空气进入储气罐。活塞的往复运动是由电动机带动的曲柄滑块机构形成的。这种类型的空压机只经过一个过程就将吸入的大气压空气压缩到所需的压力，因此称之为单级活塞式空压机。

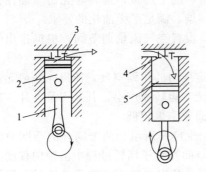
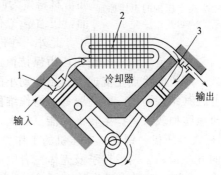

图 11-5　活塞式空压机的工作原理
1—连杆；2—活塞；3—排气阀；4—进气阀；5—气缸

图 11-6　两级活塞式空压机
1—1 级活塞；2—中间冷却器；3—2 级活塞

单级活塞式空压机通常用于需要 0.3～0.7MPa 压力范围的系统。在单级压缩机中，若空气压力超过 0.6MPa，产生的过热将大大地降低压缩机的效率。因此当输出压力较高时，应采取多级压缩。多级压缩可降低排气温度，节省压缩功，提高容积效率，增加压缩气体排量。

工业中使用的活塞式空压机通常是两级的。如图 11-6 所示为两级活塞式空压机，经由两级三个阶段将吸入的大气压空气压缩到最终的压力。如果最终压力为 0.7MPa，第一级通常将它压缩到 0.3MPa，然后经过中间冷却器被冷却，压缩空气通过中间冷却器后温度大大下降，再输送到第二级气缸，压缩到 0.7MPa。因此，相对于单级压缩机它提高了效率。如图 11-7 所示为活塞式空压机的外观。

② 叶片式空压机　叶片式空压机的工作原理如图 11-8 所示。把转子偏心安装在定子内，叶片插在转子的放射状槽内，且叶片能在槽内滑动。叶片、转子和定子内表面构成的容积空间在转子回转（图中转子顺时针回转）过程中逐渐变小，由此从进气口吸入的空气就逐渐被压缩排出。这样，在回转过程中不需要活塞式空压机中有吸气阀和排气阀。在转子的每一次回转中，将根据叶片的数目多次进行吸气、压缩和排气，所以输出压力

(a) 单级活塞式空压机　　　　(b) 两级活塞式空压机

图 11-7　活塞式空压机的外观

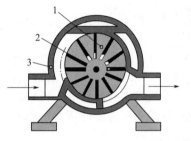

图 11-8　叶片式空压机的工作原理
1—转子；2—叶片；3—定子

的脉动较小。

通常情况下，叶片式空压机需使用润滑油对叶片、转子和机体内部进行润滑、冷却和密封，所以排出的压缩空气中含有大量的油分，因此在排气口需要安装油气分离器和冷却器，以便把油分从压缩空气中分离出来，进行冷却，并循环使用。

通常所说的无油空压机是指用石墨或有机合成材料等自润滑材料作为叶片材料的空压机，运转时无需添加任何润滑油，压缩空气不被污染，满足了无油化的要求。

此外，在进气口设置空气流量调节阀，根据排出气体压力的变化自动调节流量，可使输出压力保持恒定。

叶片式空压机的优点是能连续排出脉动小的额定压力的压缩空气，所以，一般无需设置储气罐，并且其结构简单，制造容易，操作维修方便，运转噪声小。其缺点是叶片、转子和机体之间机械摩擦较大，产生较高的能量损失，因而效率也较低。

③ 螺杆式空压机　螺杆式空压机的工作原理如图 11-9 所示。两个啮合的凸凹面螺旋转子以相反的方向运动。两根转子及壳体三者围成的空间在转子回转过程中沿轴向移动，其容积逐渐减小。这样，从进口吸入的空气逐渐被压缩，并从出口排出。转子旋转时，两转子之间及转子与机体之间均有间隙存在。由于其进气、压缩和排气等各行程均由转子旋转产生，因此输出压力脉动小，可不设置储气罐。

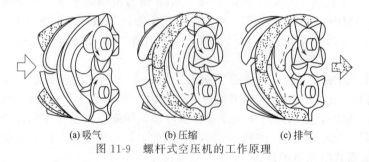

(a) 吸气　　　　(b) 压缩　　　　(c) 排气

图 11-9　螺杆式空压机的工作原理

螺杆式空压机与叶片式空压机一样，也需要加油进行冷却、润滑及密封，所以在出口处也要设置油气分离器。

螺杆式空压机的优点是排气压力脉动小、输出流量大、无需设置储气罐、结构中无易损件、寿命长且效率高。其缺点是制造精度要求高，且由于结构刚度的限制，只适用于中低压范围。

（3）空压机的选用

首先根据气动系统所需要的工作压力和流量确定空压机的输出压力 P_c 和供气量 Q_c。空压机的供气压力 P_c 为

$$p_c = p + \sum \Delta p \qquad\qquad (11\text{-}11)$$

式中，p 为气动系统的工作压力（MPa）；$\sum \Delta p$ 为气动系统总的压力损失。

气动系统的工作压力应为系统中各个气动执行元件工作时的最高工作压力。气动系统的总压力损失除了考虑管路的沿程阻力损失和局部阻力损失外，还应考虑为了保证减压阀的稳压性能所必需的最低输入压力，以及气动元件工作时的压降损失。

空压机供气量 Q_c 的大小应包括目前气动系统中各设备所需的耗气量，未来扩充设备所需耗气量及修正系数 k（如避免空压机在全负荷下不停地运转，气动元件和管接头的漏损及各种气动设备是否同时连续使用等），其数学表达式为

$$Q_c = kQ \, (\text{m}^3/\text{min}) \qquad\qquad (11\text{-}12)$$

式中，Q 为气动系统的最大耗气量（m^3/min）；k 为修正系数，一般可取 $k = 1.3 \sim 1.5$。

有了供气压力 P_c 与供气量 Q_c，再按空压机的特性要求选择空压机的类型和型号。

（4）使用时应注意的事项

① 空压机的安装位置　空压机的安装地点必须清洁，应无粉尘、通风好、湿度小、温度低，且要留有维护保养的空间，所以一般要安装在专用机房内。

② 噪声　因为空压机一运转就产生噪声，所以必须考虑噪声的防治，如设置隔声罩或消声器、选择噪声较低的空压机等。一般而言，螺杆式空压机的噪声较小。

③ 润滑　应使用专用润滑油并定期更换；启动前应检查润滑油位，并用手拉动传动带使机轴转动几圈，以保证启动时的润滑；启动前和停车后都应及时排除空压机气罐中的水分。

11. 2. 2　储气罐

储气罐有如下作用。

① 使压缩空气供气平稳，减少压力脉动。

② 作为压缩空气瞬间消耗时需要的存储补充之用。

③ 存储一定量的压缩空气，停电时可使系统维持运转一定时间。

④ 可降低空压机的启动、停止频率，其功能相当于增大了空压机的功率。

⑤ 利用储气罐的大表面积散热，使压缩空气中的一部分水蒸气凝结为水。

储气罐的尺寸大小由空压机的输出功率来决定。储气罐的容积越大，压缩机运行时间间隔就越长。储气罐为圆筒状焊接结构，有立式和卧式两种，以立式居多。其结构如图 11-10 所示。

使用储气罐应注意以下事项。

① 储气罐属于压力容器，应遵守压力容器的有关规定。必须有产品耐压合格证书。

② 储气罐上必须安装如下元件。

a. 安全阀　当储气罐内的压力超过允许限度时，可将压缩空气排出。

b. 压力表　显示储气罐内的压力。

c. 压力开关　用储气罐内的压力来控制电动机。

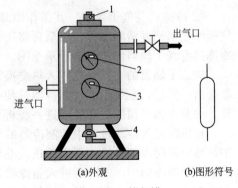

图 11-10　储气罐

1—安全阀；2—压力表；3—检修盖；4—排水阀

将压力开关调节到一个最高压力，达到这个压力就停止电动机；还可将其调节到另一个最低压力，储气罐内压力跌落至低于这个压力就重新启动电动机。

d. 单向阀　让压缩空气从空压机进入气罐；当空压机关闭时，阻止压缩空气反方向流动。

e. 排水阀　设置在系统最低处，用于排掉凝结在储气罐内的水。

11.2.3　压缩空气净化处理装置

从空压机输出的压缩空气在到达各用气设备之前，必须将压缩空气中含有的大量水分、油分及粉尘杂质等除去，得到适当的压缩空气质量，以避免它们对气动系统的正常工作造成危害，并且要用减压阀调节系统所需压力以得到适当压力。在必要的情况下，可使用油雾器使润滑油雾化，并混入压缩空气中润滑气动元件，以降低磨损，提高元件寿命。

（1）压缩空气的除水装置（干燥器）

① 后冷却器　空压机输出的压缩空气温度高达 120～180℃，在此温度下，空气中的水分完全呈气态。后冷却器的作用是将空压机出口的高温压缩空气冷却到 40℃，并使其中的水蒸气和油雾冷凝成水滴和油滴，以便将其清除。

后冷却器有风冷式和水冷式两大类。如图 11-11 所示为风冷式后冷却器，它是靠风扇产生冷空气并将其吹向带散热片的热空气管道来实现冷却的。经风冷后，冷却器出口压缩空气的温度比环境温度高 15℃左右。水冷式则是通过强迫冷却水沿压缩空气流动方向的反方向流动来进行冷却的，如图 11-12 所示，冷却器出口压缩空气的温度大约比环境温度高 10℃。

后冷却器上应装有自动排水器，以排除冷凝水和油滴等杂质。

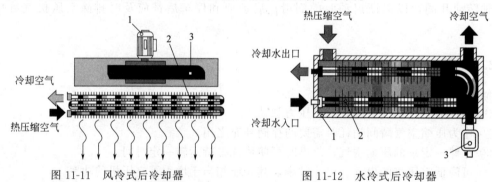

图 11-11　风冷式后冷却器
1—风扇马达；2—风扇；3—热交换器

图 11-12　水冷式后冷却器
1—外壳；2—冷取水管；3—自动排水器

② 冷冻式空气干燥器　其工作原理是将湿空气冷却到其露点温度以下，使空气中水蒸气凝结成水滴并清除出去，然后再将压缩空气加热至环境温度输送出去。如图 11-13 所示为冷冻式空气干燥器的工作原理示意图。

进入干燥器的空气首先进入热交换器冷却，初步冷却的空气中析出的水分和油分经过滤器排出。然后，空气再进入制冷器，使空气进一步冷却到 2～5℃，使空气中含有的气态水分、油分等由于温度的降低而进一步析出，冷却后的空气再进入热交换器加热输出。

在压缩空气冷却过程中，制冷器的作用是将输入的气态制冷剂压缩并冷却，使其变为液态，然后将制冷剂过滤、干燥后送入毛细管或自动膨胀阀中，使制冷剂变为低压、低温的液态输出到制冷器中。制冷剂进入制冷器，在冷却空气的同时，吸收了压缩空气的热量，并转为气态，然后再进入制冷器，重复上面的热交换过程。

冷冻式干燥器具有结构紧凑、使用维护方便、维护费用较低等优点，适用于空气处理量较大、压力露点温度不是太低（2～5℃）的场合。

冷冻式干燥器在使用时，应考虑进气温度、压力、环境温度和空气处理量。进气温度应控制在 40℃以下，超出此温度时，可在干燥器前设置后冷却器。进入干燥器的压缩空气压力不应低于干燥器的额定工作压力。环境温度宜低于 40℃，若环境温度过低，可加装暖气装置，以防止冷凝水结冰。干燥器实际空气处理量，在考虑了进气压力、温度和环境温度等因素后，应不大于干燥器的额定空气处理量。如图 11-14 所示为冷冻式干燥器的外观和图形符号。

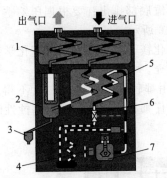

图 11-13　冷冻式干燥器工作原理示意图
1—热交换器；2—空气过滤器；3—自动排水器；4—冷却风扇；
5—制冷器；6—恒温器；7—冷媒压缩机

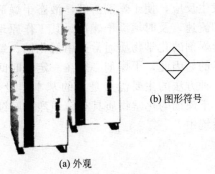

(b) 图形符号

(a) 外观

图 11-14　冷冻式干燥器

③ 吸附式空气干燥器　吸附式空气干燥器是利用具有吸附性能的吸附剂（如硅胶、活性氧化铝、分子筛等）吸附空气中水蒸气的一种空气净化装置。吸附剂吸附湿空气中的一定量水蒸气后将达到饱和状态。为了能够连续工作，就必须将吸附剂中的水分排除掉，使吸附剂恢复到干燥状态，这称为吸附剂的再生（亦称脱附）。吸附式空气干燥器的工作原理如图 11-15 所示。它由两个填满吸附剂的筒并联而成，当左边的一个筒有湿空气通过时，空气中的水分被吸附剂吸收，干燥后的空气输送至供气系统。同时，右边的筒就进行再生程序，如此交替循环使用。吸附剂的再生方法有加热再生和无热再生两种。如图 11-15 所示为加热再生吸附式空气干燥器的工作原理。正常情况下，每 2～3 年必须更换一次吸附剂。

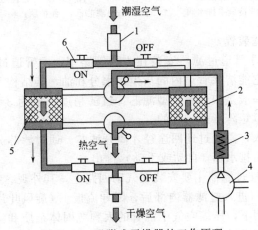

图 11-15　吸附式干燥器的工作原理
1—前置过滤器；2—吸附剂；3—加热器；4—风扇；5—吸附剂；6—截止阀

气动系统使用的空气流量应在干燥器的额定输出流量之内，否则会使空气露点温度达不到要求。干燥器使用到规定期限时，应全部更换筒内的吸附剂。此外，吸附式空气干燥器在使用时，应在其输出端安装精密过滤器，以防止筒内的吸附剂在压缩空气不断冲击下产生的粉末混入压缩空气中。要减少进入干燥器湿空气中的油分，以防油污黏附在吸附剂表面使吸附剂降低吸附能力，产生所谓的"油中毒"现象。

吸附式干燥法不受水的冰点温度限制，干燥效果好。干燥后的空气在大气压下的露点温度可达－40～－70℃。在低压力、大流量的压缩空气干燥处理中，可采用冷冻和吸附相结合的方法，也可采用压力除湿和吸附相结合的方法，以达到预期的干燥要求。

④ 吸收式干燥器　吸收干燥法是一个纯化学过程。在干燥罐中，压缩空气中水分与干燥剂发生反应，使干燥剂溶解，液态干燥剂可从干燥罐底部排出；要根据压缩空气温度、含湿量和流速，及时填满干燥剂。其工作原理如图 11-16 所示。

干燥剂的化学物质通常选用氯化钠、氯化钙、氯化镁、氯化锂等。由于化学物质是会慢慢用尽的，因此，干燥剂必须在一定的时间内进行补充。

这种方法的主要优点是它的基本建设和操作费用都较低。但进口温度不得超过 30℃，其中，干燥剂的化学物质具有较强烈的腐蚀性，必须仔细检查滤清，防止腐蚀性的雾气进入气动系统中。

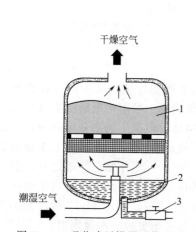

图 11-16　吸收式干燥器工作原理
1—干燥剂；2—冷凝水；3—冷凝水排水阀

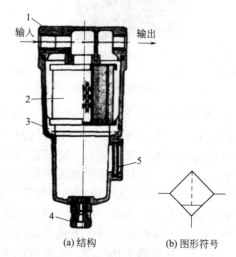

图 11-17　主管过滤器
1—主体；2—滤芯；3—保护罩；4—手动排水器；5—观察窗

（2）压缩空气的过滤装置

① 主管道过滤器　主管道过滤器安装在主要管路中。主管道过滤器必须具有最小的压力降和油雾分离能力，它能清除管道内的灰尘、水分和油，其结构及图形符号如图 11-17 所示。这种过滤器的滤芯一般是快速更换型滤芯，过滤精度一般为 3～5μm；滤芯是由合成纤维制成的，因为纤维是以矩阵形式排列的。

压缩空气从入口进入，需经过迂回途径才离开滤芯。通过滤芯分离出来的油、水和粉尘等，流入过滤器下部，由排水器（自动或手动）排出。

② 标准过滤器　标准过滤器主要安装在气动回路上，其外观、结构及图形符号如图 11-18 所示。压缩空气从入口进入过滤器内部后，因导流板 1（旋风叶片）的导向，产生了强烈的旋转，在离心力的作用下，压缩空气中混有的大颗粒固体杂质和液态水滴等被甩到滤杯 4 的内表面上，在重力作用下沿壁面沉降至底部，而经过预净化的压缩空气则通过滤芯流出，进一步清除其中颗粒较小的固态粒子，清洁的空气便从出口输出。挡水板的作用是防止已积存在滤杯中的冷凝水再混入气流中。要定期打开排水阀 6，放掉积存的油、水和杂质。

过滤器中的滤杯是由聚碳酸酯材料做成的，应避免在有机溶液及化学药品雾气的环境中使用。若要在上述溶剂雾气的环境中使用，则应使用金属水杯。为安全起见，滤杯外必须加

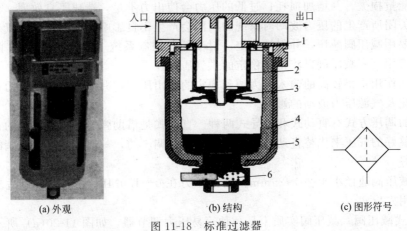

(a) 外观　　　　　　　(b) 结构　　　　　(c) 图形符号

图 11-18　标准过滤器

1—导流板；2—滤芯；3—挡水板；4—滤杯；5—杯罩；6—排水阀

金属杯罩以保护滤杯。

　　标准过滤器的过滤精度为 $5\mu m$。为防止造成二次污染，滤杯中的水每天都应该是排空的。

　　③ 自动排水器　自动排水器用来自动排出管道、气罐、过滤器滤杯等最下端的积水。由于气动技术的广泛应用以及靠人工的方法进行定期排污已变得不可靠，而且有些场合也不便于人工操作，因此，自动排污装置得到了广泛应用。自动排水器可作为单独的元件安装在净化设备的排污口处，也可内置安装在过滤器等元件的壳体内（底部）。

　　如图 11-19 所示的是一种浮子式自动排水器，其工作原理为：水杯 11 中冷凝水经由长孔 10 进入柱塞 9 及密封圈 8 之间的柱塞室，当冷凝水的水位达到一定高度时，浮筒 2 浮起，密封座 1 被打开，压缩空气进入竖管 3 的气孔，使控制活塞 4 右移，柱塞 9 离开阀座，冷凝水因此被排放。当液面下降到某一位置时，关闭密封座 1，冷凝水排水器内的压缩空气从节流孔 6 排出。此时，弹簧 5 推动控制活塞 4 回到起始位置，密封圈封闭排水口。

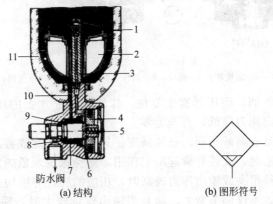

防水阀

(a) 结构　　　　　　　　(b) 图形符号

图 11-19　浮子式自动排水器

1—密封座；2—浮筒；3—竖管；4—控制活塞；5—弹簧；6—节流孔；7—冷凝水室；
8—密封圈；9—柱塞；10—长孔；11—水杯

　　(3) 压缩空气的调压装置

　　所有的气动系统均有一个最适合的工作压力，而在各种气动系统中，皆可出现或多或少的压力波动。气动与液压传动不同，一个气源系统输出的压缩空气通常可供多台气动装置使用。气源系统输出的空气压力都高于每台装置所需的压力，且压力波动较大。如果压力过高，将造成能量损失，并增加损耗；过低的压力会使出力不足，造成不良效率。例如，空压机的开启与关闭所产生的压力波动对系统的功能会产生不良影响。因此，每台气动装置的供气压力都需要用减压阀减压，并保持稳定。对于低压控制系统（如气动测量），除用减压阀减压外，还需用精密减压阀以获得更稳定的供气压力。

减压阀的作用是将较高的输入压力调到规定的输出压力，并能保持输出压力稳定，不受空气流量变化及气源压力波动的影响。

减压阀的调压方式有直动式和先导式两种。直动式是借助弹簧力直接操纵的；先导式则是用预先调整好的气压来代替直动式调压弹簧来进行调压的，一般先导式减压阀的流量特性比直动式的好。

直动式减压阀通径小于 $20\sim25$mm，输出压力在 $0\sim1.0$MPa 范围内最为适当，超出这个范围应选用先导式。

① 直动式减压阀 减压阀实质上是一种简易压力调节器，如图 11-20（a）所示为一种常用的直动式减压阀的结构。若顺时针旋转调节手柄，调压弹簧 1 被压缩，推动膜片 3，阀杆 4 下移，进气阀门打开，在输出口有气压 P_2 输出，如图 11-20（b）所示。同时，输出气体压 P_2，经反馈导管 5 作用在膜片 3 上，产生向上的推力。当该推力与调压弹簧作用力相平衡时，阀便有稳定的压力输出。若输出气体压力 P_2 超过调定值，则膜片离开平衡位置而向上变形，使得溢流阀被打开，多余的空气经溢流口排入大气。当输出气体压力降至调定值时，溢流阀关闭，膜片上的受力保持平衡状态。

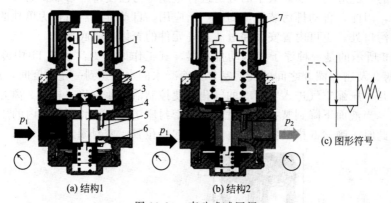

图 11-20 直动式减压阀
1—调压弹簧；2—溢流阀；3—膜片；4—阀杆；5—反馈导管；6—主阀；7—溢流口

若逆时针旋转调节手柄，调压弹簧 1 复位，作用在膜片 3 上的压缩空气压力大于弹簧力，溢流阀被打开，输出压力降低，直至为零。

反馈导管 5 的作用是提高减压阀的稳压精度。另外，它还能改善减压阀的动态性能。当负载突然改变或变化不定时，反馈导管起阻尼作用，避免振荡现象的发生。

当减压阀的接管口径很大或输出压力较高时，相应的膜片等结构也很大，若用调压弹簧直接调压，则弹簧过硬，不仅调节费力，而且当输出流量较大时，输出压力波动也将较大。因此，接管口径在 20mm 以上、且输出压力较高时，一般宜用先导式结构。在需要远距离控制时，可采用遥控的先导式减压阀。

② 先导式减压阀 先导式减压阀是使用预先调整好压力的空气来代替调压弹簧进行调压的，其调节原理和主阀部分的结构与直动式减压阀的相同。先导式减压阀的调压空气一般是由小型的直动式减压阀供给的。若将这个小型直动式减压阀与主阀合成一体，则称其为内部先导式减压阀。若将它与主阀分离，则称其为外部先导式减压阀，它可以实现远距离

控制。

　　如图 11-21 所示为内部先导式减压阀的结构，它由先导
阀和主阀两部分组成。当气流从左端进入阀体后，一部分经
阀口 9 流向输出口，另一部分经固定节流孔 1 进入中气室，
经喷嘴 2、挡板 3 和孔道反馈至下气室 6，再经阀杆 7 的中心
孔及排气孔 8 排至大气。

　　将手柄旋转到一定位置，使喷嘴和挡板的距离处在工作
范围内，减压阀就进入工作状态。中气室 5 的压力随喷嘴与
挡板间距离的减小而增大，于是推动阀芯，打开进气阀口 9，
即有气流流到出口；同时，经孔道反馈到上气室 4，与调压
弹簧相平衡。

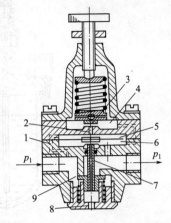

图 11-21　内部先导式减压阀的结构
1—固定节流孔；2—喷嘴；3—挡板；
4—上气室；5—中气室；6—下气室；
7—阀杆；8—排气孔；9—进气阀口

　　若输入压力瞬时升高，则输出压力也相应升高，通过孔
口的气流使下气室 6 的压力也升高，破坏了膜片原有的平衡，
使阀杆 7 上升，节流阀阀口减小，节流作用增强，输出压力
下降，膜片两端作用力重新平衡，输出压力恢复到原来的固
定值。

　　当输出压力瞬时下降时，经喷嘴及挡板的放大也会引起中气室 5 的压力明显升高，而使
阀芯下移，阀口开大，输出压力升高，并稳定到原数值上。

　　(4) 压缩空气的润滑装置

　　压缩空气所需油雾主要由油雾器来提供。油雾器以压缩空气为动力，将润滑油喷射成雾
状并混合于压缩空气中，使该压缩空气具有润滑气动元件的能力。目前，气动控制系统中的
控制阀、气缸和气马达主要是靠带有油雾的压缩空气来实现润滑的，其优点是方便、干净、
润滑质量高。

　　普通型油雾器也称为全量式油雾器，它把雾化后的油雾全部随压缩空气输出，油雾粒径
约为 $20\mu m$。普通型油雾器又分为固定节流式和自动节流式两种，前者输出的油雾浓度随空
气的流量变化而变化；后者输出的油雾浓度基本保持恒定，不随空气流量的变化而变化。如
图 11-22 所示为一种固定节流式普通型油雾器。其工作原理是：压缩空气从输入口进入油雾
器后，绝大部分经主管道输出，一小部分气流进入立杆 1 上正对气流方向的小孔口，经截止
阀进入储油杯 5 的上腔 c 中，使油面受压。而立杆 1 上背对气流方向的孔 b 由于其周围气流
的高速流动，其压力低于气流压力。这样，油面气压与孔 b 压力间存在压差，润滑油在此压
差作用下，经吸油管 6、单向阀 7 和节流阀 8 滴落到透明的视油器 9 内，并顺着油路被主管
道中的高速气流从孔 b 引射出来，雾化后随空气一同输出。视油器 9 上部的节流阀 8 用以调
节滴油量，可在 $0\sim200$ 滴/min 范围内调节。

　　普通型油雾器能在进气状态下加油，这时只要拧松油塞 10 后，油杯上腔 c 便与大气相
通，同时，输入进来的压缩空气将截止阀阀芯 2 压在截止阀座 4 上，切断压缩空气进入 c 腔
的通道。又由于单向阀 7 的作用，压缩空气也不会从吸油管 6 倒灌到油杯中，所以就可以在
不停气的状态下向油塞口加油，加油完毕后拧上油塞即可。由于截止阀稍有泄漏，油杯上腔
的压力又逐渐上升，直到将截止阀打开，油雾器又重新开始工作。油塞上开有半截小孔，当
油塞向外拧出时，并不等油塞全打开，小孔已经与外界相通，油杯中的压缩空气逐渐向外排
空，以免在油塞打开的瞬间产生压缩空气突然排放的现象。截止阀的工作状态如图 11-23
所示。

　　油杯一般用透明的聚碳酸酯制成，能清楚地看到杯中的储油量和清洁程度，以便及时
补充与更换。视油器用透明的有机玻璃制成，能清楚地看到油雾器的滴油情况。

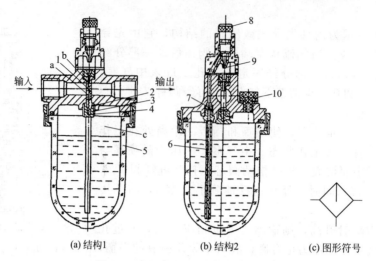

(a) 结构1　　　　　　(b) 结构2　　　　　(c) 图形符号

图 11-22　固定节流式普通型油雾器

1—立杆；2—截止阀阀芯；3—弹簧；4—阀座；5—储油杯；6—吸油管；
7—单向阀；8—节流阀；9—视油器；10—油塞

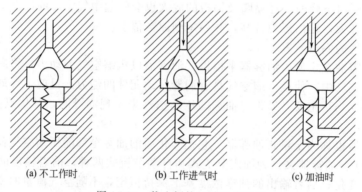

(a) 不工作时　　　　　(b) 工作进气时　　　　(c) 加油时

图 11-23　截止阀的三种工作状态

油雾器的主要性能指标如下。

① 流量特性　油雾器中通过其额定流量时，输入压力与输出压力之差一般不超过 0.15 MPa。

② 起雾空气流量　当油位处于最高位置时，节流阀 8 全开（见图 11-23）；气流压力为 0.5 MPa 时，起雾时的最小空气流量规定为额定空气流量的 40%。

③ 油雾粒径　在规定的试验压力 0.5MPa 下，输油量为 30 滴/min，其粒径不大于 50μm。

④ 加油后恢复滴油时间　加油完毕后，油雾器不能马上滴油，要经过一定的时间。在额定工作状态下，一般为 20~30s。

油雾器在使用中一定要垂直安装。它可以单独使用，也可以和空气过滤器、减压阀三件联合使用，组成气源调节装置（通常称之为气动三联件），使之具有过滤、减压和油雾润滑的功能。联合使用时，其连接顺序应为空气过滤器—减压阀—油雾器，不能颠倒。安装时，气源调节装置应尽量靠近气动设备附近，距离不应大于 5m。气动三联件的工作原理如图 11-24 所示，其外观及图形符号如图 11-25 所示。

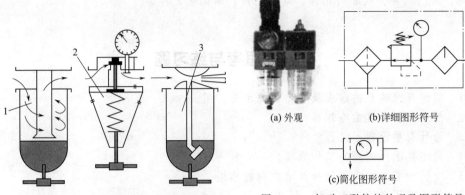

图 11-24　气动三联件的工作原理示意图　　　图 11-25　气动三联件的外观及图形符号
1—过滤器；2—减压阀；3—油雾器

对于一些对油污控制严格的场合，如纺织、制药和食品等行业，气动元件选用时要求无油润滑。在这种系统中，气源调节装置必须用两联件，连接方式为过滤—减压，去掉了油雾器。气动两联件的外观及职能符号如图 11-26 所示。

(a) 外观　　　　　　　　　　　(b) 图形符号

图 11-26　气动两联件

📚 本章小结

① 空气压缩机（简称空压机）是气动系统的动力源，它是把电动机输出的机械能转变为压缩空气的压力能的能量转换装置。

② 气动辅助元件包括后冷却器、储气罐、过滤器、干燥器、消声器、油雾器、转换器等元件。

③ 气缸可分为普通气缸、摆动气缸、薄膜式气缸、冲击气缸、气液阻尼缸、数字控制气缸等。在气动装置设计及设备更新改造时，首先应选择标准气缸，其次才考虑自行设计。

④ 气马达按工作原理分为容积式和涡轮式两大类。在气压传动中使用最广泛的是容积式气马达中的叶片式和活塞式气马达。

⑤ 气动控制元件按其作用和功能，可分为方向控制阀、流量控制阀和压力控制阀三大类。

⑥ 在气动系统中，常将快速排气阀安装在气缸和换向阀之间，并尽量靠近气缸排气口，或者直接拧在气缸排气口上，使气缸快速排气，以提高气缸的工作效率。

⑦ 在气动系统中，减压阀一般安装在空气过滤器之后、油雾器之前。在实际生产中，常把这 3 个元件组合在一起使用，称为气动三联件。

⑧ 气动逻辑元件是一种控制元件，按逻辑功能分为是门元件、与门元件、或门元件、

非门元件、禁门元件、或非门元件、双稳元件、单记忆元件等。

 思考与练习题

11-1   简述气源装置的组成及各元件的主要作用。

11-2   为什么要设置后冷却器？

11-3   为什么要设置干燥器？

11-4   简述标准过滤器的工作原理。

11-5   说明油雾器的工作过程及单向阀的作用。

11-6   简述减压阀的工作原理。

第 12 章

气动元件

在气压传动系统中，工作部件之所以能按设计要求完成动作，是通过对气动执行元件运动方向、速度及压力大小的控制和调节来实现的。在现代工业中，气压传动系统为了实现所需的功能有着各不相同的构成形式，但无论多么复杂的系统都可由一些基本的、常用的控制回路组成，而所有回路都可由气动元件按特定方式组合而成。本章将对各类气动元件的结构和工作原理进行全面介绍。

12.1　气动执行元件

气动系统常用的执行元件为气缸和气马达。气缸用于实现直线往复运动，输出力和直线位移。气马达用于实现连续回转运动，输出力矩和角位移。

12.1.1　气缸

气缸是气动系统的执行元件之一。除几种特殊气缸外，普通气缸的种类及结构形式与液压缸基本相同。目前，最常选用的是标准气缸，其结构和参数都已系列化、标准化、通用化。QGA 系列为无缓冲普通气缸，其结构如图 12-1 所示；QGB 系列为有缓冲普通气缸，其结构如图 12-2 所示。

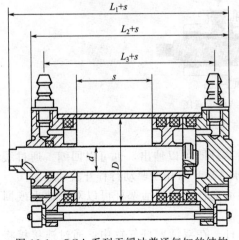

图 12-1　QGA 系列无缓冲普通气缸的结构

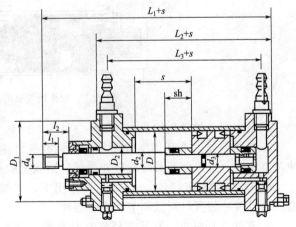

图 12-2　QGB 系列有缓冲普通气缸的结构

（1）直线运动气缸

① 单作用气缸 当有压缩空气作用时，单作用气缸的活塞杆伸出；当无压缩空气作用时，缸的活塞杆在弹簧力作用下回缩。气缸活塞上的永久磁环可用于驱动磁感应传感器动作。如图 12-3、图 12-4 所示分别为单作用气缸的实物和结构示意图。

图 12-3 单作用气缸的实物图

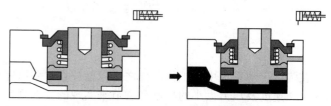

图 12-4 单作用气缸的结构示意图

对于单作用气缸来说，压缩空气仅作用在气缸活塞的一侧，另一侧则与大气相通。气缸只在一个方向上做功，气缸活塞在复位弹簧或外力作用下复位。

在无负载情况下，弹簧力使气缸活塞以较快速度回到初始位置。复位力大小由弹簧自由长度决定，因此，单作用气缸的最大行程一般为 100mm。

单作用气缸具有一个进气口和一个出气口。出气口必须洁净，以保证气缸活塞运动时无故障。通常，将过滤器安装在出气口上。

② 双作用气缸 如图 12-5 所示为双作用气缸的结构示意图，它由缸体、活塞、缸盖、活塞密封、活塞杆、轴套和防尘环等组成。气缸两个方向的运动都是通过气压传动进行的，它的两端都具有缓冲功能。在气缸轴套前端有一个防尘环，可以防止灰尘等杂质进入气缸腔内。前缸盖上安装的密封圈用于活塞杆密封；轴套可为气缸活塞杆导向，其由烧结金属或涂塑金属制成。

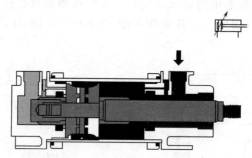

图 12-5 双作用气缸的结构示意图

下面介绍几种常用的双作用气缸（见图 12-6）。

a. 标准气缸 在压缩空气作用下，标准气缸活塞杆既可以伸出，也可以回缩。通过缓冲调节装置，可以调节其终端缓冲。气缸活塞上的永久磁环可用于驱动行程开关动作。

b. 双端活塞杆气缸 在压缩空气作用下，双端活塞杆气缸的活塞杆可以双端伸出或回缩。通过缓冲装置，可以调节其终端缓冲。

c. 双活塞杆气缸 双活塞杆气缸具有两个活塞杆。在双活塞杆气缸中，通过连接板将两个并列的活塞杆连接起来，在定位和移动工具或工件时这种结构可以抗扭转。此外，与相同缸径的标准气缸比较，双活塞杆气缸输出力是标准气缸输出力的两倍。

d. 两个双端活塞杆 两个双端活塞杆气缸具有两个双端活塞杆。在该气缸中，通过两个连接板将两个并列的双端活塞杆连接起来，在定位和移动工具或工件时，这种结构可以抗扭转。此外，与相同缸径的标准气缸比较，这种双活塞杆气缸输出力是标准气缸输出力的两倍。

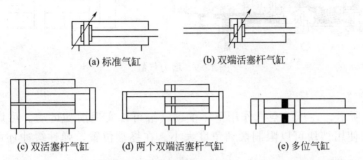

(a) 标准气缸　　　　(b) 双端活塞杆气缸

(c) 双活塞杆气缸　　(d) 两个双端活塞杆气缸　　(e) 多位气缸

图 12-6　几种常用的双作用气缸

e. 多位气缸 通过将缸径相同但行程不同的两个气缸连接起来，可以使组合后的气缸具有三个停止位置（左位、中位和右位）。以第一个停止位置为基准，多位气缸可以直接或通过中间停止位置到达第三个停止位置。注意：后动气缸行程必须大于先动气缸行程，后动气缸行程通常为先动气缸行程的两倍。当多位气缸回缩时，中间停止位置需采用特殊控制。

③ 无杆气缸（缸的两端均没有活塞杆） 无杆气缸与有杆气缸相比可节约很多安装空间。如图 12-7 所示为磁耦合式无杆气缸示意图。

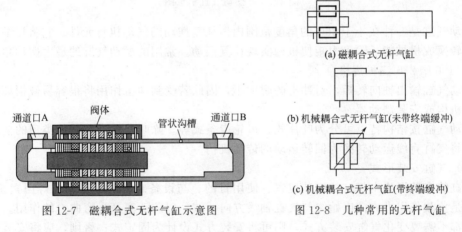

(a) 磁耦合式无杆气缸

(b) 机械耦合式无杆气缸(未带终端缓冲)

(c) 机械耦合式无杆气缸(带终端缓冲)

图 12-7　磁耦合式无杆气缸示意图　　　　图 12-8　几种常用的无杆气缸

下面介绍几种常用的无杆气缸（见图 12-8）。

a. 磁耦合式无杆气缸 在压缩空气作用下，无杆气缸滑块可以做往复运动。

b. 机械耦合式无杆气缸（未带终端缓冲） 在压缩空气作用下，活塞-滑块机械组合装置可以做往复运动。这种无杆气缸通过活塞-滑块机械组合装置传递气缸输出力，缸体上管状沟槽可以防止其扭转。

④ 增力气缸 如图 12-9 所示，增力气缸综合了两个双作用气缸的特点，即将两个双作用气缸串联在一起形成一个独立执行元件。这种方式提高了活塞的有效作用面积（2 倍的无杆腔的活塞面积）。增力气缸适用于要求输出力大而缸径又受到限制的场合。

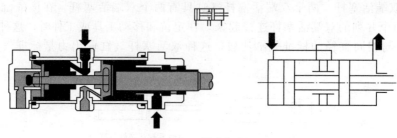

图 12-9　增力气缸

（2）摆动气缸

如图 12-10 所示，在压缩空气作用下，摆动气缸可以实现摆动运动。可调节装置与旋转叶片相互独立，使用挡块可以限制摆动角度大小。在终端位置，弹性缓冲环可以缓冲冲击。

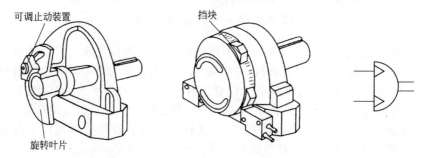

图 12-10　摆动气缸示意图

摆动气缸是一种在小于 360°的角度范围内做往复摆动的气动执行元件。它将压缩空气的压力能转换成机械能，输出力矩使机构实现往复摆动。常用的摆动气缸的最大摆动角度分别为 90°、180°、270°三种规格。

摆动气缸输出轴向转矩，对冲击的耐力小，因此若受到冲击作用将很容易被损坏，需采用缓冲机构或安装制动器。

摆动气缸按结构特点可分为叶片式、齿轮齿条式等。除叶片式外，其他类型的摆动气缸都带有将气缸直线运动转换为回转运动的传动机构。

（3）气缸安装形式

气缸的安装形式由气缸的安装位置、使用目的、与设备之间的连接形式等因素来决定。其原则是负载作用力方向应始终与气缸轴线方向一致，以防活塞杆受弯曲力的作用。若在任何时候都不需要变化气缸安装方式，则可将安装方式设计为固定式；否则，应将安装方式设计为非固定式，即按模块式构造准则，通过采用安装附件，可以改变气缸安装方式。

① 耳轴或耳环式安装　如图 12-11（a）所示。常用于非固定安装（如轴销式），气缸可以绕轴摆动。其中，前耳轴安装和后耳轴安装方式适用于行程较短的气缸；中间耳轴安装方式一般用于行程较长的气缸。

② 利用螺纹轴颈安装　如图 12-11（b）所示。当行程和负载较小且安装空间有限的情况下，一般可以直接采用气缸螺纹轴颈安装。

③ 两端支架式（轴向耳座）安装　如图 12-11（c）所示。当行程和负载较大时，一般可以用两端支架式安装。

④ 法兰式安装　如图 12-11（d）所示。对于前法兰安装方式，安装螺栓受拉力较大；对于后法兰安装方式，安装螺栓受拉力较小。法兰可根据安装条件选配。

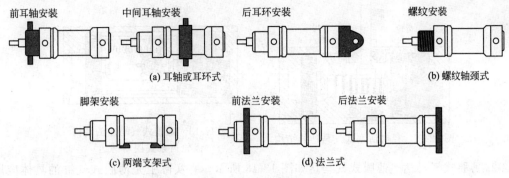

前耳轴安装　　中间耳轴安装　　后耳环安装　　螺纹安装

(a) 耳轴或耳环式　　　　　　　　　(b) 螺纹轴颈式

脚架安装　　　　前法兰安装　　后法兰安装

(c) 两端支架式　　　　　　(d) 法兰式

图 12-11　气缸安装形式

（4）气缸的选择及使用要求

使用气缸应首先立足于选择标准气缸，其次才是自行设计气缸。

① 气缸的选择。

a. 气缸输出力的大小　根据工作机构所需力的大小来确定活塞杆上的输出力（推力或拉力）。一般按公式计算出活塞杆的输出力再乘以 1.15～2 的安全系数，并据此选择和确定气缸内径。为了避免气缸容积过大，应尽量采用扩力机构，以减小气缸尺寸。

b. 气缸行程的长度　气缸行程的长度与使用场合和执行机构的行程长度有关，并受结构的限制，一般应比所需行程长 5～10mm。

c. 活塞（或缸）的运动速度　活塞（或缸）的运动速度主要取决于气缸进、排气口及导管内径的大小，内径越大则活塞运动速度越高。为了得到缓慢而平衡的运动速度，通常可选用带节流装置或气-液阻尼装置的气缸。

d. 安装方式　安装方式由安装位置、使用目的等因素来决定。工件做周期性转动或连续转动时，应选用旋转气缸，此外在一般场合应尽量选用固定式气缸。如有特殊要求，则选用相适应的特种气缸或组合气缸。

② 气缸的使用要求。

a. 气缸一般的工作条件是：周围介质温度为 -35～80℃，工作压力为 0.4～0.6MPa。

b. 安装时要注意运动方向，活塞杆不允许承受偏载径向负载。

c. 在行程中负载有变化时，应使用输出力有足够余量的气缸，并要附加缓冲装置。

d. 不使用满行程。特别当活塞杆伸出时，不要使活塞与缸盖相碰，否则容易破坏零件。

e. 应在气缸进气口处设置油雾器进行润滑。气缸的合理润滑极为重要，往往因润滑不好而产生爬行，甚至不能正常工作。不允许用油润滑时，可用无油润滑气缸。

12.1.2　气动马达

气动马达简称气马达，它是把压缩空气的压力能转换为机械能，实现输出轴的旋转运动并输出转矩的执行机构。

（1）气马达的分类和工作原理

气马达按工作原理的不同可分为容积式和动力式两大类，在气压传动中主要采用的是容积式气马达。容积式中又分齿轮式、活塞式、叶片式和薄膜式等，其中以叶片式和活塞式两种应用较为广泛。

① 径向活塞式气马达　如图 12-12 所示，活塞式气马达的启动转矩和功率较大，转速大多在 250～1500r/min，功率在 0.7～25kW 范围内。这种马达密封性好，容易换向，允许过载。其缺点是结构较复杂，价格高。

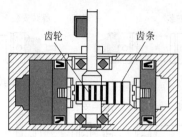

图 12-12　径向活塞式气马达的结构

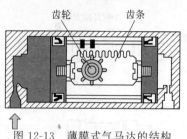

图 12-13　薄膜式气马达的结构
（齿轮齿条式摆动马达）

② 薄膜式气马达　薄膜式气马达如图 12-13 所示。它实际上是薄膜式气缸的具体应用，利用齿轮齿条式传动将活塞的往复运动变为输出轴的旋转运动。当气缸活塞杆做往复运动时，通过推杆端部的棘爪使棘轮做间歇性转动。这种马达运动慢，有连续性，但产生的转矩较大。

③ 叶片式气马达　叶片式气马达的结构如图 12-14 所示。

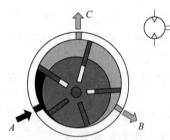

图 12-14　叶片式气马达的结构

压缩空气由 A 孔输入后分为两路：一路经定子两端密封盖的槽进入叶片底部（图 12-14 中未示出），将叶片推出抵于定子内壁上，相邻叶片间形成密闭空间以便启动。由 A 孔进入的另一路压缩空气就进入相应的密闭空间而作用在两个叶片上。由于叶片伸出量不同使压缩空气的作用面积不同，因而产生了转矩差，于是叶片带动转子在此转矩差的作用下按顺时针方向旋转。做功后的气体由 C 孔和 B 孔排出。若改变压缩空气的输入方向，即改变了转子的转向。

这种马达结构较简单、体积小、重量轻、泄漏小、启动力矩大且转矩均匀、转速高（每分钟可达几千转至二万转）。

其缺点是叶片磨损较快、噪声较大。这种气马达多属中小功率（1～3kW）型。

（2）气马达的特点

① 可以无级调速　通过调节进气阀（或排气阀）的开闭程度来控制压缩空气的流量，就能控制马达的转速，从而实现无级调速。

② 能够正反向旋转　通过操纵换向阀来改变进、排气方向，就能实现马达的正、反转换向，且换向的时间短、冲击小。气马达换向的一个主要优点是，它具有几乎是瞬时升到全速的能力。叶片式气马达可在一转半的时间内升到全速；活塞式气马达可在不到 1s 的时间内升至全速。

③ 工作安全　能适应恶劣的工作环境，在易燃、易爆、高温、振动、潮湿、粉尘等不利条件下均能正常工作，且操纵方便，维修简单。

④ 有过载保护作用　过载时马达降低转速或停车，过载解除后即可重新正常运转。

⑤ 启动力矩较高　可直接带负载启动，启、停迅速，且可长时间满载运行，温升较小。

⑥ 功率范围及转速范围较广　功率小至几百瓦，大至几十千瓦。

（3）气马达的选择及使用要求

① 气马达的选择　不同类型的气马达具有不同的特点和适用范围，因此主要从负载的状态要求出发来选择适用的气马达。

叶片式气马达适用于低转矩、高转速场合，如某些手提工具、复合工具、传送带、升降机等启动转矩小的中、小功率的机械。

活塞式气马达适用于中、高转矩，中、低转速的场合，如起重机、绞车、绞盘、拉管机等载荷较大且启动、停止特性要求高的机械。

薄膜式气马达适用于高转矩、低转速的小功率机械。

② 气马达的使用要求　应特别注意的是，润滑是气马达正常工作不可缺少的一个环节。气马达在得到正确、良好润滑的情况下，可以在两次检修之间至少运转 2500～3000h。一般应在气马达的换向阀前装置油雾器，以进行不间断的润滑。

12.2　气动控制元件

在气动系统中，用来控制与调节压缩空气的压力、流量、流动方向和发送信号，使气动执行元件能按控制要求工作的元件称为气动控制元件，简称气动控制阀。

12.2.1　压力控制阀

（1）减压阀（调压阀）

由于气源空气压力往往比每台设备实际所需要的压力高些，同时压力波动值比较大，因此需要用减压阀将其压力降低到每台设备所需要的压力。减压阀的作用是将输出压力调节在比输入压力低的调定值上，并保持稳定不变。减压阀也称调压阀。气动减压阀与液体减压阀一样，也是以出口压力为控制信号的。

减压阀按动作原理分有直动式和先导式两种，按溢流结构分有溢流式、非溢流式和恒量排气式三种（见图 12-15）。

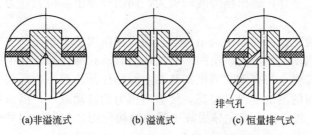

(a)非溢流式　　　(b)溢流式　　　(c)恒量排气式

图 12-15　减压阀的溢流结构

溢流式减压阀的作用是当减压阀的输出压力超过调定压力时，气流能从溢流孔中排出，维持输出压力不变；非溢流式减压阀没有溢流孔，使用时回路中要安装一个放气阀（见图 12-16），以排出输出侧的部分气体，它适用于调节有害气体的压力；恒量排气式减压阀中始终有微量气体从溢流阀座上的小孔排出。

① 直动式减压阀　如图 12-17 所示为直动式减压阀的结构原理图。如顺时针旋转手柄 1，经过调压弹簧 2、3，推动膜片 4 和阀杆 5 下移，使阀芯 7 也下移，打开阀口便有气流输出。同时，输出气压经阻尼孔 6 在膜片 4 的下表面产生向上的推力。这个作用力总是企图把阀口关小，使输出压力下降，这样的作用称为负反馈。当作用在膜片上的反馈力与弹簧力相平衡时，减压阀中便有稳定的压力输出。

当减压阀输出负载发生变化，如压力增高时，输出端压力将膜片向上推，阀芯 7 在复位弹簧 8 的作用下向上移，减小阀口开度，使输出压力下降，直至达到调定的压力为止；反之，当输出压力下降时，调压弹簧 2 和 3 的压力使阀的开度增大，流量加大，使输出压力上升直到调定值，从而保持输出压力稳定在调定值上。阻尼孔的主要作用是提高调压精度，并在负载变化时对输出的压力波动起阻尼作用，避免产生振荡。

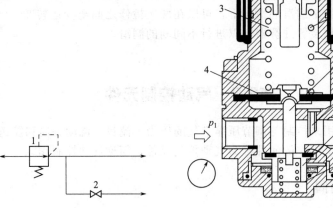

图 12-16　非溢流式减压阀的应用　　　图 12-17　直动式减压阀的结构原理
　　　1—减压阀；2—放气阀　　　　　　1—手柄；2、3—调压弹簧；4—膜片；
　　　　　　　　　　　　　　　　　5—阀杆；6—阻尼孔；7—阀芯；8—复位弹簧

当减压阀进口压力发生波动时，输出压力也随之变化并直接通过阻尼孔作用在膜片下部，使原有的平衡状态被破坏，改变阀口的开度，达到新的平衡，保持其输出压力不变。逆时针旋转手柄，调压弹簧放松，膜片在输出压力作用下向上变形，阀口变小，输出压力降低。

　　② 先导式减压阀　当减压阀的输出压力较高或配管内径很大时，用调压弹簧直接调压，同直动式液压减压阀一样，输出压力波动较大，阀的尺寸也会很大，为克服这些缺点可采用先导式减压阀。

　　先导式减压阀的工作原理和主阀结构与直动式减压阀基本相同。先导式减压阀所采用的调压空气是由小型直动式减压阀供给的。若把小型直动式减压阀装在主阀的内部，则称为内部先导式减压阀。若将小型直动式减压阀装在主阀的外部，则称为外部先导式减压阀。先导式减压阀对阀芯控制的灵敏度得以提高，使输出压力的波动减小，因而稳压精度比直动式减压阀高。如图 12-18 所示为内部先导式减压阀的结构简图，如图 12-19 所示为外部先导式减压阀的主阀结构。

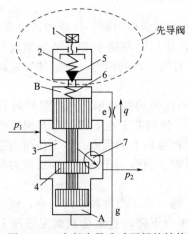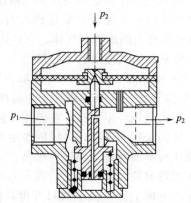

图 12-18　内部先导式减压阀的结构　　　图 12-19　外部先导式减压阀的主阀结构
　1—旋钮；2—调压弹簧；3—阀腔；4—主阀芯；
　5—锥阀；6—主阀弹簧；7—减压阀口；
　A—下气室；B—上气室；e—阻尼孔；g—孔道

　　外部先导式减压阀的工作原理与直动式减压阀相同。在主阀体外部还有一个小型直动式减压阀（图中未画出），由它来控制主阀。此类阀适用于通径在 20mm 以上，远距离（30m 内）、高处、危险处或调压困难的场合。

　　a. 减压原理　　如图 12-18 所示，当出口压力 p_2 低于先导阀的调定压力时，先导阀关闭，阻尼孔 e 内没有气体流动，主阀芯上下气腔（A、B）气压相等，在主阀弹簧的作用下，阀芯处于最下端。这时减压阀口全开，气体流过阀口的压降很小，基本不起减压作用。当出口压力上升到先导阀调定压力时，先导阀被推开（图中向上），阀腔里气体开始流动，由于阻尼孔的作用使得主阀芯上下腔形成压力差（下腔 A 的压力大于上腔 B 的压力），当这个压差产生的作用力大于主阀弹簧的预压缩力时，则主阀芯向上移动，阀口随之减小，气体流过阀口的压降增加，使减压阀的出口压力低于进口压力。此时主阀芯在弹簧力、气压力以及阀口的气动力共同作用下处于某一平衡位置。只要先导阀弹簧力调定，则出口压力即为定位。调节先导阀弹簧的预压缩力就可以调节出口压力 p_2 的大小。所以，减压阀就是用阀口节流的方法形成过流阻力来降低出口压力，从而实现减压作用的。

　　b. 稳压原理　　减压阀正常工作时，如果进口压力 p_1 突然升高（此时减压阀口不变，压降也不变），出口压力 p_2 也会瞬时随之升高。由于 p_2 升高破坏了原来的平衡状态，使先导阀阀口开大，流过阻尼孔 e 的流量增加，主阀芯上下腔的压差增大，于是减压阀阀芯上移，阀口关小，节流压降随之增大，使出口压力也随之下降。这样自动调节的结果，最后使 p_2 以一定的精度恢复到原来的调定值。如果减压阀进口压力 p_1 突然减小，引起出口压力 p_2 瞬时下降，根据前述的原理，也能保证出口压力值稳定在原来的调定压力。

　　由此看来，减压阀的工作特点是：利用出口压力反馈原理和阻尼孔作用，使阀芯上下腔形成压力差，并自动调节阀口开度来改变气流阻力，保证出口压力基本恒定。

　　事实上，我们所说的减压阀保证出口压力基本恒定，是有一定条件的。它与减压阀出口的负载性质有关。比如，负载压力 $p=0$ 时，减压阀的出口压力 $p_2=0$；负载压力 p 小于减压阀的调定压力时，导阀关闭，不起调节作用，$p=p_2$；当负载压力大于或等于减压阀的调定压力时，由于减压阀的自动调节作用，可基本保证减压阀的出口压力等于调定压力。

　　（2）溢流阀（安全阀）

　　溢流阀的作用是当系统压力超过调定压力时，便自动排气，使系统的压力下降以保证系统安全，故也称其为安全阀。按控制方式分，溢流阀有直动式和先导式两种。

　　① 直动式溢流阀　　如图 12-20 所示为直动式溢流阀。将阀 P 口与系统相连接，O 口通大气。一旦系统中空气压力升高到高于溢流阀调定压力，气体就会推开阀芯，经阀口从 O

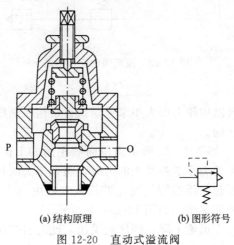

(a) 结构原理　　　　　　　(b) 图形符号

图 12-20　直动式溢流阀

口排至大气，使系统压力稳定在调定压力，保证系统安全。当系统压力低于调定压力时，在弹簧的作用下阀口关闭。开启压力的大小与调整弹簧的预压缩量有关。

② 先导式溢流阀　如图 12-21 所示为先导式溢流阀。溢流阀的先导阀为减压阀，由它减压后的空气从上部 K 口进入阀内，以代替直动式的弹簧控制溢流阀。先导式溢流阀适用于管道通径较大及远距离控制的场合。

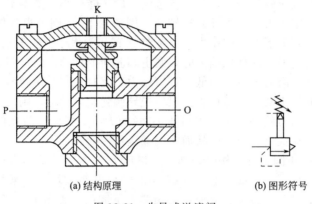

(a) 结构原理　　　　　　　(b) 图形符号

图 12-21　先导式溢流阀

选用溢流阀时，其最高工作压力应略高于所需控制压力。

③ 溢流阀的应用　在如图 12-22 所示的回路中，气缸行程长，运动速度快，单靠减压阀的溢流孔排气作用难以保持气缸的右腔压力恒定。为此，在回路中装有溢流阀，并使减压阀的调定压力低于溢流阀的调定压力，缸的右腔在行程中由减压阀供给减压后的压力空气，左腔经换向阀排气，由溢流阀配合减压阀控制缸内压力并保持恒定。

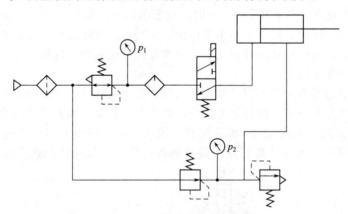

图 12-22　溢流阀的应用回路

（3）顺序阀

顺序阀的作用是依靠气路中压力的大小来控制执行机构按顺序动作。顺序阀常与单向阀并联成一体，称为单向顺序阀。

① 顺序阀的工作原理　如图 12-23 所示为单向顺序阀的工作原理。当压缩空气由 P 口进入左腔后，作用在活塞上的力小于弹簧上的力时，阀处于关闭状态。而当作用于活塞上的力大于弹簧力时，活塞被顶起，压缩空气经左腔流入右腔由 A 口流出，然后进入其他控制元件或执行元件，此时单向阀关闭。如图 12-23（a）所示。

当切换气源时，左腔压力迅速下降，顺序阀关闭，此时右腔压力高于左腔压力，在气体压力差作用下，打开单向阀，压缩空气由右腔经单向阀流入左腔向外排出。如图 12-23（b）所示。

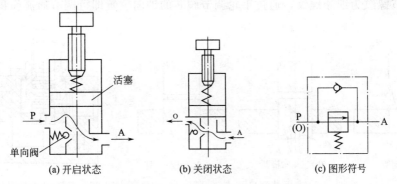

(a) 开启状态　　　(b) 关闭状态　　　(c) 图形符号

图 12-23　单向顺序阀的工作原理

如图 12-24 所示为单向顺序阀的结构。

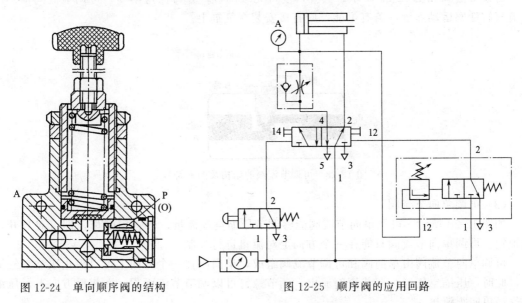

图 12-24　单向顺序阀的结构　　　图 12-25　顺序阀的应用回路

② 顺序阀的应用　如图 12-25 所示为顺序阀的应用回路。当驱动按钮阀动时，气缸伸出并对工件进行加工，只要达到调定压力，气缸就复位顺序阀的调定压力可调。

12.2.2　流量控制阀

在气压传动系统中，有时需要控制气缸或气马达的运动速度，有时需要控制换向阀的切换时间和气动信号的传递速度，这些都需要调节压缩空气的流量来实现。流量控制阀就是通过改变阀的通流面积来实现流量控制的元件。流量控制阀包括节流阀、可调节流阀、可调单向节流阀、排气节流阀等。

（1）节流阀

常见的节流口形状如图 12-26 所示。对于节流阀调节特性的要求是流量调节范围大，阀芯的位移量与通过的流量成线性关系。节流阀节流口的形状对调节特性影响较大。对于针阀型来说，当阀开度较小时调节比较灵敏，当超过一定开度时，调节流量的灵敏度就会变差。三角沟槽型通流面积与阀芯位移量成线性关系。圆柱斜切型的通流面积与阀芯位移量成指数

（指数大于 1）关系，能进行小流量精密调节。

如图 12-27 所示为节流阀的结构及图形符号。其金属阀芯经配研密封，采用三角沟槽式节流口，调节螺纹为细牙螺纹，通过手轮调节阀芯的轴向位置即可调节通流面积。

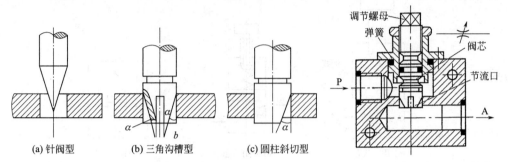

(a) 针阀型   (b) 三角沟槽型   (c) 圆柱斜切型

图 12-26   常用节流口形式   图 12-27   节流阀的结构及图形符号

（2）可调节流阀

可调节流阀如图 12-28 所示，其开口度可无级调节，并可保持不变。可调节流阀常用于调节气缸活塞运动速度，若有可能，应直接安装在气缸上。

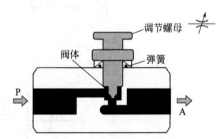

图 12-28   可调节流阀的结构及图形符号

（3）可调单向节流阀

如图 12-29 所示，可调单向节流阀能够调节压缩空气流量，带锁定螺母，即可对其开口度锁定。可调单向节流阀只能在一个方向上对流量进行控制。

可调单向节流阀由单向阀和可调节流阀组成，单向阀在一个方向上可以阻止压缩空气流动，此时，压缩空气经可调节流阀流出，调节螺钉可以调节节流面积。在相反方向上，压缩空气经单向阀流出。

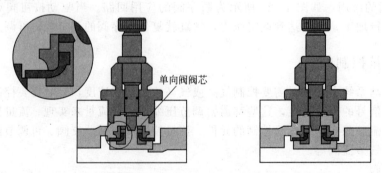

图 12-29   可调单向节流阀的结构

如图 12-30 所示，当气流正向流动时，从进口 P 流向出口 A，中间要经过节流阀的节流孔而受到控制；当气流反向流动时，从 A 口进入并推开单向阀阀芯直接到达 P 口流出，而不必经过节流阀的节流孔。此阀常用于单向节流调速回路中。

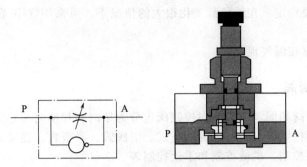

图 12-30 可调单向节流阀的符号

（4）排气节流阀

① 排气消声节流阀 一般排气节流阀在排气口串接消声器件，以消除排气噪声。而排气消声节流阀自身装有消声套，如图 12-31 所示。阀的节流口 1 起节流作用，其通流面积可以通过手轮调节。

气流通过节流口后经消声套 2 排入大气，减小了排气噪声。此阀一般安装在执行元件的排气口，用以调节执行元件的速度。

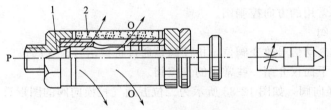

图 12-31 排气消声节流阀工作原理图

1—节流口；2—消声套（铜粉烧结而成）

② 快速排气阀 为了减小流阻，压缩空气从大排气口排出，从而提高了气缸活塞的运动速度。为了降低排气噪声，这种阀一般自带消声器。

快速排气阀可使气缸活塞运动速度加快，特别是在单作用气缸情况下，可以避免其回程时间过长。为了减小流阻，快速排气阀应靠近气缸安装，压缩空气通过大排气口排出。如图 12-32 所示，沿气接口 P 至气接口 A 方向，由于单向阀开启，压缩空气可自由通过，排气口 O 被圆盘式阀芯关闭 [见图 12-32（a）]；若气接口 A 为进气口，圆盘式阀芯就关闭气接口 P，压缩空气从大排气口 O 排出 [见图 12-32（b）]。一般情况下，快速排气阀直接安装在气缸上，或靠近气缸安装。

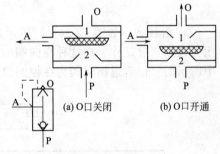

图 12-32 快速排气阀

1—排气口；2—进气口

（5）流量控制阀的使用

用流量控制执行元件的运动速度，除了在极少数场合（如气缸推举重物）采用进气节流方式外，一般均采用排气节流方式，以便获得更好的速度稳定性和动作的可靠性。但由于气体的可压缩性大，气压传动速度的控制比液压传动困难。特别是在超低速控制中，单用气动很难实现。一般气缸的运动速度不得低于 30mm/s。在使用流量控制阀控制执行元件速度时必须充分注意下述几点。

① 流量阀应尽量安装在气缸附近，以减少气体压缩对速度的影响。

② 气缸和活塞间的润滑要好。要特别注意气缸内表面的加工精度和表面粗糙度。

③ 气缸的负载要稳定。在外负载变化很大的情况下，可采用气-液联动以便进行较准确的调速。

④ 管道上不能存在漏气现象。

12.2.3　方向控制阀

与液压方向控制阀相同，气动方向控制阀也分为单向阀和换向阀。但由于气压传动具有的特点，气动换向阀按结构不同可分为截止式、滑阀式、滑板式、旋塞式等；按控制方式可分为电磁控制、气压控制、机械控制和手动控制等。

① 截止式　截止式的特点是行程短，流阻小，结构尺寸小，阀芯始终受进气压力，所以密封性好，适用于大流量场合。但换向冲击力较大。

② 滑阀式　滑阀式的特点是行程长，开启时间长，换向力小，通用性强，一般要求使用含油雾的压缩空气。

③ 滑板式　滑板式的特点是结构简单，可制成多种形式的多通路阀，应用广泛。但运动阻力较大，宜在通径 15mm 以内使用。

④ 旋塞式　旋塞式的特点是运动阻力比滑板式更大，但结构紧凑，在通径 20mm 以上的手动转阀中较多应用。

下面介绍几种常用的方向控制阀。

（1）气控换向阀

气控阀是通过气动信号改变阀位，机控阀是通过机械信号改变阀位。一般来说，气控换向阀的种类较多。下面仅介绍一些常用的气控阀。

① 二位五通换向阀　如图 12-33 所示为二位五通气控换向阀的图形符号。

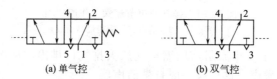

图 12-33　二位五通换向阀的图形符号

a. 滑柱式　如图 12-34(a) 所示，二位五通换向阀有五个气接口和两个工作位置，其常用来控制气缸动作。在这种换向阀中，阀芯与阀套之间的间隙不超过 0.002～0.004mm。图中所示的二位五通换向阀为在控制口 12 上有气信号时的工作状态。

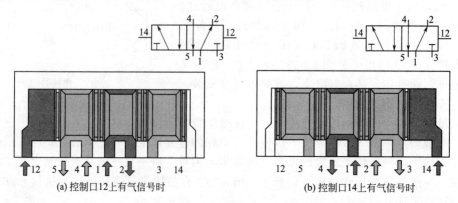

图 12-34　二位五通换向阀的工作状态

如图 12-34(b) 所示，为了避免损坏密封件，各气接口通常在阀体上径向分布。图示为在控制口 14 上有气信号时的工作状态。与截止式换向阀相比较，这种换向阀的工作行程要大一些。

　　b. 圆盘式　如图 12-35（a）所示，二位五通换向阀也可采用圆盘密封式，其启闭行程相对较短。阀口的圆盘密封，既可以使进气口 1 与工作口 2 相通，也可以使进气口 1 与工作口 4 相通。双气控二位五通阀具有记忆功能。

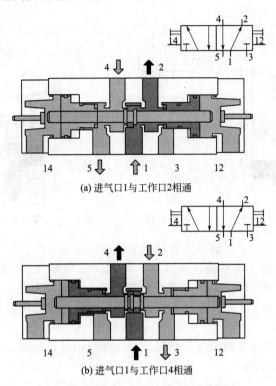

图 12-35　二位五通换向阀（圆盘式）

　　当另一个控制口上有气信号时，二位五通换向阀将换向，如图 12-35（b）所示。在此之前，二位五通换向阀一直保持原来工作位置不变。这种换向阀两端各有一个手控装置，以便对阀芯手动操作。

　　② 二位三通换向阀　如图 12-36（a）所示为单气控二位三通阀，常开式（NO）的图形符号。控制口 12 上有气信号时，单气控二位三通阀换向，1 口与 2 口接通。当控制口 12 上的气信号消失时，单气控二位三通阀在弹簧作用下复位，1 口关闭。

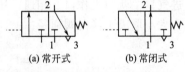

图 12-36　单气控二位三通阀的图形符号

　　如图 12-36（b）所示为单气控二位三通阀，常闭式（NC）的图形符号。常闭式控制口 12 上有气信号时，单气控二位三通阀换向，1 口关闭。当控制口 12 上的气信号消失时，单气控二位三通阀在弹簧作用下复位，1 口与 2 口接通。

　　a. 单气控常开式二位三通阀　如图 12-37 所示，单气控二位三通阀由控制口 12 上的气信号直接驱动。由于在此换向阀中只有一个控制信号，因此，这种阀被称为直动式换向阀。该换向阀靠弹簧复位。

　　注意：图形符号说明了控制口 12 上的气信号的直接作用。换向阀气接口应标识，以确保其正确连接。通常，根据流量选择换向阀通径大小。

　　当控制口 12 上有气信号时，阀芯正对复位弹簧移动，使进气口 1 与工作口 2 相通，工作口 2 有气信号输出。控制口 12 上的气体压力必须足够大，以克服作用在阀芯上的进气压力，使阀芯移动。

b. 先导式二位三通机控换向阀（常开式）　如图 12-38 所示，为避免换向阀开启时驱动力过大，可将机控阀与气控阀组合，以构成先导式换向阀，这里机控阀为导阀，气控阀为主阀，控制气信号取自进气口。若驱动滚轮动作，导阀就打开，压缩空气则进入主阀中，使主阀口打开。

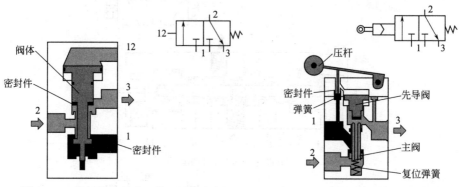

图 12-37　单气控常开式二位三通换向阀　　　图 12-38　先导式二位三通机控换向阀

图形符号中含有滚轮，表示驱动滚轮可产生控制气信号。

c. 先导式二位三通阀　这种换向阀或为常闭式，或为常开式。将进气口 1 与排气口 3 交换，并将控制头旋转 180°时，常闭式就变成常开式。由于是先导驱动方式，因此，作用在滚轮杠杆上的驱动力较小。在某些应用场合，驱动力大小通常是决定因素。

（2）机控换向阀

机控阀通过机械信号改变阀位。下面仅介绍一些常用的机控阀。

① 二位三通机控换向阀。

a. 直动式（球密封-1）　直动式（球密封-1）换向阀如图 12-39(a) 所示，复位弹簧将阀芯挤压在阀座上，从而使阀口关闭，进气口 1 与工作口 2 不相通。该换向阀未驱动时，其进气口 1 关闭，工作口 2 与排气口 3 相通。

b. 直动式（球密封-2）　直动式（球密封-2）换向阀如图 12-39(b) 所示，驱动推杆可将阀口打开。阀口打开时，需克服复位弹簧力和气压力（由压缩空气产生）。一旦阀口打开，进气口 1 就与工作口 2 相通，压缩空气可进入换向阀输出侧，即换向阀有气信号输出。驱动力大小取决于换向阀通径。

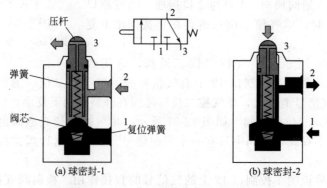

(a) 球密封-1　　　　　　　　　(b) 球密封-2

图 12-39　二位三通换向阀（球密封）

这种换向阀结构紧凑，可安装各种类型的驱动头。对于直接驱动方式来说，驱动推杆动作的驱动力限制了其应用。大流量时，阀芯有效面积也大，这就需要较大的驱动力才能将阀口打开，因此，此类型换向阀通径不宜过大。

c. 直动式（圆盘式，常开式）　如图 12-40(a) 所示，直动式（圆盘式，常开式）换向阀采用圆盘密封结构，较小阀芯位移就可产生较大的过流面积，具有响应快的特点。如图 12-40(b) 所示，即使缓慢驱动该换向阀，也不存在压缩空气损失。在未驱动状态下，进气口 1 与工作口 2 不相通的二位三通换向阀被称为常开式换向阀。当按下顶杆时，工作口 2 与排气口 3 相通，压缩空气经排气口 3 排出。采用圆盘式密封结构的换向阀具有抗污染能力强、寿命长等特点。实物示意图如图 12-40(c) 所示。

d. 二位三通换向阀（圆盘式，常开式）　采用圆盘密封结构的二位三通换向阀具有较大通流能力。考虑到其阀芯工作面积，此类换向阀的驱动力较大。

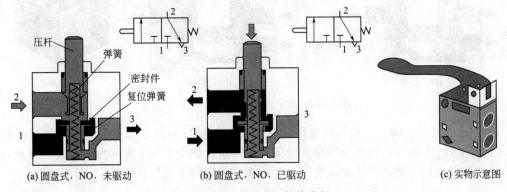

(a) 圆盘式，NO，未驱动　　(b) 圆盘式，NO，已驱动　　(c) 实物示意图

图 12-40　直动式机控换向阀

在未驱动状态下，进气口 1 与工作口 2 相通的二位三通换向阀被称为常开式换向阀。这种换向阀如图 12-41(a) 所示。该换向阀有多种驱动方式，如手控、机控、气控和电控等。为满足这些驱动方式要求，控制部分的结构可灵活设计。

e. 直动式（圆盘式，常闭式）　这种换向阀如图 12-41(b) 所示。驱动推杆动作时，阀口关闭，从而将进气口 1 关闭，工作口 2 与排气口 3 相通，压缩空气经排气口 3 排出。

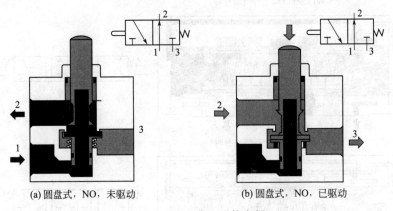

(a) 圆盘式，NO，未驱动　　　　(b) 圆盘式，NO，已驱动

图 12-41　二位三通换向阀

② 二位四通换向阀。

a. 圆盘式（未驱动）　这种换向阀如图 12-42(a) 所示。二位四通换向阀具有四个气接口和两个工作位置。

从功能角度讲，二位四通换向阀可用两个二位三通换向阀（其中一个为常闭式，另一个为常开式）替代。推杆可通过辅助装置（如滚轮杠杆或按钮）驱动。

b. 圆盘式（已驱动）　这种换向阀如图 12-42（b）所示。同时驱动两个推杆动作时，首先使进气口 1 与工作口 2 不相通，工作口 4 与排气口 3 不相通。当进一步推动推杆以克服复位弹簧力时，进气口 1 与工作口 4 相通，工作口 2 与排气口 3 相通。

c. 圆盘式（实物示意图）　如图 12-42（c）所示。这种换向阀结构坚固，由两个推杆直接驱动阀芯动作。对于大流量换向阀，移动推杆的驱动力也较大。

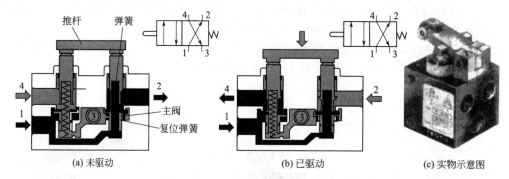

(a) 未驱动　　　　　　　　　(b) 已驱动　　　　　　　(c) 实物示意图

图 12-42　二位四通换向阀（圆盘式）

③ 三位五通换向阀　三位五通换向阀具有五个气接口和三个工作位置，气信号从控制口 14 或控制口 12 输入，以驱动三位五通换向阀换向。如图 12-43 所示为中封式、弹簧对中的三位五通换向阀。下面将详细说明三位五通换向阀的三个工作位置。

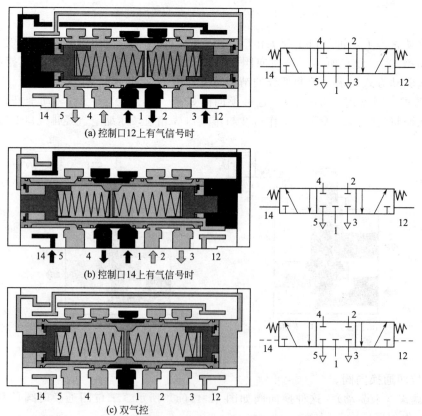

(a) 控制口 12 上有气信号时

(b) 控制口 14 上有气信号时

(c) 双气控

图 12-43　中封式、弹簧对中的三位五通换向阀的结构和图形符号

在控制口 12 上有气信号后，三位五通换向阀的工作状态如图 12-43(a) 所示。压缩空气从进气口 1 流向工作口 2，工作口 4 通过排气口 5 与大气相通。

在控制口 14 上有气信号后，三位五通换向阀的工作状态如图 12-43(b) 所示。压缩空气从进气口 1 流向工作口 4，工作口 2 通过排气口 3 与大气相通。

如图 12-43(c) 所示为双气控三位五通阀，中封式，弹簧对中的符号图。当控制口 14 或 12 上有气信号时，双气控三位五通阀换向，1 口与 4 口或 1 口与 2 口接通。当控制口 12 或 14 上的气信号消失时，双气控三位五通阀在弹簧作用下复位，此时，1 口、2 口和 4 口被关闭。

（3）方向控制阀的选择和使用

首先根据基本功能选择类型，然后确定具体型号，在选型号时要考虑安装方式、尺寸大小等。需要注意的是阀的外形尺寸不代表其流量及容许压降，具体可查阅有关手册。

① 根据所需流量选择阀的通径。对于直接控制气动执行机构的主控阀，要根据工作压力状态下的最大流量来选择阀的通径。一般情况下所选阀的额定流量应大于实际的最大流量。对于信号阀（手控、机控），则根据它所控制阀的远近、控制阀的数量和动作时间等因素来选择阀的通径。

② 考虑阀的机能是否能保证工作需要，要尽量选择与所选机能一致的阀。

③ 安装方式的选择，要从安装维护方面考虑，板式连接较好，特别对集中控制的系统优点更为突出。

④ 优先采用标准化系列产品，尽量避免采用专用阀。

12.3　气动辅助元件

气动设备除执行元件和控制元件以外还需要各种辅助元件。辅助元件指用于解决气动元件润滑部分的润滑、降低排气噪声以及连接元件等所需要的各种气动元件和装置，如油雾器、消声器、转换器、管道及管接头等。由于管道及管接头等辅助元件与液压传动系统中的相似，故以下侧重介绍油雾器、消声器和转换器等。

12.3.1　油雾器

气动系统中的各种气阀、气缸、气马达等气动元件如果要正常工作，就需要进行润滑。然而，以压缩空气为动力的气动元件都是密封气件，不能用普通的方法注油润滑，只能以某种方法在空气管中设置具备特殊功能的元件，使普通的液态油滴雾化成细微的油雾混入空气，随气流输送到滑动部位。

油雾器就是这样一种特殊的注油装置，其作用是以压缩空气为动力把润滑油雾化以后注入气流中，并随气流进入需要润滑的部件，从而达到润滑的目的。采用油雾器注油润滑，具有润滑均匀、稳定、耗油量少和不需要大的储油设备等特点，同时还可以对多个元件进行润滑。

油雾器的工作原理和图形符号如图 12-44 所示。假设气流通过文氏管后压力降为 p_2，当输入压力 p_1 和 p_2 的压差 Δp 大于把油吸引到排出口所需压力 ρgh 时，油被吸上并被主通道中的高速压缩气流引射出来，雾化后从输出口输出。

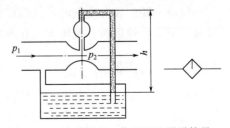

图 12-44　油雾器的工作原理和图形符号

如图 12-45 所示为油雾器的结构原理图。当压缩空气从输入口进入后，绝大部分从主气道流出，一小部分气体通过小孔进入阀座 4 腔中，此时特殊单向阀在压缩空气和弹簧作用下处于中间位置，所以气体又进入储油杯 5 上腔 C，使油液受压后经吸油管 6 将单向阀的钢球 7 顶起。因钢球上方有一个边长小于钢球直径的方孔，所以钢球不能封死上管道，从而使油源源不断地进入视油器 9 内，再滴入喷嘴 1 腔内，被主气道中的气流从小孔 8 中引射出来。进入气流中的油滴被高速气流击碎雾化后经输出口输出。视油器 9 上的节流阀可调节滴油量，使滴油量可在 $0 \sim 200$ 滴/min 范围内变化。当旋松油塞 11 后，储油杯 5 上腔 C 与大气相通，此时特殊单向阀背压降低，输入气体使特殊单向阀关闭，从而切断了气体与上腔 C 的通道，气体不能进入上腔 C，单向阀也由于 C 腔压力降低处于关闭状态，气体也不会从吸油管进入 C 腔，因此可以在不停气源的情况下从油塞口给油雾器加油。

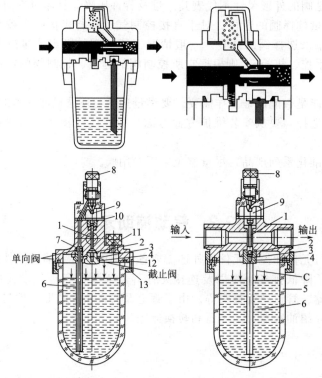

图 12-45　油雾器的结构原理图

1—喷嘴；2、7—钢球；3—弹簧；4—阀座；5—储油杯；6—吸油管；8—节流阀；
9—视油器；10—密封垫；11—油塞；12—密封圈；13—螺母

　　油雾器在使用中必须垂直安装，不要装反进、出气口，可以单独使用。但在实际应用中常以气动三联件（空气过滤器、调压阀、油雾器）的形式安装使用，使之具有过滤、减压和润滑的功能。

　　气动三联件联合使用时，其顺序为空气过滤器—调压阀—油雾器，不要颠倒，同时安装时应尽量靠近换向阀，避免安装在换向阀与执行元件之间。

12.3.2　消声器

　　与液压回路不同的是，气压回路没有回气管道，压缩空气使用后直接排入大气中。因压缩空气的排气速度较高，当压缩气体直接从气缸或阀中排向大气时，较高的压差使气体体积急剧膨胀会产生涡流，从而引起气体的振动，发出强烈的噪声。为消除这种噪声应安装消声器。

消声器是指能阻止声音传播而允许气流通过的一种气动元件。

气动装置中常用的消声器主要有三大类：吸收型消声器，膨胀干涉型消声器和膨胀干涉吸收型复合消声器。

（1）吸收型消声器

吸收型消声器主要依靠吸声材料消声。如图 12-46 所示为 QXS 型消声器的结构原理图。消声套是多孔的吸声材料，用聚苯乙烯颗粒或铜珠烧结而成。当有压气体通过消声套排出时，引起吸声材料细孔和狭缝中的空气振动，使一部分声能由于摩擦转换成热能，从而降低了噪声。

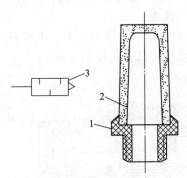

图 12-46　吸收型消声器
1—连接螺钉；2—消声器；3—图形符号

这种消声器结构简单，吸声材料的孔眼不易堵塞，可以较好地消除中、高频噪声，消声效果大于 20dB，适合于一般气动系统中使用。

（2）膨胀干涉型消声器

膨胀干涉型消声器又称声学滤波器，是根据声学滤波原理制造的。这种消声器的直径比排气孔径大得多，气流在里面扩散、膨胀、反射并相互干涉，从而消耗能量，降低了噪声的强度，达到消声的作用。它具有排气阻力小的特点，可消除中、低频噪声，但结构不够紧凑。

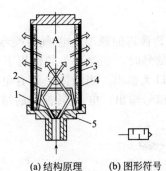

(a) 结构原理　　(b) 图形符号
图 12-47　膨胀干涉吸收型消声器
1—扩散室；2—反射套；3—吸声材料；4—壳体；5—对称斜孔

（3）膨胀干涉吸收型复合消声器

膨胀干涉吸收型复合消声器是上述两种消声器的组合，是通过在膨胀干涉型消声器的壳体内表面敷设吸声材料而制成的。如图 12-47 所示，其入口处开设了许多中心对称的斜孔，使得进入消声器的高速气流被分成许多小的流束，在进入无障碍的扩张室 A 后，气流被极大地减速，碰壁后反射到 B 室，利用气流束的相互撞击、干涉使噪声减弱；然后，气流经过吸声材料的多孔侧壁排入大气，噪声又一次被削弱。该消声器的效果比前两种更好，低频可消声 20dB，高频可消声 4dB。

12.3.3 转换器

转换器是将电、液、气信号相互转换的辅件，用来控制气动系统工作。

（1）气-电转换器

如图 12-48 所示为低压气-电转换器。它是把气信号转换成电信号的元件。硬芯 2 与焊片 1 是两个常断电触点。当有一定压力的气动信号由气动信号输入口 5 进入后，膜片 3 向上弯曲，带动硬芯与限位螺钉 11 接触，即与焊片导通，发出电信号。气信号消失后，膜片带动硬芯复位，触点断开，电信号消失。

在选择气-电转换器时要注意信号工作压力大小、电源种类、额定电压和额定电流大小；安装时不应倾斜和倒置，以免发生误动作，控制失灵。

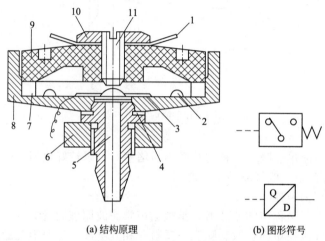

(a) 结构原理　　　　(b) 图形符号

图 12-48　低压气-电转换器

1—焊片；2—硬芯；3—膜片；4—密封圈；5—气动信号输入口；6、10—螺母；7—压圈；8—外壳；9—盖；11—限位螺钉

（2）电-气转换器

如图 12-49 所示为低压电-气转换器的原理。电-气转换器与气-电转换器相反，是将电信号转换成气信号的元件。当无电信号时，在弹簧 1 的作用下橡胶挡板 4 上抬，喷嘴 5 打开，气源输入气体经喷嘴排空，输出口无输出。当线圈 2 通有电信号时，产生磁场吸下衔铁 3，橡胶挡板挡住喷嘴，输出口有气信号输出。电-气转换器的结构和图形符号如图 12-50 所示。

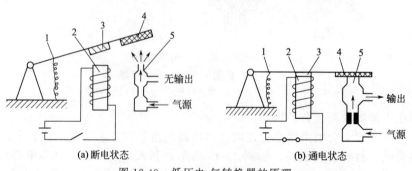

(a) 断电状态　　　　　　(b) 通电状态

图 12-49　低压电-气转换器的原理

1—弹簧；2—线圈；3—衔铁；4—橡胶挡板；5—喷嘴

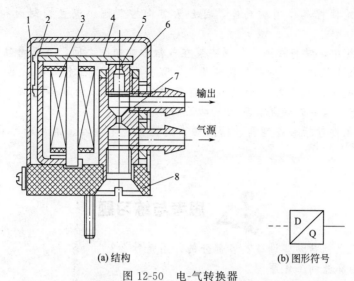

(a) 结构　　　　　　　　　　(b) 图形符号

图 12-50　电-气转换器

1—罩壳；2—弹性支撑；3—线圈；4—杠杆；5—橡胶挡板；6—喷嘴；7—固定节流孔；8—底座

（3）气-液转换器

如图 12-51 所示为气-液转换器。它是把气压直接转换成液压的压力转换装置。压缩空气自上部空气输入管 1 进入转换器内，直接作用在油面上，使油液液面产生与压缩空气相同的压力，压力油从转换器下部油液输出口 5 引出供液压传动系统使用。

选择气-液转换器时，应考虑液压执行元件的用油量，一般应是液压执行元件用油量的 5 倍。转换器内油不能装太满，液面与缓冲装置间应保持 20～50mm 的距离。

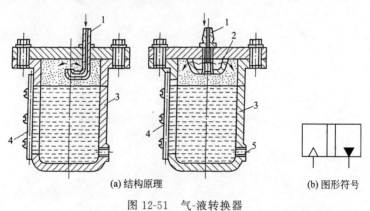

(a) 结构原理　　　　　　　　　　(b) 图形符号

图 12-51　气-液转换器

1—空气输入管；2—缓冲装置；3—本体；4—油标；5—油液输出口

📖 本章小结

① 空气压缩机（简称空压机）是气动系统的动力源，它是把电动机输出的机械能转变为压缩空气的压力能的能量转换装置。

② 气缸可分为普通气缸、摆动气缸、薄膜式气缸、冲击气缸、气液阻尼缸、数字控制气缸等。在气动装置设计及设备更新改造时，首先应选择标准气缸，其次才考虑自行设计。

③ 气马达按工作原理分为容积式和涡轮式两大类。在气压传动中使用最广泛的是容积式气马达中的叶片式和活塞式气马达。

④ 气动控制元件按其作用和功能，可分为方向控制阀、流量控制阀和压力控制阀三大类。

⑤ 在气动系统中，常将快速排气阀安装在气缸和换向阀之间，并尽量靠近气缸排气口，或者直接拧在气缸排气口上，使气缸快速排气，以提高气缸的工作效率。

⑥ 在气动系统中，减压阀一般安装在空气过滤器之后、油雾器之前。在实际生产中，常把这 3 个元件组合在一起使用，称为气动三联件。

⑦ 气动辅助元件包括后冷却器、储气罐、过滤器、干燥器、消声器、油雾器、转换器等元件。

 思考与练习题

12-1 气源装置包括哪些设备？各部分的作用是什么？

12-2 简述油雾器的工作原理。

12-3 简述活塞式空气压缩机的工作原理。

12-4 简述气动执行元件的作用及分类。

12-5 气缸有哪些类型？各有何特点？

12-6 什么是气动三联件？每个元件起什么作用？

12-7 什么是方向控制阀？单向阀和换向阀各有什么功能？

12-8 减压阀、顺序阀和溢流阀在图形符号、工作原理和用途上有什么不同？

12-9 什么是气-液转换器？

第13章

气动基本回路

气动系统和液压传动系统一样，也是由一些基本回路组成的。气动基本回路是由有关气动元件组成的能完成某种特定功能的气动回路。

13.1 方向控制回路

在气动系统中，执行元件的启动、停止或改变运动方向是利用控制进入执行元件的压缩空气的通、断或变向来实现的，这些控制回路称为方向控制回路。

（1）单作用气缸换向回路

如图 13-1 所示为单作用气缸换向回路。其中，图 13-1（a）所示为用二位三通电磁换向阀控制的单作用气缸上、下回路。在该回路中，当电磁铁得电时气缸向上伸出，失电时气缸在弹簧作用下返回。图 13-1（b）所示为用三位四通电磁换向阀控制的单作用气缸上、下和停止回路。该三位四通电磁换向阀在两电磁铁均失电时能自动对中，使气缸停于任何位置，但定位精度不高，且定位时间不长。

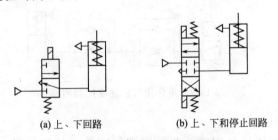

(a) 上、下回路　　　　　(b) 上、下和停止回路

图 13-1　单作用气缸换向回路

（2）双作用气缸换向回路

如图 13-2 所示为各种双作用气缸换向回路。其中，图 13-2（a）所示为比较简单的换向回路。如图 13-2（b）所示的回路还有中停位置，但中停定位精度不高。如图 13-2（d）、（e）、（f）所示回路的两端控制电磁铁线圈或按钮不能同时操作，否则将出现误动作，其回路相当于双稳的逻辑功能。在如图 13-2（b）所示的回路中，当 A 有压缩空气时，气缸推出，反之，气缸退回。

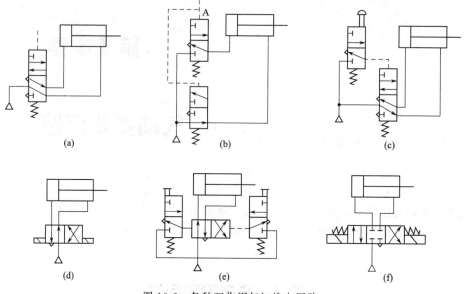

图 13-2　各种双作用气缸换向回路

13.2　速度控制回路

速度控制回路的作用在于调节或改变执行元件的工作速度。

（1）节流调速回路

如图 13-3 所示为单作用气缸速度控制回路。在图 13-3 中，升、降均通过节流阀调速，两个相反安装的单向节流阀，可分别控制活塞杆的伸出及缩回速度。

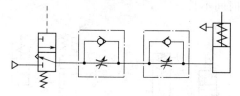

图 13-3　单作用气缸速度控制回路

（2）快速往复运动回路

如图 13-4 所示为快速往复回路。若欲实现气缸单向快速运动，可个采用一个快速排气阀。

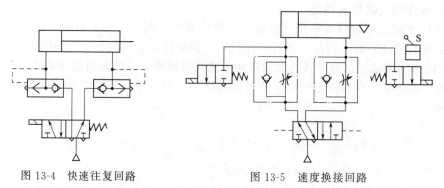

图 13-4　快速往复回路　　　　图 13-5　速度换接回路

（3）速度换接回路

如图 13-5 所示为速度换接回路。它利用两个二位二通阀与单向节流阀并联，当撞块压下行程开关 S 时，发出电信号，使二位二通阀换向，改变排气通路，从而使气缸速度改变。行程开关的位置，可根据需要选定。图中的二位二通阀也可改用行程阀。

（4）缓冲回路

要获得气缸行程末端的缓冲，特别是在行程长、速度快、惯性大的情况下，除采用带缓冲的气缸外，往往需要采用缓冲回路来满足对气缸运动速度的要求。常用的缓冲回路如图13-6 所示。

如图 13-6（a）所示的回路能实现"快进→慢进缓冲→停止→快退"的循环，行程阀可根据需要来调整缓冲开始位置，这种回路常用于惯性大的场合。如图 13-6（b）所示回路的特点是，当活塞返回到行程末端时，其左腔压力已降至打不开顺序阀 2 的程度，余气只能经节流阀 1 排出，因此活塞得到缓冲。这种回路都只能实现一个运动方向上的缓冲，若两侧分别安装这两种缓冲回路，可达到双向缓冲的目的。

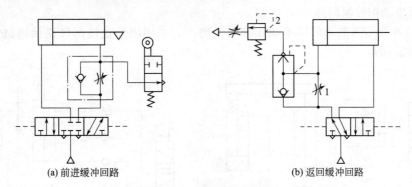

(a) 前进缓冲回路　　　　(b) 返回缓冲回路

图 13-6　常用的缓冲回路

13.3　压力控制回路

压力控制回路的作用是使系统保持在某一规定的压力范围内。

（1）调压回路

如图 13-7（a）所示为常用的一种调压回路，利用减压阀来实现对气动系统气源的压力控制。

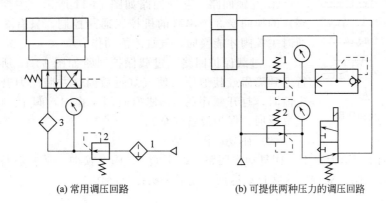

(a) 常用调压回路　　　　(b) 可提供两种压力的调压回路

图 13-7　调压回路

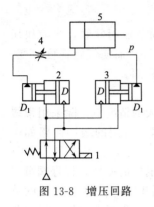

图 13-8　增压回路

如图 13-7（b）所示为可提供两种压力的调压回路。气缸有杆腔压力由调压阀 1 调定，无杆腔压力由调压阀 2 调定。在实际工作中，通常活塞杆伸出和退回时的负载不同，采用此回路可以合理利用能量。

（2）增压回路

增压回路如图 13-8 所示。压缩空气经电磁换向阀 1 进入缸 2 或缸 3 的大活塞端，推动活塞杆把串联在一起的小活塞端的液压油压入工作缸 5，使活塞在高压下运动。其增压比为 $n = D^2 / D_1^2$。节流阀 4 用于调节活塞运动速度。

13.4　其他回路

（1）同步动作控制回路

如图 13-9 所示为简单的同步动作控制回路。它采用刚性连接部件连接两缸活塞杆，迫使 A、B 两缸同步。

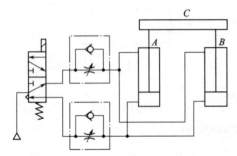

图 13-9　同步动作控制回路

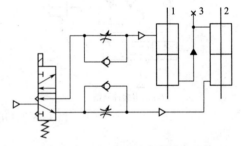

图 13-10　气液缸的串联同步回路

如图 13-10 所示为气液缸的串联同步回路。在此回路中，缸 1 下腔与缸 2 上腔相连，内部注满液压油，只要保证缸 1 下腔的有效工作面积和缸 2 上腔的有效工作面积相等，就可实现同步。回路中 3 接放气装置，用于放掉混入油中的气体。

（2）安全保护回路

① 互锁回路　互锁回路如图 13-11 所示。主控阀（二位四通阀）的换向受 3 个串联的机控三通阀控制，只有 3 个机控阀都接通时主控阀才能换向，气缸才能动作。

② 过载保护回路　过载保护回路如图 13-12 所示。当活塞右行遇到障碍或其他原因使气缸过载时，左腔压力升高，当超过预定值时，打开顺序阀 3，使换向阀 4 换向，阀 1、阀 2 同时复位，气缸返回，保护设备安全。

（3）往复动作回路

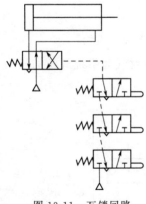

图 13-11　互锁回路

如图 13-13 所示为常用的往复动作回路。按下阀 1，阀 3 换向，活塞右行；当撞块碰通行程开关 2 时，阀 3 复位，活塞自动返回，完成一次往复动作。

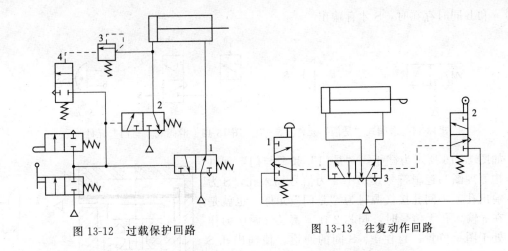

图 13-12　过载保护回路　　　　　　　　图 13-13　往复动作回路

*13.5　气动逻辑元件及其回路

逻辑元件是指在控制系统中能够完成一定逻辑功能的器件，也称开关元件。逻辑元件种类繁多，用气体作为工作介质的逻辑元件有气动逻辑元件和射流元件两种。所谓气动逻辑元件是用压缩空气作为工作介质，通过元件的可动部件在气控信号作用下动作，改变气流方向以实现一定逻辑功能的气动控制元件。实际上，气动方向控制阀也具有逻辑元件的各种功能，所不同的是它的输出功率较大，尺寸也较大；而气动逻辑元件的尺寸则较小，因此在气动控制线路中广泛采用了各种形式的气动逻辑元件（逻辑阀）。

13.5.1　气动逻辑元件的分类

气动逻辑元件的种类很多，一般可按下列方式来分类。

① 按工作压力分　可分为高压元件（工作压力为 0.2～0.8MPa）、低压元件（工作压力为 0.02～0.2MPa）及微压元件（工作压力为 0.02MPa 以下）三种。

② 按逻辑功能分　可分为"或门"元件、"与门"元件、"非门"元件及"双稳"元件等。

③按结构形式分　可分为截止式逻辑元件、膜片式逻辑元件及滑阀式逻辑元件等。滑阀式气动逻辑元件属于高压气动元件，它的工作原理和基本结构与一般的气控滑阀相同。实际上，气动方向控制阀已具有逻辑元件的各种功能，只是作为逻辑元件时，要求它体积小，管道通径也较小而已。

13.5.2　高压截止式逻辑元件

高压截止式逻辑元件是依靠控制气压信号推动阀芯或通过膜片变形推动阀芯动作，改变气流的流动方向以实现一定逻辑功能的逻辑阀。这类元件的特点是行程小、流量大、工作压力高、对气源净化要求低，便于实现集成安装和集中控制，拆卸也很方便。

（1）"是门"和"与门"元件

如图 13-14 所示为滑阀式"是门"元件的回路图和逻辑符号，有信号 a 则 S 有输出，无 a 则 S 无输出。

如图 13-15 所示的是由两个二位三通阀组成的"与门"元件回路图和逻辑符号。只有当信号 a 和 b 同时存在时，S 才有输出。

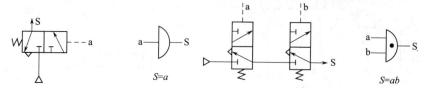

图 13-14　滑阀式"是门"元件　　　　图 13-15　滑阀式"与门"元件

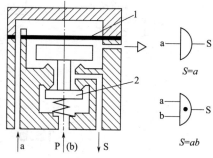

如图 13-16 所示为截止式"是门"和"与门"元件
的结构原理图与逻辑符号，图中 a 为信号输入孔，S 为
信号输出孔，中间孔接气源时为"是门"元件。也就是
说，在 a 输入孔无信号时，阀芯 2 在弹簧及气源压力作
用下处于图示位置，封住 P、S 间的通道，使输出孔 S
与排气孔相通，S 无输出；反之，当 a 有输入信号时，
膜片 1 在输入信号作用下将阀芯 2 推动下移，封住输出
S 与排气孔间通道，P 与 S 相通，S 有输出。也就是说，
无输入信号时无输出，有输入信号时就有输出。元件
的输入和输出信号之间始终保持相同的状态，即 $S=a$。

图 13-16　"是门"和"与门"元件的
结构原理图与逻辑符号
1—膜片；2—阀芯

若将中间孔不接气源而换接另一输入信号 b，则成
"与门"元件，也就是说，只有当 a、b 同时有输入信号时，S 才有输出，即 $S=ab$。

（2）"或门"元件

如图 13-17（a）所示的是常用的"或门"元件，即所谓的梭阀。有信号 a 和 b 中的一个
信号时，S 有输出。其逻辑符号如图 13-17（b）所示。

如图 13-17（c）所示为"或门"元件结构图，图中，a、b 为信号输入孔，S 为信号输出
孔。当仅 a 有输入信号时，阀芯 c 就下移而封住信号孔 b，气流经 S 输出。当仅 b 有输入信
号时，阀芯 c 就上移而封住信号孔 a，S 也会有输出。当 a、b 均有输入信号时，阀芯在两个
信号的作用下或上移，或下移，或暂时保持中位，无论阀芯处于何种状态，S 均会有输出。
也就是说，在 a 和 b 两个输入端中，只要有一个输入信号或同时都有输入信号，则输出端 S
就会有输出信号，亦即 $S=a+b$。

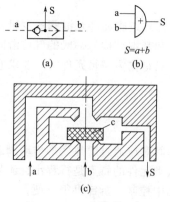

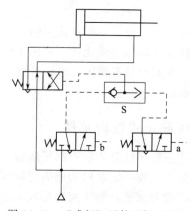

图 13-17　"或门"元件　　　　图 13-18　"或门"元件逻辑回路图

如图 13-18 所示为采用梭阀作"或门"元件的气动逻辑回路实例图。信号 a 或信号 b 均
无输入时（图示状态），气缸处于原始位置。当信号 a 或信号 b 有输入时，梭阀 S 换向，并
使二位四通阀动作。压缩空气经二位四通阀进入气缸左腔，活塞右移。当信号 a 或 b 解除

后，二位四通阀在复位弹簧作用下复位，压缩空气经二位四通阀（图示状态）进入气缸右腔，活塞左移复位。

（3）"非门"和"禁门"元件

如图 13-19 所示为截止式"非门"和"禁门"元件结构图。图中，a 为信号输入孔，S 为信号输出孔，中间孔接气源作 P 孔用时为"非门"元件。在 a 无输入信号时，阀片 2 在气源压力作用下上移，封住输出 S 与排气孔间的通道，S 有输出。当 a 有输入信号时，膜片 1 在输入信号作用下，推动阀杆下移，推动阀片 2，封住气源孔，排气口无输出。即只要 a 有输入信号出现时，输出端就没有输出。

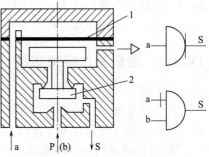

图 13-19　截止式"非门"和"禁门"元件

1—膜片；2—阀片

若把中间孔不作气源孔 P，而改作另一输入信号孔 b，即成为"禁门"元件。此时，当 a、b 均有输入信号时，阀杆及阀片 2 在 a 输入信号作用下封住 b 孔，S 无输出；在 a 无输入信号而 b 有输入信号时，S 就有输出。也就是说，a 的输入信号对 b 的输入信号起"禁止"作用。

即"非门"元件回路中，有信号 a，则 S 无输出；反之，S 有输出。"禁门"元件回路中，有信号 a，则 S 无输出；无信号 a，有信号 b 时，S 才有输出。

（4）"或非"元件

如图 13-20 所示为三输入"或非"元件原理图，它在"非门"元件的基础上增加了两个信号输入端，即具有 a、b、c 三个输入信号端，P 为气源，S 为输出端。三个信号膜片没有刚性地连在一起，而是处于"自由状态"，即阀柱 1、2 和相应的上、下膜片是可以分开的。从图中可以看出，只要有一个输入信号出现，输出端就没有输出信号，即完成了"或非"逻辑功能。

"或非"元件是一种多功能逻辑元件，用这种元件可以实现"是门""或门""与门""非门"及记忆等各种逻辑功能。

（5）"双稳"元件

"双稳"元件属记忆元件，在逻辑回路中起很重要的作用。

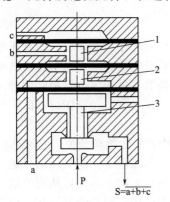

图 13-20　三输入"或非"元件原理图

1、2—阀柱；3—阀芯

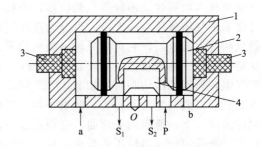

图 13-21　"双稳"元件原理图

1—阀体；2—阀芯；3—手动按钮；4—滑块

如图 13-21 所示为"双稳"元件原理图，当 a 有输入信号时，阀芯 2 被推向右端（即图示位置），气源的压缩空气便由 P 至 S_1 输出；而 S_2 与排气孔相通，此时"双稳"处于"1"

状态。在控制端 b 的输入信号到来之前，a 的信号即使消失，阀芯 2 仍能保持在右端位置，S_1 总有输出。

当 b 有输入信号时，阀芯 2 被推向左端，此时压缩空气由 P 至 S_2 输出，而 S_1 与排气孔相通，于是"双稳"处于"0"状态。在控制端 a 的输入信号到来之前，b 的信号即使消失，阀芯 2 仍处于左端位置，S_2 总有输出。

13.5.3　逻辑元件应用实例

（1）概述

在气动系统中，根据气动执行元件的动作（即系统的稳定输出）与输入信号之间的关系，气动控制线路设计可分为两大类。

① 组合逻辑回路　即系统的稳定输出完全取决于该时刻各输入信号的组合，而与信号加入的先后次序无关。

② 程序控制回路　即执行元件依次完成特定的动作，而这些动作与输入信号的先后次序有关。为了能有效而简便地进行控制线路的设计，就需要对给定的条件进行必要的数学化处理和做必要的运算。布尔代数，也称逻辑代数，就是进行这种逻辑运算的一种工具。关于这方面的内容可参考有关气压传动的书籍。

（2）逻辑元件应用实例

这里举一个简单的组合逻辑回路设计的例子，来说明逻辑元件的应用。某工厂工艺流程中应用了若干个阀门，若其中阀门 A 打开，阀门 B 或 C 中再有一个打开，就出现危险。试设计报警气动线路。

根据题意，可设计出如图 13-22 所示的逻辑框图。按图就可直接选用"或门"元件、"与门"元件及气电转换器。

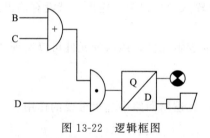

图 13-22　逻辑框图

气电转换器是把气信号转换成电信号的装置，其基本原理是：利用输入的气压信号的变化引起可动部件（如膜片、顶杆等）的位移，来接通或断开电路，输出电信号。气电转换器按照其可接受的气信号压力的大小，可分为高压气电转换器和低压气电转换器两种。高压气电转换器也叫压力继电器，它可接受较高的气信号压力（不小于 0.01MPa）；低压气电转换器可接受的气信号压力则较低（小于 0.01MPa）。

高压气电转换器的结构和符号如图 13-23 所示。图中，2 是微动开关，它有两对金属触头，触点②和③组成一组常开触头，触点①和③组成一组常闭触头。当气压信号进入后，气压力作用在薄膜 5 上，薄膜向上弯曲，克服弹簧力，使顶头 4 向上移动，从而使触点①和③断开，触点②和③闭合。当气压信号消失后，依靠弹簧力作用，膜片恢复原状，顶头也跟着复位，使触点①与③闭合，触点②与③断开。触点的闭合与断开即发出相应的电信号。

如图 13-22 所示的逻辑框图也可以由阀类零件所组成的控制回路来实现，具体原理如图 13-24 所示的组合逻辑控制回路原理图。

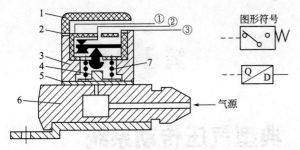
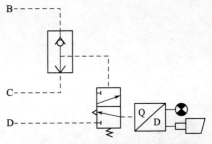

图 13-23　高压气电转换器
1—上盖；2—微动开关；3—本体；4—顶头；
5—薄膜；6—底座；7—弹簧

图 13-24　组合逻辑控制回路原理图

本章小结

本章主要介绍了方向控制回路、压力控制回路、速度控制回路、同步动作控制回路和安全保护回路等。

① 任何复杂的气动系统，都可以通过能完成特定功能的基本回路组成。气动基本回路主要有方向控制回路、压力控制回路、速度控制回路及其他回路。

② 由于气体的可压缩性较大，当负载惯性较大时，其执行元件的定位精度是较低的。

③ 在速度控制回路中，由于进气节流调速系统气缸排气腔的压力很快降至大气压，使气缸容易产生"爬行"现象，因而在实际应用中，大多采用排气节流调速控制。

④ 气液联动回路可以以气压为动力，使执行元件运动速度更为平稳，并能更为有效地进行控制。

*⑤ 所谓气动逻辑元件是用压缩空气作为工作介质，通过元件的可动部件在气控信号作用下动作，改变气流方向以实现一定逻辑功能的气动控制元件。

思考与练习题

13-1　快速排气阀有什么用途？它一般安装在什么位置？

13-2　按照"或门"型梭阀的概念，画出起同样作用的液压阀。

13-3　试述书中两种换向阀的区别。

13-4　调压阀、顺序阀和安全阀这三种压力阀的图形符号有什么区别？它们各有什么用途？什么叫一次压力控制回路和二次压力控制回路？

13-5　双手操作回路为什么能起到保护操作者的作用？

13-6　试画出排气节流阀的图形符号。排气节流阀有什么用途？

13-7　试用能量守恒的观点来分析气液增压缸的工作原理。

13-8　什么叫延时回路？它相当于电气元件中的什么元件？

13-9　什么场合下用到连续往复动作回路？若要停止工作，应如何控制？

13-10　什么叫互锁回路？它起什么作用？

13-11　气动控制线路分哪两大类？它们有什么特点？

13-12　某工厂有许多气动阀门，若其中 A、B、C 三个阀门同时打开时，就要发生危险。试设计报警线路。

*13-13　试述"或""与""非"的概念，画出其逻辑符号，并与电路原理图比较。

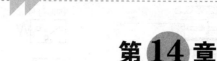

第14章

典型气压传动系统

气压传动控制是实现工业生产机械化、自动化的方式之一，其应用十分广泛。本章简述了阅读气压传动系统图的一般步骤，并介绍了几个气压传动系统实例。

14.1　阅读气压传动系统图的一般步骤

在阅读气压传动系统图时，其读图步骤一般可归纳如下。

① 看懂图中各气动元件的图形符号，了解它的名称及一般用途。

② 分析图中的基本回路及功用。必须指出的是，由于一个空压机能向多个气动回路供气，因此在设计气动回路时，压缩机通常是另行考虑的，在回路图中也往往被省略，但在设计时必须考虑原空压机的容量，以免在增设回路后引起使用压力下降。其次，气动回路一般不设排气管道，即不像液压那样一定要将使用过的油液排回油箱。另外，气动回路中气动元件的安装位置对其功能影响很大，对空气过滤器、调压阀、油雾器的安装位置更需特别注意。

③ 了解系统的工作程序及程序转换的发信元件。

④ 按工作程序图逐个分析其程序动作。这里特别要注意主控阀芯的切换是否存在障碍。若设备说明书中附有逻辑框图，则用它作为指引来分析气动回路原理图将更加方便。

⑤ 一般规定工作循环中的最后程序终了时的状态作为气动回路的初始位置（或静止位置），因此，回路原理图中控制阀及行程阀的供气及进出口的连接位置，应按回路初始位置状态连接。这里必须指出的是，回路处于初始位置时，回路中的每个元件并不一定都处于静止位置。

⑥ 一般所介绍的回路原理图，仅是整个气动控制系统中的核心部分，一个完整的气动系统还应有气源装置、气动三联件及其他气动辅助元件等。

14.2　气液动力滑台

（1）气液动力滑台的概念

气液动力滑台采用气-液阻尼缸作为执行元件。由于在它的上面可安装单轴头、动力箱或工件，因而在机床上常用来作为实现进给运动的部件。

（2）气液动力滑台回路原理图

如图14-1所示为气液动力滑台回路原理图。图中，阀1、2、3和阀4、5、6实际上分别被组合在一起，成为两个组合阀。

该种气液动力滑台能完成下面的两种工作循环。

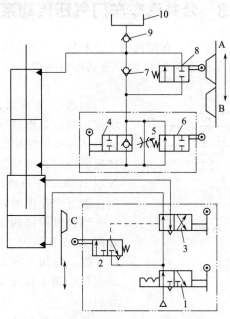

图 14-1　气液动力滑台回路原理图

① 快进→慢进→快退→停止　当图中阀 4 处于图示状态时，就可实现上述循环的进给程序，其动作原理如下。

当手动阀 3 切换至右位时，实际上就是给予进刀信号，在气压作用下，气缸中活塞开始向下运动，液压缸中活塞下腔的油液经行程阀 6 的左位和单向阀 7 进入液压缸活塞的上腔，实现了快进。当快进到活塞杆上的挡铁 B 切换行程阀 6（使它处于右位）后，油液只能经节流阀 5 进入活塞上腔，调节节流阀的开度，即可调节气-液阻尼缸运动速度，所以，这时才开始慢进（工作进给）。当慢进到挡铁 C 使行程阀 2 切换至左位时，输出气信号使阀 3 切换至左位，这时气缸活塞开始向上运动。液压缸活塞上腔的油液经阀 8 的左位和手动阀 4 的单向阀进入液压缸的下腔，实现了快退。当快退到挡铁 A 切换阀 8 至图示位置而使油液通道被切断时，活塞就停止运动。所以，改变挡铁 A 的位置，就能改变"停"的位置。

② 快进→慢进→慢退→快退→停止　把手动阀 4 关闭（处于左位）时就可实现上述的双向进给程序，其动作原理如下。

其动作循环中的快进—慢进的动作原理与上述相同。当慢进至挡铁 C 切换行程阀 2 至左位时，输出气信号使阀 3 切换至左位，气缸活塞开始向上运动，这时液压缸活塞上腔的油液经行程阀 8 的左位和节流阀 5 进入液压缸活塞下腔，亦即实现了慢退（反向进给）。当慢退到挡铁 B 离开阀 6 的顶杆而使其复位（处于左位）后，液压缸活塞上腔的油液就经阀 8 的左位、再经阀 6 的左位而进入液压缸活塞下腔，开始快退。快退到挡铁 A 切换阀 8 至图示位置时，油液通路被切断，活塞就停止运动。

图中补油箱 10 和单向阀 9 仅仅是为了补偿系统中的漏油而设置的，因而一般可用油杯来代替。

14.3 公共汽车车门气压传动系统

采用气压控制的公共汽车车门，在司机的座位和售票员座位处都装有气动开关，司机和售票员都可以开关车门。当车门在关闭过程中遇到障碍物时，这种回路能使车门自动再开启，起到安全保护作用。

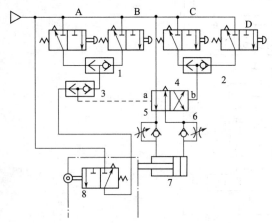

图 14-2 汽车车门气压控制系统

如图 14-2 所示，车门的开关靠气缸 7 来实现，气缸是由双气控阀 4 来控制，而双控阀又由 A～D 的按钮阀来操纵，气缸运动速度的快慢由单向速度控制阀 5 或 6 来调节。通过阀 A 或 B 使车门开启，通过阀 C 或 D 使车门关闭。起安全作用的先导阀 8 安装在车门上。

当操纵按钮阀 A 或 B 时，气源压缩空气经阀 A 或 B 到阀 1 或 2，把控制信号送到阀 4 的 a 侧，使阀 4 向车门开启方向切换。气源压缩空气经阀 4 和阀 5 到气缸的有杆腔，使车门开启。

当操纵按钮 C 或 D 时，压缩空气经阀 C 或阀 D 到阀 2，把控制信号送到阀 4 的 b 侧，使阀 4 向车门关闭方向切换。气源压缩空气经阀 4 和阀 6 到气缸的无杆腔，使车门关闭。

车门在关闭的过程中如碰到障碍物，便推动阀 8，此时气源压缩空气经阀 8 把控制信号通过阀 3 送到阀 4 的 a 侧，使阀 4 向车门开启方向切换。必须指出，如果阀 C 或阀 D 仍然保持在压下状态，则阀 8 起不到自动开启车门的安全作用。一般液压电梯的门也利用这一原理实现安全保护功能。

14.4 气动机械手

（1）概述

机械手是自动生产设备和生产线上的重要装置之一，它可以根据各种自动化设备的工作需要，按照预定的控制程序动作，例如实现自动取料、上料、卸料和自动换刀等功能。

（2）气动机械手的动作原理

如图 14-3 所示是用于某专用设备上的气动机械手的结构示意图，它由 4 个气缸组成，可在 3 个坐标内工作。图中，A 缸为夹紧缸，其活塞杆退回时夹紧工件，活塞杆伸出时松开工件。B 缸为长臂伸缩缸，可实现伸出和缩回动作。C 缸为立柱升降缸。D 缸为立柱回转缸，若要求该气缸有两个活塞，则分别装在带齿条的活塞杆两头，齿条的往复运动带动立柱上的齿轮旋转，从而实现立柱的回转。

如图 14-4 所示的是气动机械手的回路原理图，若要求该机械手的动作顺序为"立柱下降 C_0 →伸臂 B_1 →夹紧工件 A_0 →缩臂 B_0 →立柱顺时针转 D_1 →立柱上升 C_1 →放开工件 A_1 →立柱逆时针转 D_0"，则该传动系统的工作循环分析如下。

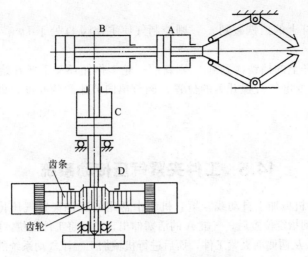

图 14-3　气动机械手的结构示意图

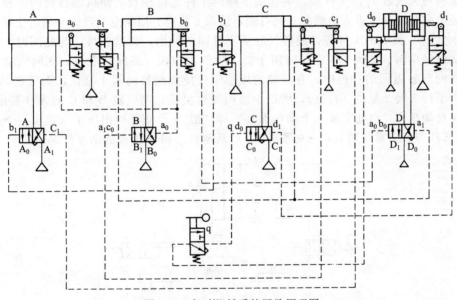

图 14-4　气动机械手的回路原理图

① 按下启动阀 q，主控阀 C 将处于 C_0 位，活塞杆退回，即得到 C_0。

② 当 C 缸活塞杆上的挡铁碰到 c_0，则控制气将使主控阀 B 处于 B_1 位，使 B 缸活塞杆伸出，即得到 B_1。

③ 当 B 缸活塞杆上的挡铁碰到 b_1，则控制气将使主控阀 A 处于 A_0 位，A 缸活塞杆退回，即得到 A_0。

④ 当 A 缸活塞杆上的挡铁碰到 a_0，则控制气将使主控阀 B 处于 B_0 位，B 缸活塞杆退回，即得到 B_0。

⑤ 当 B 缸活塞杆上的挡铁碰到 b_0，则控制气使主控阀 D 处于 D_1 位，D 缸活塞杆往右，即得到 D_1。

⑥ 当 D 缸活塞杆上的挡铁碰到 d_1，则控制气使主控阀 C 处于 C_1 位，使 C 缸活塞杆伸出，得到 C_1。

⑦ 当 C 缸活塞杆上的挡铁碰到 c_1，则控制气使主控阀 A 处于 A_1 位，使 A 缸活塞杆伸

出，得到 A_1。

⑧ 当 A 缸活塞杆上的挡铁碰到 a_1，则控制气使主控阀 D 处于 D_0 位，使 D 缸活塞杆往左，即得到 D_0。

⑨ 当 D 缸活塞杆上的挡铁碰到 d_0，则新的一轮工作循环又重新开始。

根据需要只需改变电气行程开关的位置，调节单向节流阀的开度，即可改变各气缸的运动速度和行程。

14.5　工件夹紧气压传动系统

如图 14-5 所示为机械加工自动线、组合机床中常用的工件夹紧气压传动系统图。其工作原理是：当工件运行到指定位置后，气缸 A 的活塞伸出，实现将工件定位，两侧的气缸 B 和气缸 C 的活塞杆同时伸出，从两侧面夹紧工件，而后进行机械加工。该气动系统的动作过程如下。

当用脚踏下脚踏换向阀 1（在自动线中也常采用其他形式的换向方式）后，压缩空气经单向节流阀进入气缸 A 的无杆腔，夹紧头下降至工件定位位置后使机动行程阀 2 换向，压缩空气经单向节流阀 5 进入中继阀 6 的右侧，使阀 6 换向；压缩空气经阀 6 通过主控阀 4 的左位进入气缸 B 和 C 的无杆腔，使两气缸活塞杆同时伸出，夹紧工件，与此同时，压缩空气的一部分经单向节流阀 3 调定延时用于加工后使主控阀 4 换向到右位，则两气缸 B 和 C 返回。在两气缸返回的过程中，有杆腔的压缩空气使脚踏换向阀 1 复位，则气缸 A 返回。此时，由于行程阀 2 复位（右位），所以中继阀 6 也复位，则气缸 B 和 C 的无杆腔通大气，主控阀 4 自动复位。由此完成一个动作循环，即"缸 A 活塞杆伸出压下（定位）→夹紧缸 B、C 活塞杆伸出夹紧（加工）→夹紧缸 B、C 活塞杆返回→缸 A 的活塞杆返回。"

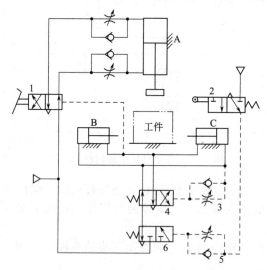

图 14-5　工件夹紧气压传动系统图

1—换向阀；2—机动行程阀；3、5—单向节流阀；4—主控阀；6—中继阀

*14.6　气动系统在机床上的应用

气动系统在现代机床中，尤其是数控机床中的应用十分广泛。下面以一台小型钻孔机为例对此加以说明。

如图 14-6(a) 所示的是一种采用气动钻削头的钻孔专用机，其结构包括回转工作台、两套夹具、两个气动钻削头和两个液压阻尼器。该钻孔机具有如下特点。

① 通过回转工作台和两套夹具，实现在一套夹具的工件正在加工时，另一套夹具可以装卸工件，从而提高工作效率；而且，为了保证安全，每次操作夹具时都必须按下按钮 PV_1。

② 利用液压阻尼器，实现气动钻削头的快进和工进两级速度。

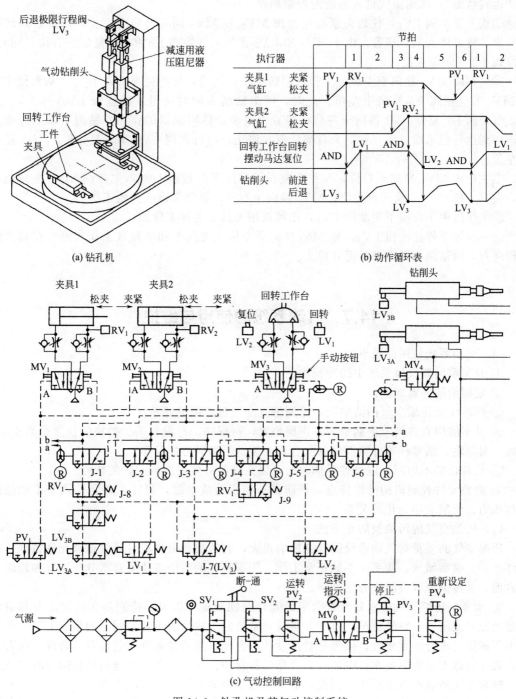

(a) 钻孔机　　　　　　　　　　　　　(b) 动作循环表

(c) 气动控制回路

图 14-6　钻孔机及其气动控制系统

③ 系统开始工作前，按下手动阀 PV_4，可以将双稳态气控阀 J-1～J-6 和 MV_1～MV_4 正确复位到启动状态，以保证工作程序的正确性。

如图 14-6(b)、(c) 所示分别为钻孔机的动作循环表和气动控制回路，其工作过程如下。

①将"断-通"选择阀扳到"通"位置，此时阀 SV_1 和 SV_2 同时换向到上位；按下手动阀 PV_4，使 J-1～J-6 和 MV_1～MV_4 置位于启动状态。

②按下手动阀 PV_2，使得双稳态气控阀 MV_0 换向至左位，此时运转指示器指示系统处于"运转状态"，压缩空气进入系统的控制回路。

③按下手动阀 PV_1，使得夹紧缸主控阀 MV_1 和 MV_2 同时换向至左位，两夹紧缸活塞杆伸出，将工件夹紧。接着，由于 RV_1 和 RV_2 泄压，气控阀 J-8 和 J-9 复位至右位，同时，气控阀 J-2 换向至左位。

④气控阀 MV_3 换向至左位，工作台回转180°；然后，将行程阀 LV_1 压下，从而使主控阀 MV_4 和气控阀 J-3 换向至左位。此时，两个钻削头同时快进，行程阀 LV_{3A} 和 LV_{3B} 复位，气控阀 J-7 复位，J-4 换向至左位；接着，由于液体阻尼器的作用，钻削头以工进速度前进，到达行程末端以后，钻削头自动后退并停止，将行程阀 LV_{3A} 和 LV_{3B} 压下，J-5 换向至左位。

⑤主控阀 MV_3 换向至右位，工作台复位，并压下行程阀 LV_2，主控阀 MV_1 换向至右位，夹具 1 松开，J-6 换向至左位，MV_4 换向至右位，钻削头再次开始工作。

⑥工作过程中，按下手动阀 PV_1，则可以用夹具 2 装卸工件。

⑦一旦按下停止按钮 PV_3，则 MV_0 换向至左位，夹具 1 和 2 以及工作台停止在其当前行程终点，而钻削头则立即后退并停止。

14.7 气动系统的使用与维护

（1）气动系统使用注意事项

① 开车前后要放掉系统中的冷凝水。

② 定期给油雾器加油。

③ 随时注意压缩空气的清洁度，定期清洗空气过滤器的滤芯。

④ 开车前检查各调节手柄是否在正确位置，行程阀、行程开关、挡块的位置是否正确、牢固。对导轨、活塞杆等外露部分的配合表面擦拭干净后方能开车。

⑤ 设备长期不用时，应将各手柄放松，以免弹簧失效而影响元件的性能。

⑥ 熟悉元件控制机构操作特点，严防调节错误造成事故，要注意各元件调节手柄的旋向与压力、流量大小变化的关系。

（2）压缩空气的污染及防止方法

压缩空气的质量对气动系统的性能影响很大，它若被污染则将导致管道和元件锈蚀、密封件变形、喷嘴堵塞，使系统不能正常工作。压缩空气的污染主要来自水分、油分和粉尘三个方面，其污染原因及防止方法如下。

① 水分 压缩空气中水分经常会引起元件腐蚀或动作失灵。特别是在我国南方和沿海一带及夏季或雨季，空气潮湿，这常常是气动系统发生故障的重要原因。而事实上，一些用户不了解除去水分的重要性，或者是管路设计不合理，或者是元件安装位置不合理，或者是不在必要的地方设置冷凝水排除器，或者是设备管理、维修不善，不能彻底排除冷凝水或杂质，这样往往造成严重的后果。因此，对空气的干燥必须给予足够的重视。

空气压缩机吸入的含水分的湿空气，经压缩后提高了压力，当再度冷却时就要析出冷凝水。介质中水分造成的故障如表 14-1 所示。

表 14-1　介质中水分造成的故障

故障	原因及后果
管道 故障	1. 使管道内部生锈 2. 使管道腐蚀，造成空气泄漏、容器破裂 3. 管道底部滞留水分引起流量不足、压力损失过大
元 件 故 障	1. 因管道生锈加速过滤器网眼堵塞，过滤器不能工作 2. 管内锈屑进入阀的内部，引起动作不良、泄漏空气 3. 锈屑能使执行元件咬合，不能顺利地运转 4. 直接导致气动元件的零部件（弹簧、阀芯、活塞杆）受腐蚀，引起转换不良、空气泄漏、动作不稳定 5. 水滴侵入阀体内部，引起动作失灵 6. 水滴进入执行元件内部，使其不能顺利运转 7. 水滴冲洗掉润滑油，造成润滑不良，引起阀的动作失灵，执行元件运转不稳定 8. 阀内滞留水滴引起流量不足，压力损失增大 9. 因发生冲击现象引起元件破损

为了排除水分，要使压缩机排出的高温气体尽快冷却下来析出水滴，这需要在压缩机出口处安装冷却器。在空气输入主管道的地方应安装空气过滤器以清除水分。此外，在水平管安装时，要保留一定的倾斜度，并在末端设置冷凝水积留处，使空气流动过程中产生的冷凝水沿斜管流到积水处经排水阀排水。为了进一步净化空气，要安装干燥器。有以下一些除水方法。

a. 吸附除水法　使用吸附能力强的吸附剂，如硅胶、分子筛等。

b. 压力除湿法　提高压力缩小体积，降温使水滴析出。

c. 机械除水法　利用机械阻挡和旋风分离的方法，析出水滴。

d. 冷冻法　利用制冷设备使压缩空气冷却到露点以下，使空气中的水汽凝结成水而析出。

② 油分　压缩空气中油分的存在是由于压缩机使用的一部分润滑油呈现雾状混入压缩空气，随压缩空气一起输送出去而造成的。介质中的油分会使橡胶、塑料、密封材料变质，也会导致喷嘴堵塞及机械污染等。介质中油分造成的故障如表 14-2 所示。

表 14-2　介质中油分造成的故障

故障	原因及结果
密封圈 故障	1. 引起密封圈收缩，使压缩空气泄漏，使执行元件输出力不足 2. 引起密封圈泡涨、膨胀、摩擦力增大，使阀不能动作，使执行元件输出力不足 3. 引起密封圈硬化，摩擦面早期磨损，使压缩空气泄漏
污染环境	1. 食品、医疗品直接和压缩空气接触时有碍卫生 2. 压缩空气直接接触人体时，危害人体健康 3. 工业原料、化学药品直接接触压缩空气时，使原料、化学药品的性质变化 4. 在工业炉等直接接触火焰的场所，有引起火灾的危险 5. 使用压缩空气的计量测试仪器会因污染而失灵 6. 射流逻辑回路中射流元件内部小孔会被油堵塞，使元件失灵 7. 从阀、执行元件的密封部分渗出的油及换向阀的排气中含有的油雾都会污染环境

介质中油分的清除需要采用除油器。压缩空气中含有的油分包含雾状粒子、溶胶状粒子及更小的具有油质气味的粒子。雾状油粒子可用离心式滤清器清除，但是比它更小的油粒子就难于清除了。更小的油粒子可利用活性炭的活性作用来吸收，也可用多孔滤芯，使油粒子

通过纤维层空隙时相互碰撞逐渐变大而清除。

③ 粉尘　空气压缩机会吸入有粉尘的介质而使粉尘流入系统中。压缩空气中的粉尘会引起气动元件的摩擦副损坏，增大摩擦力，也会引起气体泄漏，甚至使控制元件动作失灵，执行元件推力降低。介质中粉尘造成的故障如表 14-3 所示。

表 14-3　介质中粉尘造成的故障

故障	原因及后果
粉尘进入控制元件	1. 使控制元件摩擦副损坏，甚至卡死，动作失灵 2. 影响调压的稳定性
粉尘进入执行元件	1. 使执行元件摩擦副损坏，甚至卡死，动作失灵 2. 降低输出
粉尘进入计量测试仪器	使喷射挡板节流孔堵塞，仪器失灵
粉尘进入射流回路中	射流元件内部小孔堵塞，元件失灵

在压缩机吸气口安装过滤器，可减少进入压缩机中气体的粉尘量。在气体进入气动装置前设置过滤器，可进一步过滤粉尘杂质。

④ 气动系统的噪声　气动系统的噪声已成为文明生产的一种严重污染，是妨碍气动及时推广和发展的一个重要原因。目前，消除噪声的主要方法，一是利用消声器，二是实行集中排气。

⑤ 密封问题　气动系统中的阀类、气缸及其他元件，都大量存在着密封问题。密封的作用，就是防止气体在元件中的内泄漏和向元件外的外泄漏，及杂质从外部侵入气动系统内部。密封件虽小，但与元件的性能和整个系统的性能都有密切的关系。个别密封件失效，可能导致元件本身及整个系统不能工作。因此，对于密封问题，千万不可忽视。

提高密封性能，首先要求结构设计合理。此外，密封材料的质量及对工作介质的适应性，也是决定密封效果的重要方面。气动系统中常用的密封材料有石棉、皮革、天然橡胶、合成橡胶及合成树脂等。

本章小结

本章介绍并分析了气液动力滑台、公共汽车车门气压传动系统、气动机械手气压传动系统、工件夹紧气压传动系统以及气动系统在机床上的应用。

系统原理图中的状态和位置应在初始位置，一般规定工作循环中最后程序终了时的状态为气动回路的初始位置。一般气动系统原理图仅表示了整个气动系统中的核心部分，一个完整的气动系统还应有气源装置、气动三联件及其他辅助元件等。

本章还介绍了气动系统使用与维护的有关知识。

思考与练习题

14-1　试述阅读气压传动系统图的一般步骤。

14-2　气液动力滑台有什么用途？它与其他类型的滑台相比较有什么特点？

14-3　试述所学气动机械手的动作顺序。

14-4　气动控制的公共汽车车门,采取了什么措施防止夹伤上车的乘客?

14-5　简述气动机械手的用途和工作原理。

14-6　使用气动系统时,应注意哪些问题?

14-7　压缩空气中有哪些污染物?如何减少?

14-8　查找资料,举例分析一些常见气动系统的工作过程和工作原理。

参考文献

[1] 章宏甲, 等. 液压与气压传动 [M]. 北京: 机械工业出版社, 2008.

[2] 左建民. 液压与气压传动 [M]. 北京: 机械工业出版社, 2011.

[3] 许福玲, 等. 液压与气压传动(第三版) [M]. 北京: 机械工业出版社, 2011.

[4] 凤鹏飞. 液压与气压传动技术. 北京: 电子工业出版社, 2012.

[5] 宋新萍. 液压与气压传动. 北京: 清华大学出版社, 2012.

[6] 李芝. 液压传动. 北京: 机械工业出版社, 2001.

[7] 徐从清. 液压与气动技术 [M]. 西安: 西北工业大学出版社, 2009.

[8] 朱新才. 液压与气动技术 [M]. 重庆: 重庆大学出版社, 2005.

[9] 方昌林. 液压气压传动与控制 [M]. 北京: 机械工业出版社, 2001.

[10] 张群生. 液压与气压传动. 北京: 机械工业出版社, 2002.

[11] 刘延俊, 关浩, 等. 液压与气压传动 [M]. 北京: 高等教育出版社, 2007.

[12] 潮兴淮. 液压与气压传动 [M]. 合肥: 安徽科学技术出版社, 2008.

[13] 宋锦春. 液压与气压传动 [M]. 北京: 高等教育出版社, 2006.

[14] 邹建华. 液压与气动基础 [M]. 武汉: 华中科技大学出版社, 2006.

[15] 赵静一, 王巍. 液力传动 [M]. 北京: 机械工业出版社, 2007.

[16] 盛永华. 液压与气压传动 [M]. 武汉: 华中理工大学出版社, 2005.

[17] 贾铭新. 液压传动与控制 [M]. 北京: 国防工业出版社, 2003.

[18] 陆一新. 液压与气动技术 [M]. 北京: 化学工业出版社, 2004.

[19] 张春阳. 液压与液力传动 [M]. 北京: 人民交通出版社, 2003.

[20] 吴卫荣. 气动技术. 北京: 中国轻工业出版社, 2005.

[21] 姜佩东. 液压与气压传动. 北京: 高等教育出版社, 2006.